全国机械行业职业教育优质规划教材（高职高专）
经全国机械职业教育教学指导委员会审定

公差配合与测量技术

第 2 版

主　编　李坤淑
副主编　杨普国　孙召瑞　房玉胜
参　编　李传红　陈　军
主　审　钱　斌　张爱迎

机械工业出版社

本书是全国机械行业职业教育优质规划教材，经全国机械职业教育教学指导委员会审定。

本书主要内容包括：绪论、光滑圆柱结合的极限与配合、测量技术基础、几何公差及检测、表面粗糙度及检测、光滑极限量规、常用联接件的公差与检测、渐开线圆柱齿轮传动的公差与检测。

本书采用最新国家标准相关内容，侧重于基本概念的讲解和标准的应用，理论联系实际，内容简明扼要。本书可作为高等职业技术院校机械类和机电结合类各专业的教学用书，也可供电大以及从事机械设计与制造、标准化、计量测试等工作的工程技术人员参考。

本书配套资源（电子教案、实操视频、模拟试卷及答案等）丰富，凡使用本书作为教材的教师可登录机械工业出版社教育服务网（http://www.cmpedu.com）注册后免费下载。咨询电话：010-88379375。

图书在版编目（CIP）数据

公差配合与测量技术/李坤淑主编. —2版. —北京：机械工业出版社，2019.1（2024.8重印）

全国机械行业职业教育优质规划教材（高职高专） 经全国机械职业教育教学指导委员会审定

ISBN 978-7-111-61375-6

Ⅰ.①公… Ⅱ.①李… Ⅲ.①公差-配合-高等职业教育-教材②技术测量-高等职业教育-教材 Ⅳ.①TG801

中国版本图书馆 CIP 数据核字（2018）第 259845 号

机械工业出版社（北京市百万庄大街22号　邮政编码100037）
策划编辑：王英杰　责任编辑：王英杰　王　丹
责任校对：张晓蓉　封面设计：鞠　杨
责任印制：李　昂
北京捷迅佳彩印刷有限公司印刷
2024年8月第2版第5次印刷
184mm×260mm・12.75 印张・310 千字
标准书号：ISBN 978-7-111-61375-6
定价：39.80元

电话服务　　　　　　　　网络服务
客服电话：010-88361066　　机　工　官　网：www.cmpbook.com
　　　　　010-88379833　　机　工　官　博：weibo.com/cmp1952
　　　　　010-68326294　　金　书　网：www.golden-book.com
封底无防伪标均为盗版　　　机工教育服务网：www.cmpedu.com

第 2 版前言

本书第 1 版出版至今，涉及已更新的标准二十个，在本次编写过程中，编者细致翻阅了大量最新国家标准，紧密结合机械行业技术发展情况及专业建设的新要求，修订了本教材。

本次修订具有以下特点：

1. 对书中大量的国家标准相关内容进行了更新和整合。对第 2 章、第 4 章、第 7 章和第 8 章的内容进行了重点修订。

2. 依据职业教育"工学结合"的思想，对书中内容结构进行了新的规划：删去了难度较大的"圆锥公差与配合"内容和尺寸链相关内容；"滚动轴承的公差与配合"也仅以简介的方式编写；增加了"项目学习"，其中"项目实施"是按完成项目的具体步骤要求进行编写的，体现了"以工作过程为导向"的教育理念。

3. 对编著体例进行了创新，章节内容和"项目学习"都采用任务驱动模式启动学习和项目实施，章后配有自我测验题（配有标准答案）实现学生自我学习评价。

4. 本书配有电子教学资源包、混合式教学网络平台和具有标准答案的模拟试卷，可供教师选取使用。

本书主编在优慕课平台和超星泛雅平台均已建课，网址分别如下：

http://218.201.159.151/meol/jpk/course/blended_module/index.jsp？courseId = 11344 （优慕课平台）

http://mooc1.lwvc.edu.cn/course/80122138.html（超星泛雅平台）

本书共 8 章。由李坤淑等人编写，钱斌、张爱迎任主审。重庆科创职业学院强军老师为本书修订提出了宝贵意见，在此表示感谢。

本书在编写过程中参考了大量的书籍文献，在此对其作者一并表示感谢。

由于编者水平所限，书中难免存在错误与疏漏，恳请读者和专家批评指正。

编　者

第 1 版前言

"公差配合与测量技术"是高等学校机械类及近机械类各专业的重要技术基础课。它包含几何量公差和误差检测两方面的内容,与机械设计、机械制造、质量控制、生产组织管理等许多领域密切相关,是机械工程技术人员和管理人员必备的基本知识和技能。

本书遵照高职高专教育制造类的培养目标要求,在吸取许多兄弟院校多年教学经验和成果的基础上,由从事高职高专教育教学工作多年、具有丰富教学经验的教师编写而成。本书采用了最新国家标准,力求做到基本概念、术语及符号准确、清楚、易懂,叙述详略得当;内容少而精,实用性强,着重突出了各种公差标准的实际应用和对学生动手能力的培养。编者在教学内容、教学方法、考核方式等方面对"公差配合与测量技术"课程进行了认真的探索与实践,提出了"以具体任务驱动教学、以项目学习实现实践操作与评价,通过自我测验加深知识理解与巩固"的教学模式,很好地体现了"工学结合"的思想。书中所选项目具有一定的通用性,且都是目前各高职院校能够实施的,每个项目学习的过程都是以完成项目六个步骤的具体要求进行的,体现了以工作过程为导向的教育理念。此外,书中各章节既相对独立又彼此有联系,具有较强的系统性,以适应不同专业教学的需求。

本书由山东莱芜职业技术学院李坤淑、昆明冶金高等专科学校杨普国和安徽机电职业技术学院的钱斌担任主编。全书共分为 8 章,具体分工如下:李坤淑编写了第 1、2、7、8 章、杨普国编写了第 3、4 章、钱斌编写了第 5、6 章。另外,莱芜职业技术学院孙召瑞、房玉胜为副主编,并与李传红、陈军一起参加了本书项目学习的编写。全书由李坤淑统稿并定稿。

本书在编写过程中参考了大量的书籍文献,在此对其作者一并表示感谢。

由于编者水平所限,书中难免存在错误与疏漏,恳请读者和专家批评指正。

编　者

目 录

第2版前言
第1版前言
第1章 绪论 ·· 1
  学习任务 ·· 1
  1.1 机械制造中的互换性 ············· 1
  1.2 加工误差、公差与检测 ·········· 2
  1.3 标准化与标准 ························ 3
  1.4 优先数和优先数系 ················· 4
  1.5 本课程的研究对象及任务 ······ 5
  思考与练习 ······································ 6
  自我测验题 ······································ 6

第2章 光滑圆柱结合的极限与配合 ····· 8
  学习任务 ·· 8
  2.1 基本术语及定义 ···················· 8
  2.2 极限与配合国家标准 ············· 14
  2.3 国标中规定的公差带与配合 ··· 25
  2.4 一般公差 ······························· 27
  2.5 公差与配合的选择 ················· 28
  2.6 滚动轴承的公差与配合简介 ··· 36
  思考与练习 ···································· 38
  自我测验题 ···································· 38

第3章 测量技术基础 ························ 42
  学习任务 ······································ 42
  3.1 概述 ······································ 42
  3.2 长度基准与量值传递 ············· 43
  3.3 计量器具与测量方法 ············· 45
  3.4 尺寸的检测 ··························· 49
  3.5 测量误差及数据处理 ············· 58
  项目学习（一）——用内径百分表测量
    孔径 ·· 64
  项目学习（二）——用立式光学计测量
    轴径 ·· 68
  思考与练习 ···································· 70
  自我测验题 ···································· 71

第4章 几何公差及检测 ····················· 73

  学习任务 ······································ 73
  4.1 概述 ······································ 73
  4.2 形状公差及检测 ···················· 81
  4.3 方向公差、位置公差和跳动公差及
    检测 ·· 88
  4.4 公差原则 ······························· 98
  4.5 几何公差的选用 ···················· 104
  项目学习——用合像水平仪测量导轨直线度
    误差 ·· 111
  思考与练习 ···································· 114
  自我测验题 ···································· 115

第5章 表面粗糙度及检测 ················· 119
  学习任务 ······································ 119
  5.1 概述 ······································ 119
  5.2 表面粗糙度的评定 ················ 120
  5.3 表面粗糙度在图样上的标注 ··· 124
  5.4 表面粗糙度的选用 ················ 127
  5.5 表面粗糙度的测量 ················ 129
  项目学习——用光切显微镜测量表面
    粗糙度 ···································· 131
  思考与练习 ···································· 133
  自我测验题 ···································· 133

第6章 光滑极限量规 ························ 135
  学习任务 ······································ 135
  6.1 概述 ······································ 135
  6.2 量规设计 ······························· 136
  思考与练习 ···································· 142
  自我测验题 ···································· 143

第7章 常用联接件的公差与检测 ······· 145
  学习任务 ······································ 145
  7.1 键联接的公差与检测 ············· 145
  7.2 普通螺纹的公差与检测 ·········· 152
  项目学习——用螺纹千分尺测量外螺纹
    中径 ·· 164
  思考与练习 ···································· 165

自我测验题 …………………………… 166
第8章 渐开线圆柱齿轮传动的公差与检测 ……………………………… 168
学习任务 ……………………………… 168
8.1 概述 ………………………………… 168
8.2 单个齿轮的评定指标及其检测 …… 170
8.3 齿轮副与齿坯精度 ………………… 178
8.4 渐开线圆柱齿轮精度等级及其应用 … 182
项目学习——用径向跳动检查仪测量齿轮径向跳动 …………………………… 189
思考与练习 …………………………… 191
自我测验题 …………………………… 191
自我测验题参考答案 …………………… 193
参考文献 ………………………………… 198

第 1 章

绪　　论

【学习任务】
1. 掌握互换性的概念，了解互换性的作用。
2. 熟悉加工误差、公差及检测的内涵及联系。
3. 了解标准化和标准的含义，熟悉优先数和优先数系的特点。
4. 明确本课程的研究对象及任务。

1.1　机械制造中的互换性

1.1.1　互换性的含义及分类

在日常生活中，人们经常会遇到这样一种情况：自行车的某个螺母损坏了或丢失了，怎么办呢？同样，如汽车、缝纫机、金属切削机床的零部件损坏了，怎么办呢？买一个同规格的合格品替换上，便能很快使设备恢复原有的使用功能。因为各零部件都是按互换性要求生产的，即这些零部件具有可相互替换的性质。

在机械制造中，互换性是指按照规定技术要求制造的同一规格的零部件，在装配和更换时，不做任何选择、附加调整或修配，便能达到预定使用性能要求的特性。零部件的互换性包括几何量（尺寸、形状、位置等）、力学性能和物理化学性能等方面的互换性，本课程只讨论几何量的互换性。

互换性按互换程度可分为完全互换性和不完全互换性。

1. 完全互换性

完全互换性简称互换性，是指一批零部件在装配或更换前，不做任何选择，装配时不需调整或修配，装配后就能满足预定的性能要求。

2. 不完全互换性

不完全互换性也称有限互换性，是指零部件在装配或更换前，允许有附加选择；装配时，允许有附加的调整或辅助加工；装配后能满足使用要求。不完全互换可以通过分组装配法、调整法、修配法等不同形式来实现。当装配精度要求很高时，采用完全互换将使零件的尺寸公差很小，导致加工困难、成本增加，甚至无法加工。为此，生产中常把零件公差适当放大，以便加工，加工后再根据实际（组成）要素尺寸分为若干组，同组的实际（组成）

要素尺寸差别比较小，然后按对应组进行装配，这就是分组装配法。这样一来，既保证了装配精度要求，又解决了零件加工精度高的难题。这种方法仅组内零件可以互换，组与组之间零件不可互换，因此称为不完全互换性。调整法、修配法等方法将在后续课程中进行介绍。

通常情况下，使用要求与制造水平、经济效益没有矛盾时，可采用完全互换；反之，采用不完全互换。厂际间协作往往要求完全互换。

1.1.2　互换性的作用

现代化生产的重要技术原则之一就是互换性原则，其作用如下：

1）在加工制造方面，可合理地进行生产分工和专业化协作，可广泛采用高效专用加工设备，尤其对于计算机辅助制造的产品，其质量高、成本低，便于实现装配自动化。

2）在产品设计方面，可最大限度地采用标准件、通用件，简化绘图等设计工作，缩短设计周期，便于计算机辅助设计和产品品种的多样化设计。

3）在使用实施方面，可及时地指导替换机器中突然损坏或按计划需定期更换的零部件，保证机器正常运转，提高机器的利用率并延长机器的使用寿命。

总之，互换性是现代化机械制造业可持续发展的重要生产原则和技术基础，在保障产品质量和可靠性、提高经济效益等方面均有重大意义。

1.2　加工误差、公差与检测

1.2.1　加工误差

加工工件时，任何一种加工方法都不可能把工件加工得绝对准确。在加工过程中，机床、夹具、刀具、工件组成的工艺系统所存在的诸多误差和其他影响因素带来的加工误差，使得一批完工工件的实际几何参数存在着差异。实际上，即使在相同的加工条件下，一批完工工件的几何参数也各不相同。通常，一批工件的实际（组成）要素尺寸相对于公称尺寸的变动称为尺寸误差。随着制造技术水平的提高，加工时可以减小尺寸误差，但永远不可能消除尺寸误差。

加工误差可分为以下几种：

（1）尺寸误差　尺寸误差是指一批工件的尺寸变动量，即加工后零件的实际（组成）要素尺寸和理想尺寸之差，如直径误差、孔距误差等。

（2）形状误差　形状误差是指加工后零件的实际表面形状相对于其理想形状的差异或偏离程度，如直线度误差、圆柱度误差等。

（3）位置误差　位置误差是指加工后零件的表面、轴线或对称平面之间的相互位置相对于其理想位置的差异或偏离程度，如垂直度误差、位置度误差等。

（4）表面粗糙度　表面粗糙度是指零件加工表面上具有的较小间距和峰谷所形成的微观几何形状误差。

1.2.2　公差

公差是指允许的零件尺寸、几何形状和相互位置误差变动的最大范围，用以限制加工误差。它是由设计人员根据产品使用性能要求给定的，反映了一批工件对制造精度及经济性的要求，并体现了加工的难易程度。公差越小，加工越困难，生产成本就越高。建立各种几何参数的公差标准是实现对零件误差的控制和保证互换性的基础。

1.2.3 检测

完工后的零件是否满足公差要求，要通过检测加以判断，检测包含检验与测量。检验是确定零件的几何参数是否在规定的极限范围内，以判断其是否合格；测量是将被测量与作为计量单位的标准量进行比较，以确定被测量具体数值的过程。检测不仅能够评定产品质量，而且可用于分析产生不合格的原因，便于及时调整生产，监督工艺过程，预防废品产生。

综上所述，合理确定公差与正确进行检测，是保证产品质量、实现互换性生产的两个必不可少的条件和手段。

1.3 标准化与标准

1.3.1 标准化和标准的含义

在实现互换性生产的过程中，要求分散的工厂、车间等局部的生产部门和生产环节之间在技术上保证协调统一，形成一个有机的整体。标准化正是实现这一要求的一项重要技术保证。

1. 标准化的含义

国家标准 GB/T 20000.1—2014 规定的标准化定义为："为了在既定范围内获得最佳秩序，促进共同效益，对现实问题或潜在问题确立共同使用和重复使用的条款以及编制、发布和应用文件的活动。"所以，标准化是指在经济、技术、科学以及管理等社会实践中，对重复性事物和概念通过制定、发布和实施标准来达到统一，以获得最佳秩序和社会效益。由此可见，标准化包括制定、发布、贯彻实施以及不断修订标准的全部活动过程，其核心是贯彻实施标准。

2. 标准的含义

标准是标准化的主要体现形式。国家标准 GB/T 20000.1—2014 规定的标准定义为："通过标准化活动，按照规定的程序经协商一致制定，为各种活动或其结果提供规则、指南或特性，供共同使用和重复使用的文件。"标准是以科学、技术和经验的综合成果为基础，以促进最佳社会效益为目的，由有关方面协调制定的。标准执行过程中，要根据实际使用情况，不断进行修订和更新。

1.3.2 标准的分类和分级

1. 标准的分类

按性质不同，标准可分为技术标准、生产组织标准和经济管理标准三类；按使用程度不同，标准可分为基础标准和一般标准。其中，基础标准是指在一定范围内可作为其他标准的基础，被普遍使用并具有广泛指导意义的标准，如机械制图、公差与配合、表面粗糙度、几何公差、计量单位、优先数系等标准。本课程所研究的标准都属于基础标准。

2. 标准的分级

标准的适用范围不同，其级别也不一样。我国标准分为国家标准（GB）、地方标准、行业标准和企业标准（QB）四个级别，如机械标准（JB）属行业标准。在国际范围内，还有国际标准（如 ISO）和国际区域性标准（如 IEC）。

标准化是组织现代化大生产的重要手段，是联系科研、设计、生产和使用的纽带，是整个社会经济合理化的技术基础，是发展贸易、提高产品在国内外市场中竞争能力的技术保证。

我国于 1978 年恢复 ISO（国际标准化组织）成员身份后，陆续修订了自己的标准。特别是我国加入 WTO（世界贸易组织）后，为加强和扩大与先进工业国家的技术交流和国际贸易，已广泛采用国际标准。

1.4 优先数和优先数系

在设计机械产品时，需要确定许多技术参数。任何产品的参数值，不仅与其自身的技术特性有关，还直接或间接地影响与其配套的系列产品的参数值。例如，螺母的尺寸一旦确定，将决定与其相配合的螺栓的尺寸以及加工螺纹用的丝锥板牙、检验内螺纹用的螺纹塞规、加工内螺纹孔的钻头等系列产品的尺寸。可见，产品的技术参数不能随意确定，否则会使产品、刀具、量具、夹具等产品的规格品种杂乱无章，给组织生产、协作配套以及使用维修带来极大困难。为了解决这一问题，人们在生产实践中总结出了一个科学的统一数值标准，将产品参数纳入标准化管理轨道，这个标准就是《优先数和优先数系》国家标准（GB/T 321—2005）。标准规定了五个不同公比的十进制近似等比数列作为优先数系，分别用系列代号 R5、R10、R20、R40、R80 表示，依次称为 R5 系列、R10 系列、R20 系列、R40 系列、R80 系列。前四项为基本系列，是常用的系列；R80 为补充系列，仅用于参数分级很细或基本系列中的优先数不能满足需要的场合。各系列的公比分别是：

1) R5 系列：公比为 $q_5 = \sqrt[5]{10} \approx 1.60$。
2) R10 系列：公比为 $q_{10} = \sqrt[10]{10} \approx 1.25$。
3) R20 系列：公比为 $q_{20} = \sqrt[20]{10} \approx 1.12$。
4) R40 系列：公比为 $q_{40} = \sqrt[40]{10} \approx 1.06$。
5) R80 系列：公比为 $q_{80} = \sqrt[80]{10} \approx 1.03$。

优先数系中的每一个数（项值）均为优先数。由于优先数系五个数列的公比都是无理数，工程技术上不便直接使用，实际应用时均采用理论公比经圆整后的近似值。根据圆整的精确程度，公比可分为计算值和常用值。计算值是对理论值取五位有效数字的近似值，在做参数系列的精确计算时可以代替理论值；常用值是经常使用的，通常所谓的优先数，取三位有效数字。优先数系基本系列见表 1-1。

采用等比数列作为优先数系，运算方便，简单易记，便于应用。本课程中涉及的尺寸分段、公差等级、表面粗糙度参数系列等也是按优先数系制定的。优先数系在工程技术领域被广泛应用，是国际上统一的数值分级制度。

表 1-1 优先数系基本系列（摘自 GB/T 321—2005）

基本系列（常用值）				计算值
R5	R10	R20	R40	
1.00	1.00	1.00	1.00	1.0000
			1.06	1.0593
		1.12	1.12	1.1220
			1.18	1.1885
	1.25	1.25	1.25	1.2589
			1.32	1.3335
		1.40	1.40	1.4125
			1.50	1.4962
1.60	1.60	1.60	1.60	1.5849
			1.70	1.6788
		1.80	1.80	1.7783
			1.90	1.8836
	2.00	2.00	2.00	1.9953
			2.12	2.1135
		2.24	2.24	2.2387
			2.36	2.3714
2.50	2.50	2.50	2.50	2.5119
			2.65	2.6607
		2.80	2.80	2.8184
			3.00	2.9854
	3.15	3.15	3.15	3.1623
			3.35	3.3497
		3.55	3.55	3.5481
			3.75	3.7584
4.00	4.00	4.00	4.00	3.9811
			4.25	4.2170
		4.50	4.50	4.4668
			4.75	4.7315
	5.00	5.00	5.00	5.0119
			5.30	5.3088
		5.60	5.60	5.6234
			6.00	5.9566
6.30	6.30	6.30	6.30	6.3096
			6.70	6.6834
		7.10	7.10	7.0795
			7.50	7.4989
	8.00	8.00	8.00	7.9433
			8.50	8.4140
		9.00	9.00	8.9125
			9.50	9.4406
10.00	10.00	10.00	10.00	10.0000

1.5 本课程的研究对象及任务

本课程是机械类、近机械类专业必修的重要技术基础课程，是联系设计课程与制造工艺课程的纽带，是从基础课学习过渡到专业课学习的桥梁。

本课程的研究对象是几何参数的互换性，即研究如何通过规定公差，合理解决机器使用要求与制造要求之间的矛盾，以及如何运用技术测量手段保证国家公差标准的贯彻实施。通过本课程的学习，学生应达到以下要求：

1）初步建立互换性的基本概念，掌握有关公差配合的基本术语和定义；基本掌握各有关公差标准的基本内容和规定；会查、用有关公差表格，并能在图样上对公差配合进行正确的标注和解释；能设计光滑极限量规；具有初步选用正确的公差等级、配合种类、几何公差及表面粗糙度参数值等的能力。

2）掌握测量技术的基本知识，会选用和使用测量器具，能对典型零件和一般几何参数进行检测。

总之，本课程的任务是使学生获得机械工艺技术人员所必须具备的几何公差与检测的基本知识和技能，为后续课程的学习及毕业后的工作实践打下基础。

思考与练习

1-1　列举互换性应用的实例。说明互换性的含义及其作用，并说明完全互换与不完全互换有何区别。

1-2　简述加工误差、公差、检测与互换性之间的关系。

1-3　什么是标准？我国的标准分为哪几级？

1-4　什么是优先数和优先数系？为何要规定优先数系？如某机床主轴转速（单位：r/min）为：50，63，80，100，125…试判断此数据属于哪个系列，公比为多少？

自我测验题

一、判断题（正确的打√，错误的打×）

1. 具有互换性的零件，其几何参数必须制成绝对精确。　　　　　　　（　　）
2. 公差体现了加工难易程度，数值越小，加工越容易。　　　　　　　（　　）
3. 在确定产品的参数或参数系列时，应最大限度地采用优先数和优先数系。（　　）
4. 优先数系是由一些十进制等差数列构成的。　　　　　　　　　　　（　　）

二、选择题（将下列题目中所有正确的论述选择出来）

1. 互换性按其_____可分为完全互换性和不完全互换性。
　　A. 方法　　　　B. 性质　　　　C. 程度　　　　D. 效果
2. 具有互换性的零件，其几何参数制成绝对精确是_____。
　　A. 有可能的　　B. 有必要的　　C. 不可能的　　D. 没必要的
3. 加工后零件的实际（组成）要素尺寸与理想尺寸之差称为_____。
　　A. 形状误差　　B. 尺寸误差　　C. 公差
4. 互换性在机械制造业中的作用有_____。
　　A. 便于采用高效专用设备　　　　B. 便于装配自动化
　　C. 便于采用三化　　　　　　　　D. 保证产品质量
5. 标准化的意义在于_____。

A. 是现代化大生产的重要手段　　　　B. 是科学管理的基础
　　C. 是产品设计的基本要求　　　　　　D. 是计量工作的前提

三、填空题
1. 互换性是指_____。
2. 不完全互换是指_____。
3. 当装配精度要求很高时，若采用_____将使零件的尺寸公差很小，加工成本_____，甚至无法加工。
4. 标准化是指_____。
5. 优先数系中任何一个数值均称为_____。
6. 制造技术水平提高，可以减小_____，但永远不可能_____。

四、综合题
1. 举例说明互换性对现代工业生产的重要意义。
2. 生产中常用的互换性有几种？采用不完全互换的条件和意义是什么？
3. 什么是加工误差？可分为哪几种？
4. 建立公差、检测与标准化机制有何重要意义？

第 2 章

光滑圆柱结合的极限与配合

【学习任务】
1. 掌握公差与配合的基本术语和定义，掌握标准公差、基本偏差的概念及其查表方法。
2. 熟练掌握公差带的绘制，并能进行配合类别的判别。
3. 掌握尺寸要素的相关术语，了解公差与配合国家标准的构成与特点。
4. 熟悉公差与配合的选用原则及应用；会在图样上进行标注。

极限与配合标准的应用涉及国民经济的各个部门，因此，它是国际上公认特别重要的基础标准之一。新修订的"极限与配合"标准由以下标准组成：GB/T 1800.1—2009《产品几何技术规范（GPS） 极限与配合 第 1 部分：公差、偏差和配合的基础》；GB/T 1800.2—2009《产品几何技术规范（GPS） 极限与配合 第 2 部分：标准公差等级和孔、轴极限偏差表》；GB/T 1801—2009《产品几何技术规范（GPS） 极限与配合 公差带和配合的选择》；GB/T 1803—2003《极限与配合 尺寸至 18mm 孔、轴公差带》；GB/T 1804—2000《一般公差 未注公差的线性和角度尺寸的公差》。这些标准的使用不仅可以避免产品设计中任意规定公差与配合数值的混乱现象，保证零部件的互换性和质量，而且还有利于实现刀具、量具等工艺装备的标准化，有利于广泛组织专业化协作生产和国际技术交流。

2.1 基本术语及定义

2.1.1 有关尺寸要素的术语及定义

1. 尺寸要素

由一定大小的线性尺寸或角度尺寸确定的几何形状。尺寸要素可以是圆柱形、球形、两平行对应面、圆锥形或楔形，尺寸要素分为外尺寸要素和内尺寸要素两类。

2. 实际（组成）要素

由接近实际（组成）要素所限定的工件实际表面的组成要素部分。是实际存在并将整个零件与周围介质分隔的要素，它由无数个连续点组成，为非理想的几何要素，如图 2-1a 所示。

3. 提取组成要素

按规定方法，由实际（组成）要素提取有限数目的点所形成的实际（组成）要素的近似替代。即根据特定的规则，通过对非理想要素提取有限数目的点得到的近似替代要素，为非理想的几何要素。由于测量方法的不同，每个实际（组成）要素可以有若干个替代要素，如图 2-1a 所示。

4. 提取导出要素

由一个或几个提取组成要素得到的中心点、中心线或中心面。如图 2-1a、图 2-1b 所示。

5. 拟合组成要素

按规定方法，由提取组成要素形成的并具有理想形状的组成要素。即按照特定规则，以理想要素尽可能地逼近非理想要素而形成的替代要素，为理想的几何要素，如图 2-1a 所示。

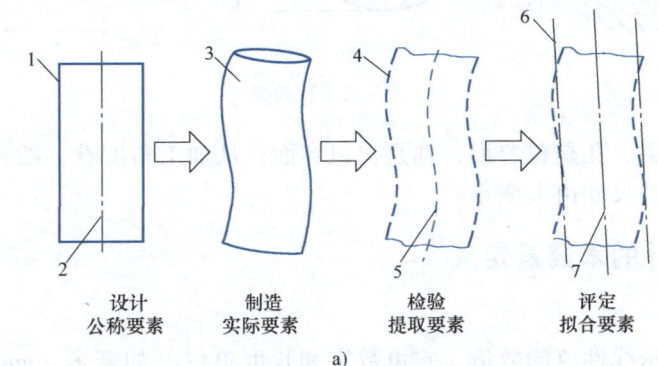

1—公称组成要素 2—公称导出要素 3—实际(组成)要素 4—提取组成要素 5—提取导出要素
6—拟合组成要素 7—拟合导出要素

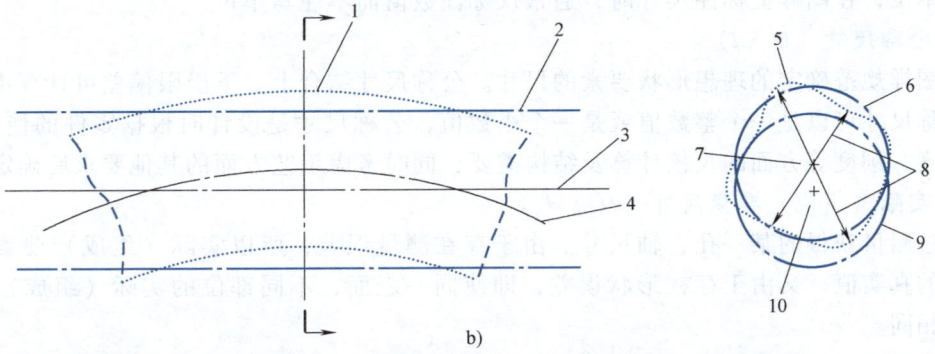

1—提取表面 2—拟合圆柱面 3—拟合圆柱面轴线 4—提取轴线 5—提取截面圆
6—拟合圆 7—拟合圆圆心 8—提取要素的局部直径 9—拟合圆柱面截面
10—拟合圆柱面截面圆心

图 2-1 要素及提取圆柱面的局部尺寸

2.1.2 有关孔和轴的定义

1. 孔

孔通常指工件的圆柱形内尺寸要素，也包括非圆柱形的内尺寸要素（由二平行平面或切面形成的包容面）。如图 2-2 所示，零件的各内尺寸要素中，ϕD、B、L、B_1、L_1、L_2、L_3 各尺寸确定的包容面均可称为孔。

2. 轴

轴通常指工件的圆柱形外尺寸要素，也包括非圆柱形的外尺寸要素（由二平行平面或切面形成的被包容面）。如图 2-2 所示，零件的各外尺寸要素中，ϕd、l、l_1 各尺寸确定的被包容面均可称为轴。

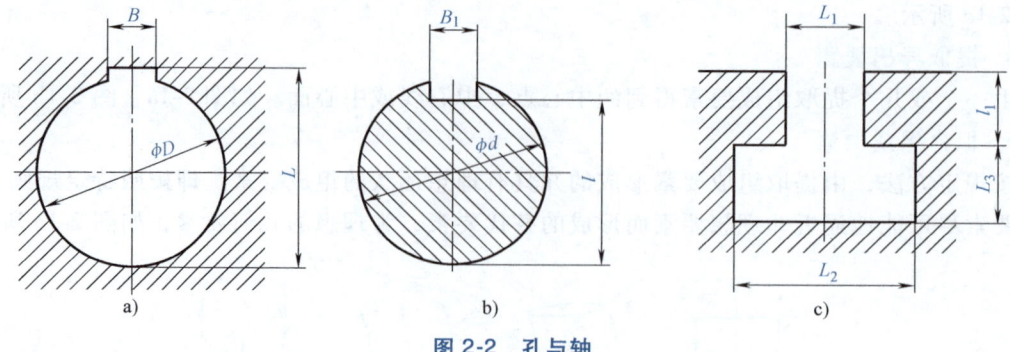

图 2-2 孔与轴

从装配关系上讲，孔是包容面，轴是被包容面；从加工角度看，随着余量的切除，孔的尺寸由小变大，轴的尺寸由大变小。

2.1.3 有关尺寸的术语及定义

1. 尺寸

以特定单位表示线性值的数值。它由数字和长度单位（如毫米，mm）组成，用以表示长度的大小，如直径、长度、宽度、深度、中心距等。在机械制造中，常用毫米（mm）作为特征单位，在图样上标注尺寸时，通常仅标注数值而不注写单位。

2. 公称尺寸（D、d）

由图样规范确定的理想形状要素的尺寸。公称尺寸结合上、下极限偏差可计算出极限尺寸。公称尺寸可以是一个整数值或是一个小数值，公称尺寸是设计时根据零件的使用要求，结合强度、刚度等方面的校核计算及结构需要，同时考虑工艺方面的其他要求后确定的。

3. 实际（组成）要素尺寸（D_a、d_a）

通过测量获得的某一孔、轴尺寸。由于存在测量误差，所以实际（组成）要素尺寸并非尺寸的真实值。又由于存在形状误差，即使同一表面，不同部位的实际（组成）要素尺寸也不相同。

提取组成要素的局部尺寸简称"提取要素的局部尺寸"，是一切提取组成要素上两对应点之间距离的统称，通常指在任意两相对点之间测得的尺寸，如图 2-2b 所示。

GB/T 1800.1—2009 规定，用"实际（组成）要素尺寸""提取组成要素的局部尺寸"代替旧标准中的"实际尺寸"和"局部实际尺寸"。

4. 极限尺寸（D_{max}、d_{max}、D_{min}、d_{min}）

尺寸要素允许的尺寸的两个极端。尺寸要素允许的最大尺寸称为上极限尺寸（D_{max}、d_{max}），尺寸要素允许的最小尺寸称为下极限尺寸（D_{min}、d_{min}）。

5. 最大实体状态（MMC）与最大实体尺寸（MMS）

假定提取组成要素的局部尺寸处处位于极限尺寸且使其具有实体最大时的状态称为最大实体状态。确定要素最大实体状态的尺寸称为最大实体尺寸，即外尺寸要素的上极限尺寸

（d_{max}）和内尺寸要素的下极限尺寸（D_{min}）。

6. 最小实体状态（LMC）与最小实体尺寸（LMS）

假定提取组成要素的局部尺寸处处位于极限尺寸且使其具有实体最小时的状态称为最小实体状态。确定要素最小实体状态的尺寸称为最小实体尺寸，即外尺寸要素的下极限尺寸（d_{min}）和内尺寸要素的上极限尺寸（D_{max}）。

2.1.4 有关偏差和公差的术语及定义

1. 尺寸偏差

某一尺寸减其公称尺寸所得的代数差。偏差可以为正、负或零值。

（1）实际偏差（E_a、e_a） 实际（组成）要素尺寸减其公称尺寸所得的代数差。计算公式如下：

孔的实际偏差 $\qquad E_a = D_a - D$

轴的实际偏差 $\qquad e_a = d_a - d$

（2）极限偏差（ES、es，EI、ei） 极限尺寸减其公称尺寸所得的代数差。其中，上极限尺寸减其公称尺寸所得的代数差称为上极限偏差（ES，es），下极限尺寸减其公称尺寸所得的代数差称为下极限偏差（EI，ei）。计算公式如下：

孔的上极限偏差 $\quad ES = D_{max} - D$；下极限偏差 $\quad EI = D_{min} - D$

轴的上极限偏差 $\quad es = d_{max} - d$；下极限偏差 $\quad ei = d_{min} - d$

2. 尺寸公差（简称公差）（T_D、T_d）

上极限尺寸减下极限尺寸之差，或上极限偏差减下极限偏差之差。它是允许尺寸的变动量，是一个没有符号的绝对值。计算公式如下：

孔的公差 $\qquad T_D = |D_{max} - D_{min}| = |ES - EI|$

轴的公差 $\qquad T_d = |d_{max} - d_{min}| = |es - ei|$

尺寸误差是指一批零件的提取要素的局部尺寸相对于理想尺寸的偏离范围。当加工条件一定时，尺寸误差表征了加工方法的精度。尺寸公差则是设计者给定的误差允许值，体现了设计者对加工方法精度的要求。需要注意的是，极限偏差和公差都是设计时给定的，但它们之间存在着本质的区别：在数值上，极限偏差是代数值，可正、可负、也可为零，而公差是没有任何符号的绝对值，也不能为零，是工件尺寸的精度指标；从作用上看，极限偏差用于控制实际偏差，是判断工件尺寸是否合格的依据，而公差用于控制尺寸误差，其大小反映尺寸精度；从工艺上看，极限偏差是调整机床时确定切削刀具与工件相对位置的依据，而公差大小则决定了加工的难易程度，是制定加工工艺的主要依据。

公称尺寸、极限尺寸、极限偏差和公差之间的关系如图2-3所示。

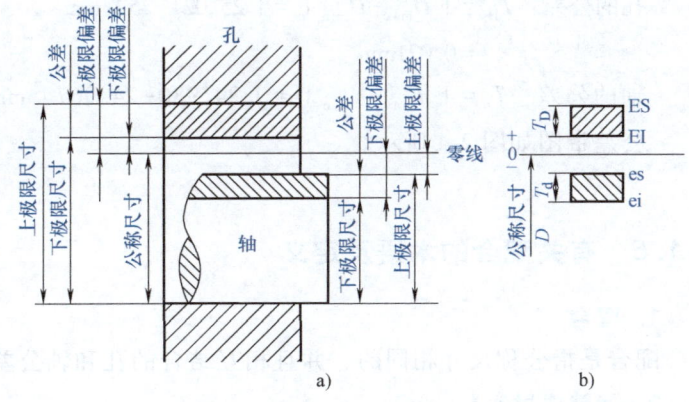

图2-3 尺寸、偏差与公差

3. 公差带图

公差带图由零线和公差带组成。由于公差或偏差的数值比基本尺寸的数值小得多，在图中不便用同一比例表示，同时为了简化，在分析有关问题时，不画出孔、轴的结构，只画出放大的孔、轴公差区域及其相对于零线的位置。采用这种表达方法的图形称为公差带图，如图 2-3b 所示。

（1）零线　在公差带图解中，表示公称尺寸的一条直线，以其为基准确定偏差和公差。通常，零线沿水平方向绘制，正偏差位于零线上方，负偏差位于零线下方。

（2）公差带　在公差带图解中，由代表上极限偏差和下极限偏差或上极限尺寸和下极限尺寸的两条直线所限定的一个区域。它由公差带大小及其相对于零线的位置来确定。公差带在零线垂直方向上的宽度代表公差值，在零线方向其长度可适当选取。尺寸单位用毫米（mm）标注，极限偏差及公差单位用微米（μm）标注，单位省略不写。

（3）公差带的两要素　在国家标准中，公差带图包括了"公差带大小"与"公差带位置"两个要素，前者由标准公差确定，后者由基本偏差确定。

1）标准公差。国家标准（GB/T 1800.1—2009）中所规定的任一公差为标准公差（表 2-1）。

2）基本偏差。确定公差带相对于零线位置的那个极限偏差为基本偏差。它可以是上极限偏差或下极限偏差，一般为靠近零线的那个极限偏差。

例 2-1　已知公称尺寸 $D = d = 25\text{mm}$，孔的极限尺寸 $D_{\max} = 25.021\text{mm}$、$D_{\min} = 25\text{mm}$，轴的极限尺寸 $d_{\max} = 24.980\text{mm}$、$d_{\min} = 24.967\text{mm}$。求孔、轴的极限偏差及公差，并画出公差带图。

解　孔的极限偏差：

$\text{ES} = D_{\max} - D = (25.021 - 25)\text{mm} = +0.021\text{mm}$

$\text{EI} = D_{\min} - D = (25 - 25)\text{mm} = 0\text{mm}$

轴的极限偏差：

$\text{es} = d_{\max} - d = (24.980 - 25)\text{mm} = -0.020\text{mm}$

$\text{ei} = d_{\min} - d = (24.967 - 25)\text{mm} = -0.033\text{mm}$

孔的公差：$T_D = |D_{\max} - D_{\min}| = |25.021 - 25|\text{mm} = 0.021\text{mm}$

轴的公差：$T_d = |d_{\max} - d_{\min}| = |24.980 - 24.967|\text{mm} = 0.013\text{mm}$

公差带图如图 2-4 所示。

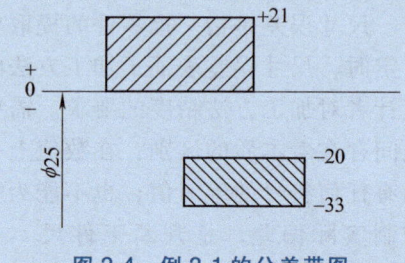

图 2-4　例 2-1 的公差带图

2.1.5　有关配合的术语及定义

1. 配合

配合是指公称尺寸相同的、并且相互结合的孔和轴公差带之间的关系。

2. 间隙或过盈

孔的尺寸减去相配合的轴的尺寸所得的代数差为正时，称为间隙，用符号 X 表示；为负时,称为过盈,用符号 Y 表示。

3. 配合的种类

根据相互结合的孔、轴公差带之间的相对位置关系,配合可分为以下三大类:

(1) 间隙配合　间隙配合是指具有间隙(包括最小间隙等于零)的配合。此时,孔的公差带在轴的公差带之上,如图 2-5 所示。

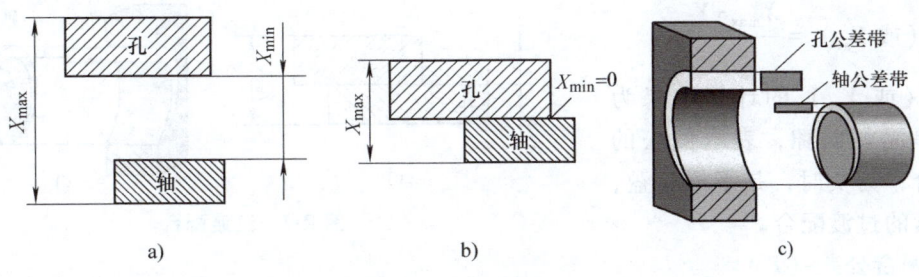

图 2-5　间隙配合

由于孔、轴的实际尺寸允许在各自公差带内变动,所以孔、轴配合的间隙也是变动的。其配合性质用最大间隙 X_{max}、最小间隙 X_{min} 和平均间隙 X_{av} 表示,计算公式如下:

$$X_{max} = D_{max} - d_{min} = \text{ES} - \text{ei}$$

$$X_{min} = D_{min} - d_{max} = \text{EI} - \text{es}$$

$$X_{av} = \frac{X_{max} + X_{min}}{2}$$

(2) 过盈配合　过盈配合是指具有过盈(包括最小过盈等于零)的配合。此时,孔的公差带在轴的公差带之下,如图 2-6 所示。

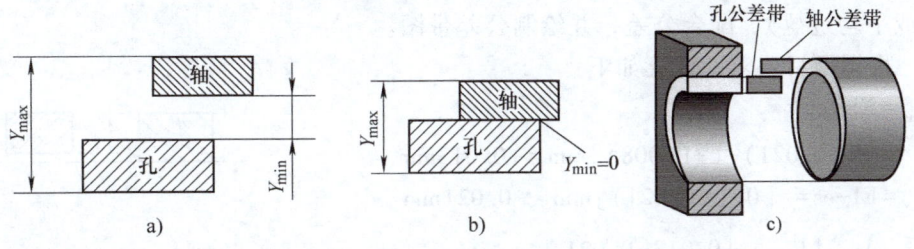

图 2-6　过盈配合

过盈配合的性质可用最大过盈 Y_{max}、最小过盈 Y_{min} 和平均过盈 Y_{av} 表示,其计算公式如下:

$$Y_{max} = D_{min} - d_{max} = \text{EI} - \text{es}$$

$$Y_{min} = D_{max} - d_{min} = \text{ES} - \text{ei}$$

$$Y_{av} = \frac{Y_{max} + Y_{min}}{2}$$

(3) 过渡配合　过渡配合是指可能具有间隙或过盈的配合。此时,孔的公差带与轴的公差带相互交叠,如图 2-7 所示。

过渡配合是介于间隙配合与过盈配合之间的一类配合,但其间隙与过盈都不大。其配合

性质用最大间隙 X_{max}、最大过盈 Y_{max} 和平均间隙 X_{av}（或平均过盈 Y_{av}）表示，计算公式如下：

$$X_{max} = D_{max} - d_{min} = ES - ei$$

$$Y_{max} = D_{min} - d_{max} = EI - es$$

$$X_{av}（或 Y_{av}）= \frac{X_{max} + Y_{max}}{2}$$

X_{av}（或 Y_{av}）的计算结果为正时，是平均间隙，表示偏松的过渡配合；为负时，是平均过盈，表示偏紧的过渡配合。

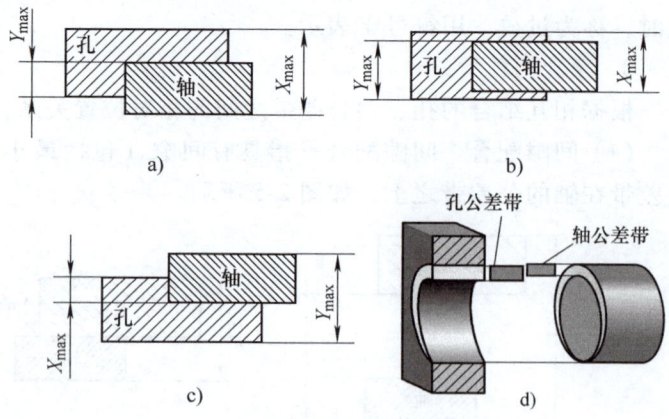

图 2-7 过渡配合

4. 配合公差（T_f）

配合公差是指允许间隙或过盈的变动量。它是一个没有符号的绝对值，其大小为配合最松状态时的极限间隙（或极限过盈）与配合最紧状态时极限间隙（或极限过盈）的代数差的绝对值，计算公式如下：

间隙配合的配合公差　　　$T_f = | X_{max} - X_{min} | = T_D + T_d$

过盈配合的配合公差　　　$T_f = | Y_{min} - Y_{max} | = T_D + T_d$

过渡配合的配合公差　　　$T_f = | X_{max} - Y_{max} | = T_D + T_d$

即配合公差等于相配合孔的公差与轴的公差之和。它反映配合精度的高低，若要提高配合精度，就必须提高相互配合的孔与轴的加工精度。

例 2-2　计算 $\phi 30^{+0.021}_{\ 0}$ mm 孔与 $\phi 30^{+0.021}_{+0.008}$ mm 轴配合的极限间隙（或极限过盈）、平均间隙（或平均过盈）、配合公差，并绘制公差带图。

解　根据题目要求，计算如下：

$X_{max} = ES - ei$

$\qquad = [(+0.021) - (+0.008)]$ mm $= +0.013$ mm

$Y_{max} = EI - es = [0 - (+0.021)]$ mm $= -0.021$ mm

$Y_{av} = \dfrac{X_{max} + Y_{max}}{2} = \dfrac{+0.013 - 0.021}{2}$ mm $= -0.004$ mm

$T_f = |X_{max} - Y_{max}|$

$\qquad = |(+0.013) - (-0.021)|$ mm $= 0.034$ mm

公差带图如图 2-8 所示。

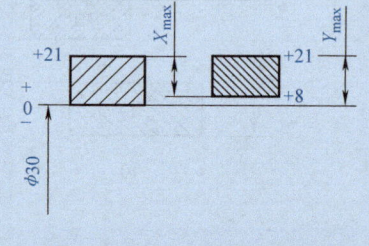

图 2-8 例 2-2 的公差带图

2.2 极限与配合国家标准

2.2.1 标准公差系列

标准公差系列是国家标准规定的一系列标准公差数值，用以确定公差带大小，见表 2-1。

其构成如下：

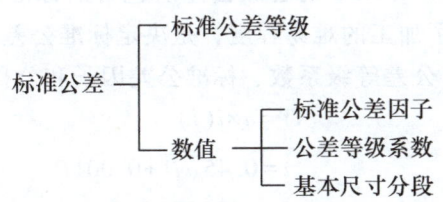

表 2-1　标准公差数值（GB/T 1800.1—2009）

公称尺寸 /mm		标准公差等级																		
		IT01	IT0	IT1	IT2	IT3	IT4	IT5	IT6	IT7	IT8	IT9	IT10	IT11	IT12	IT13	IT14	IT15	IT16	IT17	IT18
大于	至	标准公差值/μm													标准公差值/mm						
—	3	0.3	0.5	0.8	1.2	2	3	4	6	10	14	25	40	60	0.1	0.14	0.25	0.4	0.6	1	1.4
3	6	0.4	0.6	1	1.5	2.5	4	5	8	12	18	30	48	75	0.12	0.18	0.3	0.48	0.75	1.2	1.8
6	10	0.4	0.6	1	1.5	2.5	4	6	9	15	22	36	58	90	0.15	0.22	0.36	0.58	0.9	1.5	2.2
10	18	0.5	0.8	1.2	2	3	5	8	11	18	27	43	70	110	0.18	0.27	0.43	0.7	1.1	1.8	2.7
18	30	0.6	1	1.5	2.5	4	6	9	13	21	33	52	84	130	0.21	0.33	0.52	0.84	1.3	2.1	3.3
30	50	0.6	1	1.5	2.5	4	7	11	16	25	39	62	100	160	0.25	0.39	0.62	1	1.6	2.5	3.9
50	80	0.8	1.2	2	3	5	8	13	19	30	46	74	120	190	0.3	0.46	0.74	1.2	1.9	3	4.6
80	120	1	1.5	2.5	4	6	10	15	22	35	54	87	140	220	0.35	0.54	0.87	1.4	2.2	3.5	5.4
120	180	1.2	2	3.5	5	8	12	18	25	40	63	100	160	250	0.4	0.63	1	1.6	2.5	4	6.3
180	250	2	3	4.5	7	10	14	20	29	46	72	115	185	290	0.46	0.72	1.15	1.85	2.9	4.6	7.2
250	315	2.5	4	6	8	12	16	23	32	52	81	130	210	320	0.52	0.81	1.3	2.1	3.2	5.2	8.1
315	400	3	5	7	9	13	18	25	36	57	89	140	230	360	0.57	0.89	1.4	2.3	3.6	5.7	8.9
400	500	4	6	8	10	15	20	27	40	63	97	155	250	400	0.63	0.97	1.55	2.5	4	6.3	9.7

注：公称尺寸小于或等于 1mm 时，无 IT14~IT18。

1. 标准公差等级代号

确定尺寸精确程度的等级称为标准公差等级。标准公差等级代号由标准公差代号 IT 和公差等级数字组合表示，如 IT7。当其与代表基本偏差的字母一起表示公差带时，省略 IT 字母，如 H7。

不同零件和零件上不同部位的尺寸，对精确程度的要求往往不同。为了满足不同使用要求和制造的需要，国家标准设置了 20 个公差等级，各级标准公差等级的代号为 IT01、IT0、IT1、IT2、……、IT18。IT01 精度最高，其余依次降低，标准公差值依次增大。

2. 标准公差因子（i、I）及公差等级系数（a）

标准公差因子（i、I）是用以确定标准公差的基本单位，是制定标准公差数值表的基础。由大量的试验与统计分析得知，该因子是公称尺寸的函数。

公差等级系数（a）是 IT5~IT18 的各级公差所包含的标准公差因子数。在公称尺寸一定的情况下，a 值大小反映了加工的难易程度，是决定标准公差大小的唯一参数。公差等级 IT5~IT18 对应的标准公差、公差等级系数、标准公差因子和公称尺寸的关系如下：

$$IT = a \times i(I)$$

$0 < D \leqslant 500\text{mm}$，则 $\quad i = 0.45\sqrt[3]{D} + 0.001D$

$500\text{mm} < D \leqslant 3150\text{mm}$，则 $\quad I = 0.004D + 2.1$

式中　a——公差等级系数；

　　　D——公称尺寸段的几何平均值（mm）；

　　　i、I——标准公差因子（μm）。

标准公差因子 i 计算公式中，右侧第一项主要反映加工误差的影响，与公称尺寸的关系符合立方抛物线规律；第二项主要反映由于温度偏离标准温度和量具变形而引起的测量误差，此误差和公称尺寸呈线性关系。

在公称尺寸≤500mm 的常用尺寸范围内，各级标准公差的计算公式见表 2-2。

表 2-2　公称尺寸≤500mm 各级标准公差的计算公式　　　　（单位：μm）

标准公差等级	IT01	IT0	IT1	IT2	IT3	IT4
标准公差值	$0.3+0.008D$	$0.5+0.012D$	$0.8+0.02D$	$IT1\left(\dfrac{IT5}{IT1}\right)^{\frac{1}{4}}$	$IT1\left(\dfrac{IT5}{IT1}\right)^{\frac{1}{2}}$	$IT1\left(\dfrac{IT5}{IT1}\right)^{\frac{3}{4}}$

标准公差等级	IT5	IT6	IT7	IT8	IT9	IT10	IT11	IT12	IT13	IT14	IT15	IT16	IT17	IT18
标准公差值	$7i$	$10i$	$16i$	$25i$	$40i$	$64i$	$100i$	$160i$	$250i$	$400i$	$640i$	$1000i$	$1600i$	$2500i$

3. 公称尺寸分段

由标准公差的计算公式可知，对应每一个公称尺寸和公差等级可以算出相应的公差值，但这样编制的公差表格会非常庞大，给设计、生产带来不便，同时也不利于公差值的标准化、系列化。为了简化公差与配合的表格，便于实际应用，国家标准对公称尺寸进行了分段，将常用尺寸（≤500mm）分为 13 个尺寸段，对同一尺寸段内所有的公称尺寸规定了相同的标准公差因子。同一尺寸段内按首尾两尺寸的几何平均值作为公式中的 D 值，即 $D = \sqrt{D_1 \times D_2}$，代入标准公差因子的计算公式和表 2-2 中的标准公差计算公式，可算出各尺寸段内各标准公差等级的标准公差值。

例 2-3　公称尺寸为 φ30mm，求 IT6 为多少？

解　φ30mm 属于 >18~30mm 尺寸分段，则

计算对应几何平均值　　　$D = \sqrt{18 \times 30}\text{mm} \approx 23.24\text{mm}$

标准公差因子　$i = 0.45\sqrt[3]{D} + 0.001D = (0.45\sqrt[3]{23.24} + 0.001 \times 23.24)\text{μm} \approx 1.31\text{μm}$

查表 2-2 得标准公差　　　$IT6 = 10i = 10 \times 1.31\text{μm} = 13.1\text{μm}$

经尾数圆整，得　　　　　$IT6 = 13\text{μm}$

表 2-1 中的标准公差数值就是经这样的计算，按规则圆整后得出的。从表 2-1 中可看出：同一公差等级的标准公差随公称尺寸的增大而呈增大趋势。相同公差等级的标准公差，对应不同的公称尺寸，虽数值不同，但认为具有相同的尺寸精确程度，即制造上和使用上具有相同的精确程度，故公差数值只与公差等级和公称尺寸有关，而与配合性质无关。

2.2.2 基本偏差系列（图 2-9）

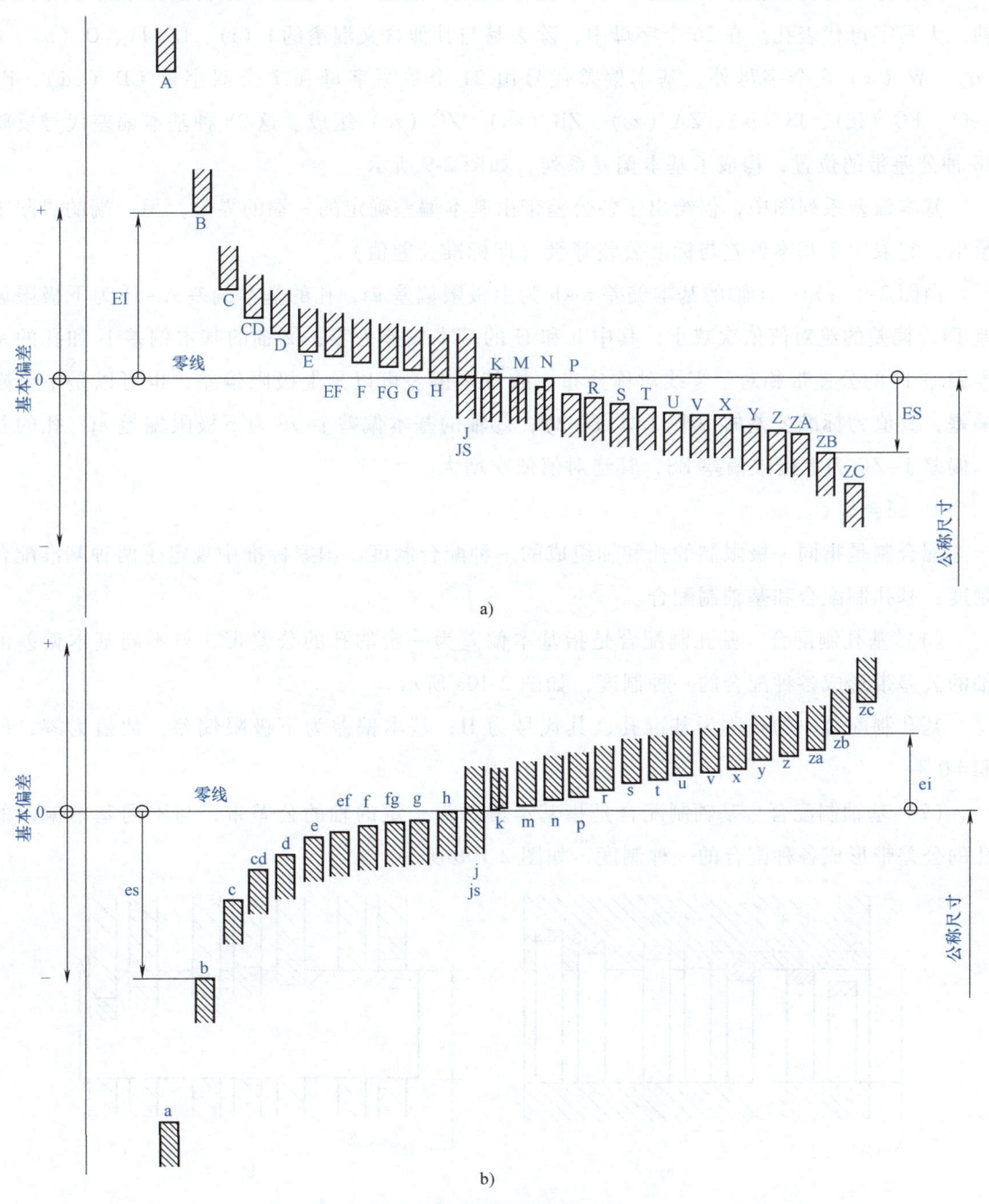

图 2-9 基本偏差系列图
a) 孔 b) 轴

基本偏差是用于确定公差带相对于零线位置的那个极限偏差，原则上与公差等级无关。它可以是上极限偏差或下极限偏差。设置基本偏差是为了将公差带位置标准化，以实现不同配合的需要。

1. 基本偏差代号

国家标准对孔和轴分别规定了28种基本偏差，其代号用拉丁字母表示，小写字母代表轴，大写字母代表孔。在26个字母中，除去易与其他含义混淆的I（i）、L（l）、O（o）、Q（q）、W（w）5个字母外，基本偏差代号由21个单写字母和7个双字母CD（cd）、EF（ef）、FG（fg）、JS（js）、ZA（za）、ZB（zb）、ZC（zc）组成。这28种基本偏差代号反映28种公差带的位置，构成了基本偏差系列，如图2-9所示。

基本偏差系列图中，仅绘出了各公差带由基本偏差确定的一端的界限，另一端的界限未绘出，它取决于基本偏差与标准公差等级（即标准公差值）。

由图2-9可知：①轴的基本偏差a~h为上极限偏差es，孔的基本偏差A~H为下极限偏差EI，偏差的绝对值依次减小，其中h和H的基本偏差为零；②轴的基本偏差js和孔的基本偏差JS的公差带相对于零线对称分布，故基本偏差可以是上极限偏差，也可以是下极限偏差，其值为标准公差的一半（即±IT/2）；③轴的基本偏差j~zc为下极限偏差ei，孔的基本偏差J~ZC为上极限偏差ES，其绝对值依次增大。

2. 配合制

配合制是指同一极限制的孔和轴组成的一种配合制度。国家标准中规定了两种基准配合制度：基孔制配合和基轴制配合。

（1）基孔制配合　基孔制配合是指基本偏差为一定的孔的公差带，与不同基本偏差的轴的公差带形成各种配合的一种制度，如图2-10a所示。

基孔制配合中的孔称为基准孔，其代号为H；基本偏差为下极限偏差，数值为零，即EI=0。

（2）基轴制配合　基轴制配合是指基本偏差为一定的轴的公差带，与不同基本偏差的孔的公差带形成各种配合的一种制度，如图2-10b所示。

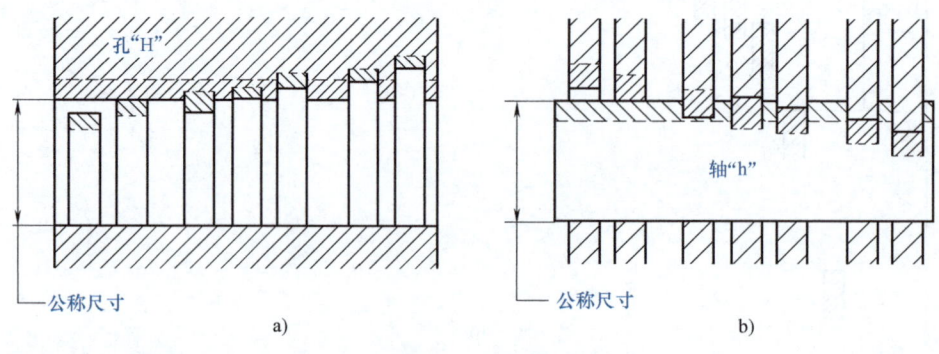

图2-10　配合制
a) 基孔制配合　b) 基轴制配合

第2章　光滑圆柱结合的极限与配合

基轴制配合中的轴称为基准轴，其代号为 h；基本偏差为上极限偏差，数值为零，即 es=0。

在图 2-10 所示的配合制示意图中，水平实线代表孔或轴的基本偏差；虚线代表另一个极限偏差，孔与轴之间可能的不同配合与它们的基本偏差和公差等级有关。

3. 基本偏差数值

（1）轴的基本偏差数值　轴的基本偏差数值是以基孔制配合为基础，根据各种配合的要求，经过理论计算、科学实验和统计分析得出的一系列计算公式计算而来的，计算结果按一定规则将尾数圆整后得到轴的基本偏差值表，见表 2-3。

表 2-3　公称尺寸≤500mm 轴的基本偏差值（GB/T 1800.1—2009）

公称尺寸 /mm	基本偏差/μm													
	上极限偏差 es										下极限偏差 ei			
	a	b	c	cd	d	e	ef	f	fg	g	h	js	j ||| k	
	所有标准公差等级												IT5~IT6	IT7	IT8	IT4~IT7	≤IT3 >IT7
≤3	−270	−140	−60	−34	−20	−14	−10	−6	−4	−2	0		−2	−4	−6	0	0
>3~6	−270	−140	−70	−46	−30	−20	−14	−10	−6	−4	0		−2	−4	—	+1	0
>6~10	−280	−150	−80	−56	−40	−25	−18	−13	−8	−5	0		−2	−5	—	+1	0
>10~14	−290	−150	−95	—	−50	−32	—	−16	—	−6	0		−3	−6	—	+1	0
>14~18	−290	−150	−95	—	−50	−32	—	−16	—	−6	0		−3	−6	—	+1	0
>18~24	−300	−160	−110	—	−65	−40	—	−20	—	−7	0		−4	−8	—	+2	0
>24~30	−300	−160	−110	—	−65	−40	—	−20	—	−7	0		−4	−8	—	+2	0
>30~40	−310	−170	−120	—	−80	−50	—	−25	—	−9	0	偏差等于 $\pm\dfrac{IT_n}{2}$，式中，IT_n 是 IT 值数	−5	−10	—	+2	0
>40~50	−320	−180	−130	—	−80	−50	—	−25	—	−9	0		−5	−10	—	+2	0
>50~65	−340	−190	−140	—	−100	−60	—	−30	—	−10	0		−7	−12	—	+2	0
>65~80	−360	−200	−150	—	−100	−60	—	−30	—	−10	0		−7	−12	—	+2	0
>80~100	−380	−220	−170	—	−120	−72	—	−36	—	−12	0		−9	−15	—	+3	0
>100~120	−410	−240	−180	—	−120	−72	—	−36	—	−12	0		−9	−15	—	+3	0
>120~140	−460	−260	−200	—	−145	−85	—	−43	—	−14	0		−11	−18	—	+3	0
>140~160	−520	−280	−210	—	−145	−85	—	−43	—	−14	0		−11	−18	—	+3	0
>160~180	−580	−310	−230	—	−145	−85	—	−43	—	−14	0		−11	−18	—	+3	0
>180~200	−660	−340	−240	—	−170	−100	—	−50	—	−15	0		−13	−21	—	+4	0
>200~225	−740	−380	−260	—	−170	−100	—	−50	—	−15	0		−13	−21	—	+4	0
>225~250	−820	−420	−280	—	−170	−100	—	−50	—	−15	0		−13	−21	—	+4	0
>250~280	−920	−480	−300	—	−190	−110	—	−56	—	−17	0		−16	−26	—	+4	0
>280~315	−1050	−540	−330	—	−190	−110	—	−56	—	−17	0		−16	−26	—	+4	0
>315~355	−1200	−600	−360	—	−210	−125	—	−62	—	−18	0		−18	−28	—	+4	0
>355~400	−1350	−680	−400	—	−210	−125	—	−62	—	−18	0		−18	−28	—	+4	0
>400~450	−1500	−760	−440	—	−230	−135	—	−68	—	−20	0		−20	−32	—	+5	0
>450~500	−1650	−840	−480	—	−230	−135	—	−68	—	−20	0		−20	−32	—	+5	0

（续）

公称尺寸 /mm	基本偏差/μm 下极限偏差 ei 所有标准公差等级													
	m	n	p	r	s	t	u	v	x	y	z	za	zb	zc
≤3	+2	+4	+6	+10	+14	—	+18	—	+20	—	+26	+32	+40	+60
>3~6	+4	+8	+12	+15	+19	—	+23	—	+28	—	+35	+42	+50	+80
>6~10	+6	+10	+15	+19	+23	—	+28	—	+34	—	+42	+52	+67	+97
>10~14	+7	+12	+18	+23	+28	—	+33	—	+40	—	+50	+64	+90	+130
>14~18	+7	+12	+18	+23	+28	—	+33	+39	+45	—	+60	+77	+108	+150
>18~24	+8	+15	+22	+28	+35	—	+41	+47	+54	+63	+73	+98	+136	+188
>24~30	+8	+15	+22	+28	+35	+41	+48	+55	+64	+75	+88	+118	+160	+218
>30~40	+9	+17	+26	+34	+43	+48	+60	+68	+80	+94	+112	+148	+220	+274
>40~50	+9	+17	+26	+34	+43	+54	+70	+81	+97	+114	+136	+180	+242	+325
>50~65	+11	+20	+32	+41	+53	+66	+87	+102	+122	+144	+172	+226	+300	+405
>65~80	+11	+20	+32	+43	+59	+75	+102	+120	+146	+174	+210	+274	+360	+480
>80~100	+13	+23	+37	+51	+71	+91	+124	+146	+178	+214	+258	+335	+445	+585
>100~120	+13	+23	+37	+54	+79	+104	+144	+172	+210	+254	+310	+400	+525	+690
>120~140	+15	+27	+43	+63	+92	+122	+170	+202	+248	+300	+365	+470	+620	+800
>140~160	+15	+27	+43	+65	+100	+134	+190	+228	+280	+340	+415	+535	+700	+900
>160~180	+15	+27	+43	+68	+108	+146	+210	+252	+310	+380	+465	+600	+780	+1000
>180~200	+17	+31	+50	+77	+122	+166	+236	+284	+350	+425	+520	+670	+880	+1150
>200~225	+17	+31	+50	+80	+130	+180	+258	+310	+385	+470	+575	+740	+960	+1250
>225~250	+17	+31	+50	+84	+140	+196	+284	+340	+425	+520	+640	+820	+1050	+1350
>250~280	+20	+34	+56	+94	+158	+218	+315	+385	+475	+580	+710	+920	+1200	+1550
>280~315	+20	+34	+56	+98	+170	+240	+350	+425	+525	+650	+790	+1000	+1300	+1700
>315~355	+21	+37	+62	+108	+190	+268	+390	+475	+590	+730	+900	+1150	+1500	+1900
>355~400	+21	+37	+62	+114	+208	+294	+435	+530	+660	+820	+1000	+1300	+1650	+2100
>400~450	+23	+40	+68	+126	+232	+330	+490	+595	+740	+920	+1100	+1450	+1850	+2400
>450~500	+23	+40	+68	+132	+252	+360	+540	+660	+820	+1000	+1250	+1600	+2100	+2600

注：1. 公称尺寸小于或等于 1mm 时，基本偏差 a 和 b 均不采用。

2. js 的数值：对于 IT7~IT11，若 IT_n 的数值（μm）为奇数，则取其偏差 $=\pm(IT_n-1)/2$。

轴的基本偏差规律：

① 基本偏差为 a~h 的轴与基准孔（H）组成间隙配合，其最小间隙量等于基本偏差的绝对值。其中，a、b、c 用于大间隙或热动配合，以考虑发热膨胀的影响；d、e、f 主要用于旋转运动，以保证良好的液体摩擦；g 主要用于滑动和半液体摩擦，或用于定位配合；cd、ef、fg 适用于小尺寸的旋转运动，如用于钟表装配，其基本偏差的绝对值分别按 c 与 d、e 与 f、f 与 g 基本偏差的绝对值的几何平均值确定。

h 与 H 形成最小间隙等于零的一种配合，常用于定位配合。

② j~n 主要用于过渡配合，以保证配合时有较好的对中及定心，基本偏差的数值基本上根据经验与统计的方法确定。其中，j 只有 IT5、IT6、IT7、IT8 四个公差等级，目前主要用于和轴承相配合的孔和轴。

③ p~zc 主要用于过盈配合，以保证孔、轴结合时具有足够的连接强度，正常地传递转矩，常按所需的最小过盈和相配基准制孔的公差等级来确定基本偏差值。

基本偏差确定后，轴的另一个极限偏差可根据下列公式计算：

$$es = ei + T_d$$

或

$$ei = es - T_d$$

例 2-4 查表确定 $\phi25g7$ 的极限偏差。

解 $\phi25mm$ 属于 >18~30mm 尺寸段，查表 2-3 得该轴的基本偏差为上极限偏差 $es = -7\mu m$，查表 2-1 得该轴的标准公差 $IT7 = 21\mu m$。因此，该轴的下极限偏差为，$ei = es - IT7 = (-7-21)\mu m = -28\mu m$。

（2）孔的基本偏差数值　公称尺寸 ≤500mm 时，孔的基本偏差是由轴的基本偏差换算得到的，见表 2-4。

换算的原则如下：

1) 通用规则：同一字母代号表示的孔、轴基本偏差的绝对值相等，但符号相反，即

$$EI = -es \quad 或 \quad ES = -ei$$

2) 特殊规则：公称尺寸位于 3~500mm 尺寸段时，对于标准公差等级大于 IT8 的孔的基本偏差 N 的数值，ES 等于零；对于①标准公差等级 ≤IT8 的 K、M、N，②标准公差等级 ≤IT7 的 P~ZC 来说，孔的基本偏差 ES 与同字母代号的轴的基本偏差 ei 的符号相反，而绝对值相差一个 Δ 值。即

$$ES = -ei + \Delta$$
$$\Delta = IT_n - IT_{n-1} = T_D - T_d$$

式中　IT_n——孔的标准公差值；

IT_{n-1}——比孔高一级精度的轴的标准公差值。

基本偏差确定后，孔的另一个极限偏差可根据下列公式计算：

$$ES = EI + T_D$$

或

$$EI = ES - T_D$$

2.2.3　公差带代号、配合代号及其在图样上的标注

1. 公差带代号

孔、轴的公差带代号由基本偏差代号和公差等级数字组成。例如，H8、F7、K7、P7 等为孔的公差带代号，h7、f6、r6、p6 等为轴的公差带代号。

2. 配合代号

配合代号用孔、轴公差带的组合表示，孔、轴公差带写成分数形式，分子为孔的公差带代号，分母为轴的公差带代号，如 $\dfrac{H7}{f6}$ 或 H7/f6。若指某公称尺寸的配合，则公称尺寸标在配

表 2-4　公称尺寸≤500mm 孔的基本偏差值

公称尺寸 /mm	下极限偏差 EI											基本偏 上极限					
	A	B	C	CD	D	E	EF	F	FG	G	H	JS	J			K	
	所有标准公差等级												IT6	IT7	IT8	≤IT8	>IT8
≤3	+270	+140	+60	+34	+20	+14	+10	+6	+4	+2	0	偏差等于 $\pm\dfrac{IT_n}{2}$，式中 IT_n 是 IT 值数	+2	+4	+6	0	0
>3~6	+270	+140	+70	+46	+30	+20	+14	+10	+6	+4	0		+5	+6	+10	−1+Δ	—
>6~10	+280	+150	+80	+56	+40	+25	+18	+13	+8	+5	0		+5	+8	+12	−1+Δ	—
>10~14	+290	+150	+95	—	+50	+32	—	+16	—	+6	0		+6	+10	+15	−1+Δ	—
>14~18																	
>18~24	+300	+160	+110	—	+65	+40	—	+20	—	+7	0		+8	+12	+20	−2+Δ	—
>24~30																	
>30~40	+310	+170	+120	—	+80	+50	—	+25	—	+9	0		+10	+14	+24	−2+Δ	—
>40~50	+320	+180	+130														
>50~65	+340	+190	+140	—	+100	+60	—	+30	—	+10	0		+13	+18	+28	−2+Δ	—
>65~80	+360	+200	+150														
>80~100	+380	+220	+170	—	+120	+72	—	+36	—	+12	0		+16	+22	+34	−3+Δ	—
>100~120	+410	+240	+180														
>120~140	+440	+260	+200	—	+145	+85	—	+43	—	+14	0		+18	+26	+41	−3+Δ	—
>140~160	+520	+280	+210														
>160~180	+580	+310	+230														
>180~200	+660	+340	+240	—	+170	+100	—	+50	—	+15	0		+22	+30	+47	−4+Δ	—
>200~225	+740	+380	+260														
>225~250	+820	+420	+280														
>250~280	+920	+480	+300	—	+190	+110	—	+56	—	+17	0		+25	+36	+55	−4+Δ	—
>280~315	+1050	+540	+330														
>315~355	+1200	+600	+360	—	+210	+125	—	+62	—	+18	0		+29	+39	+60	−4+Δ	—
>355~400	+1350	+680	+400														
>400~450	+1500	+760	+440	—	+230	+135	—	+68	—	+20	0		+33	+43	+66	−5+Δ	—
>450~500	+1650	+840	+480														

M	
≤IT8	>IT8
−2	−2
−4+Δ	−4
−6+Δ	−6
−7+Δ	−7
−8+Δ	−8
−9+Δ	−9
−11+Δ	−11
−13+Δ	−13
−15+Δ	−15
−17+Δ	−17
−20+Δ	−20
−21+Δ	−21
−23+Δ	−23

注：1. 公称尺寸小于或等于 1mm 时，基本偏差 A 和 B 及大于 IT8 的 N 均不采用。
　　2. JS 的数值：对于 IT7~IT11，若 IT_n 的数值（μm）为奇数，则取其偏差 $=\pm(IT_n-1)/2$。
　　3. 特殊情况：当公称尺寸大于 250~315mm 时，M6 的 ES 等于 −9μm（不等于 −11μm）。
　　4. 对 ≤IT8 级的 K、M、N 和 ≤IT7 级的 P~ZC，所需 Δ 只从表内右侧栏选取。

第2章 光滑圆柱结合的极限与配合

(GB/T 1800.1—2009)

差/μm													Δ/μm				
偏差 ES																	
N		P~ZC	P	R	S	T	U	V	X	Y	Z	ZA	ZB	ZC				
≤IT8	>IT8	≤IT7				标准公差等级大于 IT7									IT3	IT4	IT5	IT6	IT7	IT8
-4	-4		-6	-10	-14	—	-18	—	-20	—	-26	-32	-40	-60	0					
-8+Δ	0		-12	-15	-19	—	-23	—	-28	—	-35	-42	-50	-80	1	1.5	1	3	4	6
-10+Δ	0		-15	-19	-23	—	-28	—	-34	—	-42	-52	-67	-97	1	1.5	2	3	6	7
-12+Δ	0		-18	-23	-28	—	-33	-40	—	-50	-64	-90	-130		1	2	3	3	7	9
							-39	-45	—	-60	-77	-108	-150							
-15+Δ	0	在大于IT7的相应数值上增加一个Δ值	-22	-28	-35	—	-41	-47	-54	-63	-73	-98	-136	-188	1.5	2	3	4	8	12
						-41	-48	-55	-64	-75	-88	-118	-160	-218						
-17+Δ	0		-26	-34	-43	-48	-60	-68	-80	-94	-112	-148	-200	-274	1.5	3	4	5	9	14
						-54	-70	-81	-97	-114	-136	-180	-242	-325						
-20+Δ	0		-32	-41	-53	-66	-87	-102	-122	-144	-172	-226	-300	-405	2	3	5	6	11	16
						-43	-59	-75	-102	-120	-146	-174	-210	-274	-360	-480				
-23+Δ	0		-37	-51	-71	-92	-124	-146	-178	-214	-258	-335	-445	-585	2	4	5	7	13	19
						-54	-79	-104	-144	-172	-210	-254	-310	-400	-525	-690				
-27+Δ	0		-43	-63	-92	-122	-170	-202	-248	-300	-365	-470	-620	-800	3	4	6	7	15	23
					-65	-100	-134	-190	-228	-280	-340	-415	-535	-700	-900					
					-68	-108	-146	-210	-252	-310	-380	-465	-600	-780	-1000					
-31+Δ	0		-50	-77	-122	-166	-236	-284	-350	-425	-520	-670	-880	-1150	3	4	6	9	17	26
				-80	-130	-180	-258	-310	-385	-470	-575	-740	-960	-1250						
				-84	-140	-196	-284	-340	-425	-520	-640	-820	-1050	-1350						
-34+Δ	0		-56	-94	-158	-218	-315	-385	-475	-580	-710	-920	-1200	-1500	4	4	7	9	20	29
				-98	-170	-240	-350	-425	-525	-650	-790	-1000	-1300	-1700						
-37+Δ	0		-62	-108	-190	-268	-390	-475	-590	-730	-900	-1150	-1500	-1900	4	5	7	11	21	32
				-114	-208	-294	-435	-530	-660	-820	-1000	-1300	-1650	-2100						
-40+Δ	0		-68	-126	-232	-330	-490	-595	-740	-920	-1100	-1450	-1850	-2400	5	5	7	13	23	34
				-132	-252	-360	-540	-660	-820	-1000	-1250	-1600	-2100	-2600						

合代号之前，如 $\phi25\dfrac{H7}{f6}$ 或 $\phi25H7/f6$。

3. 尺寸公差与配合在图样上的标注

1) 孔、轴公差带在零件图上主要标注公称尺寸和极限偏差数值，零件图上尺寸公差的标注方法有以下三种，如图 2-11 所示。

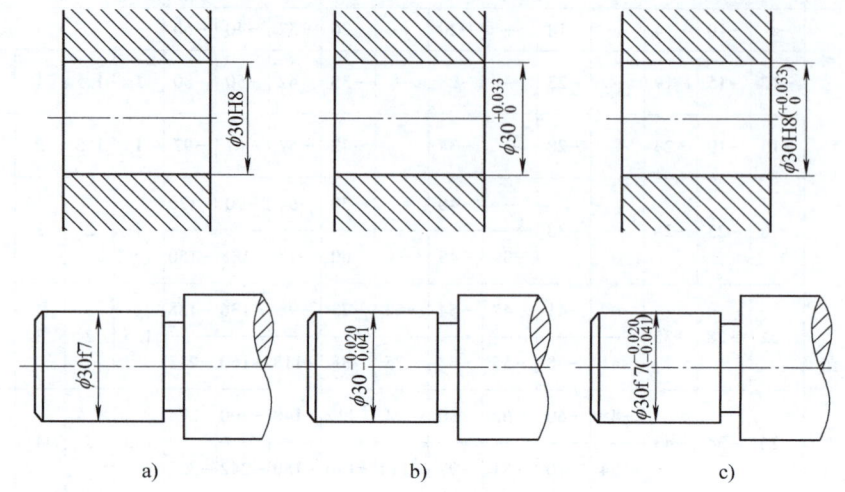

图 2-11 孔和轴公差带在零件图上的标注

2) 孔、轴公差带在装配图上主要标注公称尺寸和配合代号，如图 2-12 所示。

> **例 2-5** 试查表确定 $\phi50H7/p6$ 和 $\phi50P7/h6$ 两种配合的孔、轴极限偏差，画出它们的公差带图，并说明它们的配合性质是否相同。
>
> **解** 查表 2-1 得：T_d = IT6 = 0.016mm，T_D = IT7 = 0.025mm。

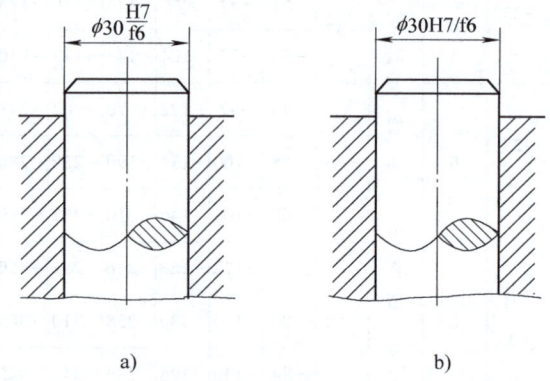

图 2-12 孔和轴公差带在装配图上的标注

（1）基孔制配合 $\phi50H7/p6$　$\phi50H7$ 为基准孔，其基本偏差为 EI = 0，则另一极限偏差 ES = EI + IT7 = (0 + 0.025)mm = +0.025mm。

$\phi50p6$，查表 2-3 得 p 的基本偏差为下极限偏差，ei = +0.026mm，则另一极限偏差 es = ei + IT6 = (+0.026 + 0.016)mm = +0.042mm。

（2）基轴制配合 $\phi50P7/h6$　$\phi50h6$ 为基准轴，其基本偏差为 es = 0，则另一极限偏差 ei = es − IT6 = (0 − 0.016)mm = −0.016mm。

$\phi50P7$，查表 2-4 得 P 的基本偏差 ES = −ei + Δ = (−0.026 + 0.009)mm = −0.017mm，则另一极限偏差 EI = ES − IT7 = (−0.017 − 0.025)mm = −0.042mm。

通过计算，可知两种配合均为过盈配合，且极限过盈相同，所以 $\phi50H7/p6$ 和 $\phi50P7/h6$ 的配合性质相同。公差带图如图 2-13 所示。

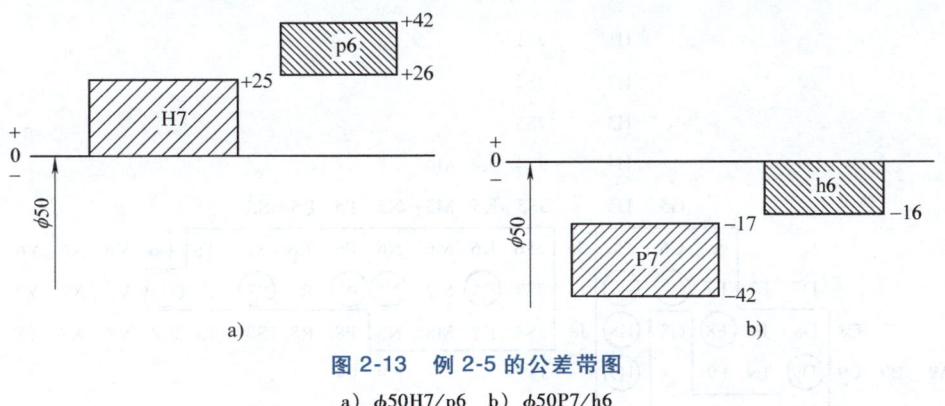

图 2-13 例 2-5 的公差带图
a) $\phi50H7/p6$ b) $\phi50P7/h6$

2.3 国标中规定的公差带与配合

国家标准规定了 20 个公差等级和 28 种基本偏差，其中，基本偏差 j 限用于 4 个公差等级，J 限用于 3 个公差等级。由此可以组成 20×27+4 = 544 种轴的公差带和 20×27+3 = 543 种孔的公差带，而这些公差带又可以组成近 30 万种配合。这么多的公差带都使用显然是不经济的，因为必然导致定值刀具和量具规格繁多。为此，GB/T 1801—2009 对公称尺寸至 500mm 的孔、轴规定了一般、常用和优先公差带与配合。

2.3.1 一般、常用和优先公差带

国家标准规定了一般用途轴的公差带共 116 种，如图 2-14 所示，其中方框内 59 种为常用公差带，圆圈内 13 种为优先公差带。

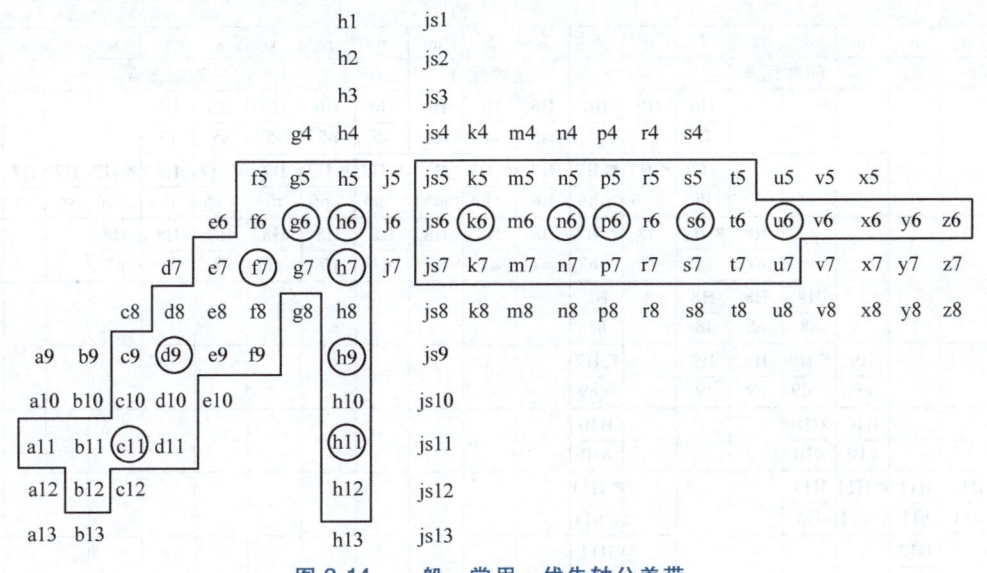

图 2-14 一般、常用、优先轴公差带

国家标准规定了一般用途孔的公差带共 105 种，如图 2-15 所示，其中方框内 44 种为常用公差带，圆圈内 13 种为优先公差带。

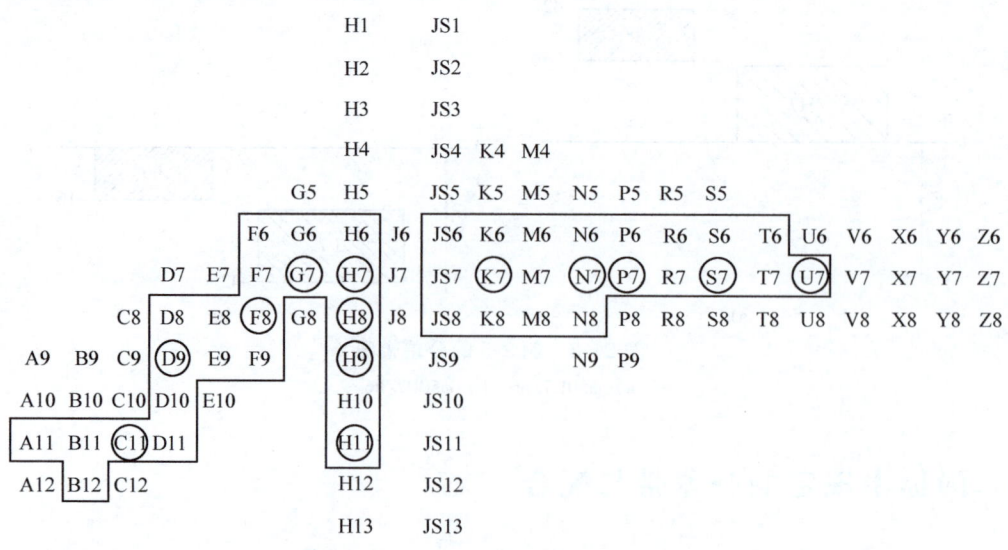

图 2-15 一般、常用、优先孔公差带

选用公差带时,按优先、常用、一般的顺序来选取。

2.3.2 常用和优先配合

国家标准对基孔制规定了常用配合 59 种,其中优先配合 13 种,见表 2-5;对基轴制规定了常用配合 47 种,其中优先配合 13 种,见表 2-6。选择配合时,应优先选用优先配合公差带,其次再选择其他常用配合公差带。

表 2-5 基孔制优先、常用配合(GB/T 1801—2009)

基准孔	轴																			
	a	b	c	d	e	f	g	h	js	k	m	n	p	r	s	t	u	v	x	y	z
	间隙配合								过渡配合				过盈配合								
H6						$\frac{H6}{f5}$	$\frac{H6}{g5}$	$\frac{H6}{h5}$	$\frac{H6}{js5}$	$\frac{H6}{k5}$	$\frac{H6}{m5}$	$\frac{H6}{n5}$	$\frac{H6}{p5}$	$\frac{H6}{r5}$	$\frac{H6}{s5}$	$\frac{H6}{t5}$					
H7						$\frac{H7}{f6}$	▼$\frac{H7}{g6}$	$\frac{H7}{h6}$	▼$\frac{H7}{js6}$	▼$\frac{H7}{k6}$	$\frac{H7}{m6}$	▼$\frac{H7}{n6}$	▼$\frac{H7}{p6}$	$\frac{H7}{r6}$	▼$\frac{H7}{s6}$	$\frac{H7}{t6}$	▼$\frac{H7}{u6}$	$\frac{H7}{v6}$	$\frac{H7}{x6}$	$\frac{H7}{y6}$	$\frac{H7}{z6}$
H8					$\frac{H8}{e7}$	▼$\frac{H8}{f7}$	$\frac{H8}{g7}$	$\frac{H8}{h7}$	$\frac{H8}{js7}$	$\frac{H8}{k7}$	$\frac{H8}{m7}$	$\frac{H8}{n7}$	$\frac{H8}{p7}$	$\frac{H8}{r7}$	$\frac{H8}{s7}$	$\frac{H8}{t7}$	$\frac{H8}{u7}$				
				$\frac{H8}{d8}$	$\frac{H8}{e8}$	$\frac{H8}{f8}$		$\frac{H8}{h8}$													
H9			$\frac{H9}{c9}$	▼$\frac{H9}{d9}$	$\frac{H9}{e9}$	$\frac{H9}{f9}$		▼$\frac{H9}{h9}$													
H10			$\frac{H10}{c10}$	$\frac{H10}{d10}$				$\frac{H10}{h10}$													
H11	$\frac{H11}{a11}$	$\frac{H11}{b11}$	▼$\frac{H11}{c11}$	$\frac{H11}{d11}$				▼$\frac{H11}{h11}$													
H12		$\frac{H12}{b12}$						$\frac{H11}{h12}$													

注:1. $\frac{H6}{n5}$、$\frac{H7}{p6}$ 在公称尺寸小于或等于 3mm 和 $\frac{H8}{r7}$ 在公称尺寸小于或等于 100mm 时,为过渡配合。

2. 标注 ▼ 的配合为优先配合。

表 2-6 基轴制优先、常用配合（GB/T 1801—2009）

基准轴	孔																			
	A	B	C	D	E	F	G	H	JS	K	M	N	P	R	S	T	U	V	X	Y	Z
	间隙配合								过渡配合				过盈配合							
h5						$\frac{F6}{h5}$	$\frac{G6}{h5}$	$\frac{H6}{h5}$	$\frac{JS6}{h5}$	$\frac{K6}{h5}$	$\frac{M6}{h5}$	$\frac{N6}{h5}$	$\frac{P6}{h5}$	$\frac{R6}{h5}$	$\frac{S6}{h5}$	$\frac{T6}{h5}$					
h6						▼$\frac{F7}{h6}$	▼$\frac{G7}{h6}$	▼$\frac{H7}{h6}$	$\frac{JS7}{h6}$	▼$\frac{K7}{h6}$	$\frac{M7}{h6}$	▼$\frac{N7}{h6}$	▼$\frac{P7}{h6}$	$\frac{R7}{h6}$	▼$\frac{S7}{h6}$	$\frac{T7}{h6}$	▼$\frac{U7}{h6}$				
h7				$\frac{E8}{h7}$	▼$\frac{F8}{h7}$		▼$\frac{H8}{h7}$	$\frac{JS8}{h7}$	$\frac{K8}{h7}$	$\frac{M8}{h7}$	$\frac{N8}{h7}$									
h8			$\frac{D8}{h8}$	$\frac{E8}{h8}$	$\frac{F8}{h8}$		$\frac{H8}{h8}$													
h9			▼$\frac{D9}{h9}$	$\frac{E9}{h9}$	$\frac{F9}{h9}$		▼$\frac{H9}{h9}$													
h10			$\frac{D10}{h10}$				$\frac{H10}{h10}$													
h11	▼$\frac{A11}{h11}$	$\frac{B11}{h11}$	▼$\frac{C11}{h11}$	$\frac{D11}{h11}$			▼$\frac{H11}{h11}$													
h12		$\frac{B12}{h12}$					$\frac{H12}{h12}$													

注：标注▼的配合为优先配合。

2.4 一般公差

一般公差是指在车间通常加工条件下可以保证的公差，是机床设备在正常维护和操作情况下，能达到的经济加工精度。采用一般公差时，尺寸后不标注极限偏差或其他代号，所以也称未注公差。

国家标准 GB/T 1804—2000 规定了线性尺寸的一般公差等级和极限偏差。一般公差等级分为四级，分别是精密 f、中等 m、粗糙 c、最粗 v，这四个等级分别相当于 IT12、IT14、IT16、IT17。极限偏差全部采用对称偏差值，对尺寸采用了大的分段，具体数值见表 2-7 和表 2-8。

线性尺寸一般公差主要用于较低精度的非配合尺寸。采用国家标准 GB/T 1804—2000 规定的一般公差，应在图样标题栏附近或技术要求、技术文件（如企业标准）中注出标准号及公差等级代号。例如，当选用中等级 m 时，可在技术要求中注明：未注公差尺寸为 GB/T 1804—m。

表 2-7 线性尺寸未注极限偏差的数值（摘自 GB/T 1804—2000） （单位：mm）

公差等级	公称尺寸分段							
	0.5~3	>3~6	>6~30	>30~120	>120~400	>400~1000	>1000~2000	>2000~4000
f（精密）	±0.05	±0.05	±0.1	±0.15	±0.2	±0.3	±0.5	—
m（中等）	±0.1	±0.1	±0.2	±0.3	±0.5	±0.8	±1.2	±2
c（粗糙）	±0.2	±0.3	±0.5	±0.8	±1.2	±2	±3	±4
v（最粗）	—	±0.5	±1	±1.5	±2.5	±4	±6	±8

表 2-8　倒圆半径与倒角高度尺寸的未注极限偏差的数值（摘自 GB/T 1804—2000）　　（单位：mm）

公差等级	公称尺寸分段			
	0.5~3	>3~6	>6~30	>30
f(精密)	±0.2	±0.5	±1	±2
m(中等)				
c(粗糙)	±0.4	±1	±2	±4
v(最粗)				

2.5　公差与配合的选择

尺寸公差与配合的正确、合理选择，对产品的性能、质量、互换性及经济性有着重要的影响。选择的原则是在满足使用要求的前提下，获得最佳的技术经济效益。

公差与配合的选择一般有三种方法：类比法、计算法、试验法。类比法是通过对类似的机器和零部件进行调查研究、分析对比后，根据前人的经验来选取公差与配合，这是目前应用最多、最主要的一种方法。计算法是按照一定理论和公式来确定需要的间隙或过盈，这种方法虽然麻烦，但理论根据比较充分，然而由于影响因素较复杂，有时将条件理论化、简单化了，使得计算结果不完全符合实际。试验法是通过多次试验及统计分析来确定间隙或过盈，这种方法合理、可靠，但成本较高，因而只应用于重要产品的设计。

2.5.1　基准制的选择

1. 优先选用基孔制配合

一般情况下应优先选用基孔制配合。因为孔通常使用定尺寸刀具（如钻头、铰刀等）加工，使用特定尺寸塞规检验，每一种定值刀具和塞规只能加工和检验特定尺寸的孔；而轴的加工和检验则不同，一种刀具和计量器具可以加工和检验不同尺寸的轴。所以，采用基孔制配合可减少刀具和量具的规格和数量，既经济又合理。

2. 选用基轴制配合的场合

1）直接采用冷拉棒料作为轴。直接采用具有一定精度而不需要进行切削加工的冷拉钢材棒料与其他零件的孔配合，此时采用基轴制可获得明显的经济效益，主要用于农业、建筑、纺织机械中。

2）有些零件由于结构上的需要，采用基轴制配合更合理。如图 2-16a 所示的活塞连杆机构，根据使用要求，活塞销轴与活塞孔采用过渡配合，而连杆衬套孔与活塞销轴则采用间隙配合。若采用基孔制配合，如图 2-16b 所示，活塞销轴将加工成台阶形状，这不仅不利于加工，装配也困难；而采用基轴制配合，如图 2-16c 所示，活塞销轴做成光轴，既经济合理，又便于加工和装配。

3. 与标准件配合时，必须按标准件来选择基准制配合

例如，滚动轴承内圈与轴颈的配合应采用基孔制，而滚动轴承外圈与外壳孔的配合应采用基轴制。

第2章 光滑圆柱结合的极限与配合

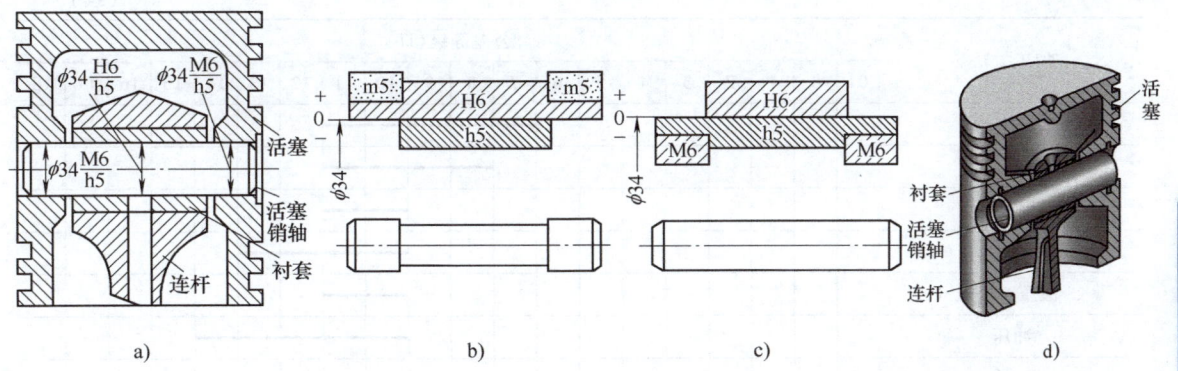

图 2-16 基轴制配合选择示例

4. 特殊情况选用非基准制配合

为了满足配合的特殊需要,有时允许孔与轴都不用基准件（H 或 h）,而采用非基准孔、非基准轴公差带组成的配合,即非基准制配合。

如图 2-17 所示,外壳孔同时与轴承外径和端盖外径配合,由于轴承与外壳孔的配合已被定为基轴制过渡配合（M7）,而端盖与外壳孔的配合为了便于拆装则要求有间隙,所以端盖外径就不能再按基准轴制造,而应小于轴承的外径。图 2-17 中端盖外径公差带取 f7,所以它和外壳孔所组成的配合为非基准制配合 M7/f7。

2.5.2 公差等级的选择

公差等级的选择是指要正确处理好零件使用要求、加工工艺及生产成本之间的关系,其选择原则是：在满足使用要求的前提下,尽可能选择较低的公差等级。

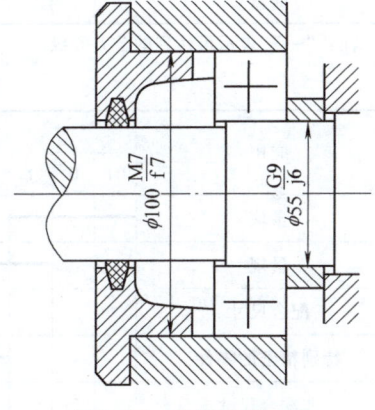

图 2-17 非基准制配合

公差等级的选择常采用类比法,即参照生产实践已证明是合理的同类产品的孔、轴公差等级进行比较选择。表 2-9 为常用加工方法所能达到的公差等级,表 2-10 为公差等级的应用范围。

表 2-9 常用加工方法所能达到的公差等级

加工方法	公差等级（IT）																		
	01	0	1	2	3	4	5	6	7	8	9	10	11	12	13	14	15	16	17	18
研磨																				
珩磨																				
圆磨、平磨																				
金刚石车、金刚石镗																				
拉削																				
铰孔																				
车																				

(续)

加工方法	公差等级(IT)																		
	01	0	1	2	3	4	5	6	7	8	9	10	11	12	13	14	15	16	17	18
镗									—	—	—	—	—							
铣										—	—	—	—							
刨、插												—	—							
钻孔												—	—	—						
滚压、挤压												—	—							
冲压											—	—	—	—						
压铸											—	—	—							
粉末冶金成形								—	—	—										
粉末冶金烧结									—	—	—									
砂型铸造、气割																	—	—		
锻造														—	—	—	—			

注："—"表示可达到的公差等级。

表 2-10　公差等级的应用范围

应用	公差等级(IT)																		
	01	0	1	2	3	4	5	6	7	8	9	10	11	12	13	14	15	16	17	18
量块	—	—	—	—																
量规			—	—	—	—	—	—	—											
配合尺寸							—	—	—	—	—	—	—							
特别精密的零件					—	—	—	—												
非配合尺寸													—	—	—	—	—	—		
原材料尺寸									—	—	—	—	—	—						

注："—"表示可达到的公差等级。

用类比法选择公差等级时，还应考虑以下问题：

1. 工艺等价性

工艺等价性是指相互配合的孔、轴的加工难易程度基本相当。尺寸≤500mm 相配合的孔、轴公差等级的选取一般遵循以下原则：

1）公差等级高于 IT8 时，轴比孔高一级配合，如 H7/f6、M7/h6。
2）公差等级等于 IT8 时，轴比孔高一级配合或孔与轴同级配合，如 H8/r8、F8/h7。
3）公差等级低于 IT8 时，孔与轴同级配合，如 H9/c9、D10/h10。

2. 零、部件精度的匹配性

例如，与齿轮孔配合的轴的公差等级取决于相配合的齿轮的精度等级；与滚动轴承相配合的外壳孔和轴颈的公差等级取决于相配合的滚动轴承的类型和精度。

3. 配合性质与加工成本

1）对于过渡配合或过盈配合，因为间隙或过盈的变动量不允许太大，所以公差等级不宜太低：一般孔的公差等级不低于 IT8 级，轴的公差等级不低于 IT7 级，如 H7/k6。对于间隙配合，间隙小时其相配合的孔、轴公差等级较高，间隙大时其相配合的孔、轴公差等级较低。

2) 在非基准制配合中，有的零件精度要求不高，其公差等级可与相配合零件的公差等级相差 2~3 级，以便在满足使用要求的前提下降低加工成本。例如，图 2-17 所示轴颈与轴套内孔的配合，按工艺等价原则，轴套内孔应选 7 级公差（加工成本较高），但考虑到它们在径向只要求自由装配，为较大间隙量的间隙配合，此处选择 9 级精度的轴套内孔，有效地降低了成本。

常用公差等级的应用见表 2-11。

表 2-11 常用公差等级应用示例

公差等级	应 用
5 级	主要用在配合精度、几何精度要求较高的场合，一般在机床、发动机、仪表等设备的重要部位应用。如：与 P5 级滚动轴承配合的箱体孔；与 P6 级滚动轴承配合的机床主轴，机床尾座与套筒，精密机械及高速机械中的轴、精密丝杠轴等
6 级	用于配合性质均匀性要求较高的场合。如：与 P6 级滚动轴承配合的孔、轴；与齿轮、蜗轮、联轴器、带轮、凸轮等连接的轴；机床丝杠轴承；摇臂钻立柱；机床夹具中导向件外径尺寸；6 级精度齿轮的基准孔，7、8 级精度齿轮的基准轴
7 级	在一般机械制造中应用较为普遍。如：联轴器、带轮、凸轮等零部件的孔；机床夹盘座孔；夹具中固定钻套、可换钻套；7、8 级齿轮基准孔，9、10 级齿轮基准孔
8 级	在机械制造中属于中等精度。如：轴承座衬套沿宽度方向尺寸，低精度齿轮基准孔与基准轴；通用机械中与滑动轴承配合的轴；重型机械或农业机械中某些较重要的零件
9 级、10 级	精度要求一般。如：机械制造中轴套外径与孔，操作件与轴，键与键槽等零件
11 级、12 级	精度较低，适用于基本上没有配合要求的场合。如：机床上法兰盘与止口；滑块与滑移齿轮；加工中工序间尺寸；冲压加工的配合件，机床制造中的扳手孔与扳手座的连接等

2.5.3 配合的选择

配合的选择是在确定了基准制和公差等级的基础上，主要根据机器或部件的性能允许间隙或过盈的大小情况，选定非基准件的基本偏差代号。

配合的选择包括配合类别的选择和非基准件的基本偏差代号的选择。

1. 配合类别的选择

根据孔、轴配合的使用要求，配合情况一般分为三种：装配后有相对运动要求的，应选用间隙配合；装配后需要靠过盈传递载荷的，应选用过盈配合；装配后有定位精度要求或需要拆卸的，应选用过渡配合或小间隙、小过盈配合。具体选择配合类别时可参考表 2-12。

表 2-12 配合类别的选择

无相对运动	要传递转矩	要精确定心	永久结合	过盈配合
			可拆结合	过渡配合或基本偏差为 H(h)[1] 的间隙配合加紧固件[2]
		不要求精确定心		间隙配合加紧固件[2]
	不需要传递转矩			过渡配合或小过盈的过盈配合
有相对运动	缓慢转动或移动			基本偏差为 H(h)、G(g)[1] 的间隙配合
	转动、移动或复合运动			基本偏差为 A~F(a~f)[1] 的间隙配合

[1] 指非基准件的基本偏差代号。

[2] 指键、销、螺钉等。

确定配合类别后，首先应尽可能地选用优先配合，其次是选用常用配合，再次是一般配合，若仍不能满足要求，则可以按孔、轴公差带组成相应的配合。

2. 非基准件的基本偏差代号的选择

非基准件的基本偏差代号的选择常采用类比法，但不应简单搬用，必须掌握各类配合的特点和应用场合，并充分研究配合件的工作条件和使用要求，进行合理选择。表 2-13 为尺寸≤500mm 基孔制常用和优先配合的特征及应用；表 2-14 为基孔制轴的基本偏差的特性及应用，可供类比时参考。

表 2-13　尺寸≤500mm 基孔制常用和优先配合的特征及应用

配合类别	配合特征	配合代号	应　用
间隙配合	特大间隙	$\frac{H11}{a11}$　$\frac{H11}{b11}$　$\frac{H12}{b12}$	用于高温或工作时要求大间隙的配合
	很大间隙	$\left(\frac{H11}{c11}\right)$　$\frac{H11}{d11}$	用于工作条件较差、受力变形或为了便于装配而需要大间隙的配合和高温工作的配合
	较大间隙	$\frac{H9}{c9}$　$\frac{H10}{c10}$　$\frac{H8}{d8}$　$\left(\frac{H9}{d9}\right)$　$\frac{H10}{d10}$　$\frac{H8}{e7}$　$\frac{H8}{e8}$　$\frac{H9}{e9}$	用于高速重载的滑动轴承或大直径的滑动轴承，也可用于大跨距或多支点支承的配合
	一般间隙	$\frac{H6}{f5}$　$\frac{H7}{f6}$　$\left(\frac{H8}{f7}\right)$　$\frac{H8}{f8}$　$\frac{H9}{f9}$	用于一般转速的动配合，当温度影响不大时，广泛应用于普通润滑油润滑的支承处
	较小间隙	$\left(\frac{H7}{g6}\right)$　$\frac{H8}{g7}$	用于精密滑动零件或缓慢间歇回转的零件配合
	很小间隙和零间隙	$\frac{H6}{g5}$　$\frac{H6}{h5}$　$\left(\frac{H7}{h6}\right)$　$\frac{H8}{h7}$　$\frac{H8}{h8}$　$\left(\frac{H9}{h9}\right)$　$\frac{H10}{h10}$　$\left(\frac{H11}{h11}\right)$　$\frac{H12}{h12}$	用于不同精度要求的一般定位件的配合和缓慢移动与摆动零件的配合
过渡配合	绝大部分有微小间隙	$\frac{H6}{js5}$　$\frac{H7}{js6}$　$\frac{H8}{js7}$	用于易于装拆的定位配合或加紧固件后可传递一定静载荷的配合
	大部分有微小间隙	$\frac{H6}{k5}$　$\left(\frac{H7}{k6}\right)$　$\frac{H8}{k7}$	用于稍有振动的定位配合，加紧固件可传递一定载荷，装拆方便，可用木锤敲入
	大部分有微小过盈	$\frac{H6}{m5}$　$\frac{H7}{m6}$　$\frac{H8}{m7}$	用于定位精度较高且能抗振的定位配合，加键可传递较大载荷，可用铜锤敲入或小压力压入
	绝大部分有微小过盈	$\left(\frac{H7}{n6}\right)$　$\frac{H8}{n7}$	用于精确定位或紧密组合件的配合，加键能传递大力矩或冲击性载荷，只在大修时拆卸
	绝大部分有较小过盈	$\frac{H8}{p7}$	用于加键后能传递很大力矩，且能承受振动和冲击的配合，装配后不再拆卸

（续）

配合类别	配合特征	配合代号	应用
过盈配合	轻型	$\dfrac{H6}{n5}$ $\dfrac{H6}{p5}$ $\left(\dfrac{H7}{p6}\right)$ $\dfrac{H6}{r5}$ $\dfrac{H7}{r6}$ $\dfrac{H8}{r7}$	用于精确的定位配合，一般不能靠过盈传递力矩，要传递力矩尚需加紧固件
	中型	$\dfrac{H6}{s5}$ $\left(\dfrac{H7}{s6}\right)$ $\dfrac{H8}{s7}$ $\dfrac{H6}{t5}$ $\dfrac{H7}{t6}$ $\dfrac{H8}{t7}$	用于不需加紧固件就可传递较小力矩和轴向力的配合，加紧固件后可承受较大载荷或动载荷的配合
	重型	$\left(\dfrac{H7}{u6}\right)$ $\dfrac{H8}{u7}$ $\dfrac{H7}{v6}$	用于不需加紧固件就可传递和承受大力矩和动载荷的配合，要求零件材料具有较高强度
	特重型	$\dfrac{H7}{x6}$ $\dfrac{H7}{y6}$ $\dfrac{H7}{z6}$	用于能传递和承受很大力矩和动载荷的配合，需经试验后方可应用

注：1. 括号内的配合为优先配合。
  2. 国家标准规定的 44 种基轴制常用配合的应用与本表中的同名配合相同。

表 2-14　基孔制轴的基本偏差的特性及应用

配合类别	基本偏差	特性及应用
间隙配合	a、b	可得到特别大的间隙，应用很少
	c	可得到很大的间隙，一般适用于缓慢、松弛的动配合，用于工作条件较差（或农业机械）、受力变形或为了便于装配，而必须有较大间隙的场合，也用于热动间隙配合，例如内燃机排气阀和导管
	d	一般用于 IT7~IT11 级，适用于松的转动配合，如密封、滑轮、空转带轮与轴的配合，也适用于大直径滑动轴承配合以及其他重型机械中的一些滑动支承配合
	e	多用于 IT7~IT9 级，要求有明显间隙、易于转动的支承配合，如大跨距及多支点的转轴与轴承的配合，以及高速、重载的大尺寸轴与轴承的配合，如大型电动机、内燃机的主要轴承处的配合（H8/e7）
	f	多用于 IT6~IT8 级的一般转动配合，受温度影响不大时，多用于普通润滑油润滑的支承，如齿轮箱、小电动机、泵等的转轴与滑动轴承的配合（H7/f6）
	g	多用于 IT5~IT7 级，配合的间隙很小，制造成本高，用于轻载精密装置中的转动配合，最适合不回转的精密滑动配合，也用于插销等定位配合，如精密连杆轴承、活塞及滑阀、连杆销等
	h	多用于 IT4~IT11 级，广泛用于无相对转动的零件，作为一般的定位配合。若没有温度、变形的影响，也可用于精密滑动配合，如车床尾座孔与滑动套筒的配合（H6/h5）
过渡配合	js	多用于 IT4~IT7 级，具有平均间隙的过渡配合，略有过盈的定位配合，如联轴器、齿圈与轮毂的配合，一般用手或木锤装配
	k	多用于 IT4~IT7 级，平均间隙接近于零，推荐用于要求稍有过盈的定位配合，如滚动轴承的内、外圈分别与轴颈、外壳孔的配合，用木锤装配
	m	多用于 IT4~IT7 级，平均过盈较小，适用于不允许活动的精密定位配合，如蜗轮的青铜轮缘与轮毂的配合（H7/m6），一般可用木锤装配
	n	多用于 IT4~IT7 级，平均过盈比 m 稍大，很少得到间隙，通常推荐用于紧密的组件配合。H6/n5 配合时为过盈配合。用锤或压力机装配
过盈配合	p	用于小过盈配合，与 H6 或 H7 孔形成过盈配合，而与 H8 孔形成过渡配合。对非铁类零件，为较轻的压入配合；对钢、铸铁或铜-钢组件装配，为标准压力配合
	r	用于传递大转矩或受冲击载荷需要加键的配合，如蜗轮与轴的配合（H7/r6）。但对配合 H8/r8 在公称尺寸小于 100mm 时，为过渡配合
	s	用于钢和铸铁零件的永久性和半永久性结合，可产生相当大的结合力，如套环压在轴、阀座上用 H7/s6 的配合。尺寸较大时，为避免损伤配合表面，需用热胀或冷缩法装配
	t	用于过盈较大的配合。对钢和铸铁零件适于用作永久性结合，不用键即可传递转矩，需用热胀或冷缩法装配，如联轴器与轴的配合（H7/t6）
	u	用于大过盈配合，最大过盈需验算材料的承受能力，用热胀或冷缩法装配，如火车轮毂和轴的配合（H6/u5）
	v、x、y、z	用于过盈量特大的场合，目前使用的经验和资料很少，需经试验后才能应用，一般不用

此外，还要考虑以下因素：承受载荷情况、工作时结合件是否有相对运动、温度变化、润滑条件、装拆情况，生产类型以及材料的物理、化学、力学性能等对间隙或过盈的影响。根据不同的工作条件，结合件配合的间隙量或过盈量必须相应地改变。工作情况对间隙量或过盈量的影响见表 2-15，可供类比时参考。

表 2-15 工作情况对间隙量或过盈量的影响

具体工作情况	过盈应增大或减小	间隙应增大或减小	具体工作情况	过盈应增大或减小	间隙应增大或减小
材料许用应力小	减小	—	装配时可能歪斜	减小	增大
经常拆卸	减小	—	旋转速度增高	增大	增大
有冲击载荷	增大	减小	有轴向运动	—	增大
工作时，孔温高于轴温（零件材料相同）	增大	减小	润滑油黏度增大	—	增大
工作时，轴温高于孔温（零件材料相同）	减小	增大	表面趋向粗糙	增大	减小
配合长度较大	减小	增大	装配精度较高	减小	减小
配合面形位误差较大	减小	增大	装配精度较低	增大	增大

3. 公差配合应用示例

例 2-6 有一孔、轴配合，其公称尺寸为 $\phi 30\mathrm{mm}$，要求配合间隙在 $0.04 \sim 0.075\mathrm{mm}$ 之间。试用计算法确定此配合的配合代号。

解

（1）选择基准制 没有特殊要求，则应选择基孔制，即孔的基本偏差代号为 H，$EI = 0$。

（2）确定公差等级 由题意可知，该配合为间隙配合，其配合公差为

$$T_\mathrm{f} = |X_\mathrm{max} - X_\mathrm{min}| = |(+0.075) - (+0.040)|\mathrm{mm} = 0.035\mathrm{mm}$$

因为 $T_\mathrm{f} = T_\mathrm{D} + T_\mathrm{d} = 0.035\mathrm{mm}$，根据工艺等价性，查表 2-1 可得：轴为 $IT6 = 0.013\mathrm{mm}$，孔为 $IT7 = 0.021\mathrm{mm}$，则 $T_\mathrm{f} = T_\mathrm{D} + T_\mathrm{d} = (0.021 + 0.013)\mathrm{mm} = 0.034\mathrm{mm}$，小于且最接近于题中要求的间隙变动量 $0.035\mathrm{mm}$，因此满足使用要求。

（3）确定孔、轴的基本偏差代号 已选定基孔制配合，且孔的公差等级为 IT7，则由 $EI = 0$、$IT7 = 0.021\mathrm{mm}$ 可得 $ES = EI + IT7 = +0.021\mathrm{mm}$，所以，孔的公差带为 $\phi 30H7({}^{+0.021}_{0})$。

因为基孔制间隙配合，所以有 $X'_\mathrm{min} = EI - es = +0.040\mathrm{mm}$，可得所要求的轴的基本偏差 $es = EI - X'_\mathrm{min} = -0.040\mathrm{mm}$。对照表 2-3 可知，基本偏差代号为 e 的轴可以满足要求，所以轴的公差带代号为 e6，其下极限偏差 $ei = es - IT6 = (-0.040 - 0.013)\mathrm{mm} = -0.053\mathrm{mm}$，那么轴的公差带为 $\phi 30e6({}^{-0.040}_{-0.053})$。

所以，满足要求的配合代号为 $\phi 30H7/e6$。公差带图如图 2-18 所示。

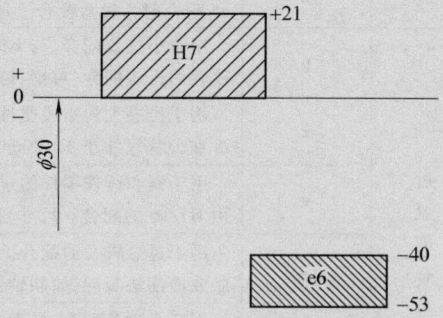

图 2-18 例 2-6 的公差带图

（4）验算设计结果 所设计的配合 $\phi 30H7/e6$ 的最大间隙为

$$X_{\max} = ES - ei = [+0.021 - (-0.053)] \text{ mm} = +0.074\text{mm}$$

最小间隙为

$$X_{\min} = EI - es = [0 - (-0.040)] \text{ mm} = +0.040\text{mm}$$

配合间隙在 0.04~0.075mm 之间，满足使用要求。

例 2-7 图 2-19 所示钻床夹具可换钻套部分的结构示意图与装配图，试确定钻模板与衬套、可换钻套与衬套、可换钻套内孔与钻头之间的配合类别。

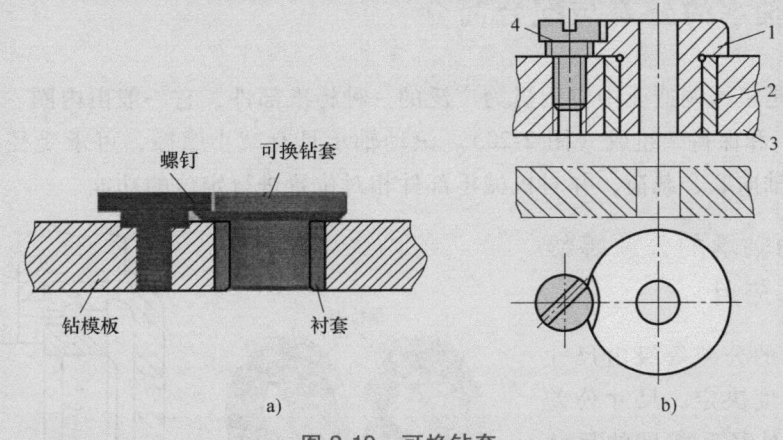

图 2-19 可换钻套
1—可换钻套 2—衬套 3—钻模板 4—螺钉

解

分析：钻床夹具的可换钻套用来引导钻头等孔加工刀具，加强刀具刚度，并保证所加工的孔和工件其他表面有准确的相对位置。当生产批量较大，需要更换磨损的钻套时，用可换钻套较为方便。如图 2-19a 所示，当钻套磨损后，可卸下螺钉，更换新的钻套。螺钉还能防止加工时钻套转动或退刀时钻套随刀具脱出。

(1) 基准制选择　钻模板 3 与衬套 2、可换钻套 1 与衬套 2 之间的配合无结构上的特殊要求，故优先选用基孔制；钻头属于标准刀具，按标准件考虑，故可换钻套 1 与钻头之间的配合，选用基轴制。

(2) 公差等级的选择　实际生产中，公差等级的提高相应增加生产成本。在满足使用要求的前提下，应尽量选用较低的公差等级，根据使用要求，钻床夹具各元件间的联接属于重要的尺寸配合，故孔的公差可选 IT7 级，轴的公差可选 IT6 级。本例中，钻模板 3、衬套 2、可换钻套 1 内孔的公差等级统一选为 IT7 级，而衬套 2、可换钻套 1 外圆的公差等级选为 IT6 级。

(3) 配合类别的选择　选用配合类别常采用类比法，可换钻套 1 与衬套 2 都安装在钻模板 3 上，工作时一般不需要拆卸；且要求在轻微冲击和负荷下不发生松动，以保证钻孔精度，可选用具有一定过盈量的过渡配合，参照表 2-13，选用配合 H7/n6。

在可换钻套 1 磨损后，需要卸下螺钉，更换新的钻套，故可换钻套 1 与衬套 2 的配合应为间隙配合，但又要求准确定心，间隙不能太大，参照表 2-13，选用配合 H7/g6。但是

JB/T 8045.4—1999《机床夹具零件及部件 钻套用衬套》为了统一钻套内孔与衬套内孔的公差带，规定了统一选用 F7，因此选用与 H7/g6 类配合相当的 F7/k6 非基准制配合，二者的极限间隙基本相同。

因可换钻套要引导旋转着的钻头进给，既要保证导向精度又要防止间隙过小而被卡住，可换钻套 1 内孔与钻头之间的配合属于一般转速的动配合，最终选用配合 F7/h6。

2.6 滚动轴承的公差与配合简介

滚动轴承是机械制造业中应用极为广泛的一种标准部件，它一般由内圈、外圈、滚动体（钢球或滚子）和保持架组成（图 2-20）。滚动轴承具有减小摩擦，可承受径向载荷、轴向载荷或径向与轴向联合载荷，并对机械零部件相对位置进行定位的功能。

2.6.1 滚动轴承的公差等级及其应用

滚动轴承的公差等级由尺寸公差与旋转精度决定。尺寸公差是指轴承内、外径和宽度的尺寸公差，旋转精度主要指轴承内、外圈的径向圆跳动、端面对滚道的圆跳动和端面对内孔的圆跳动等。

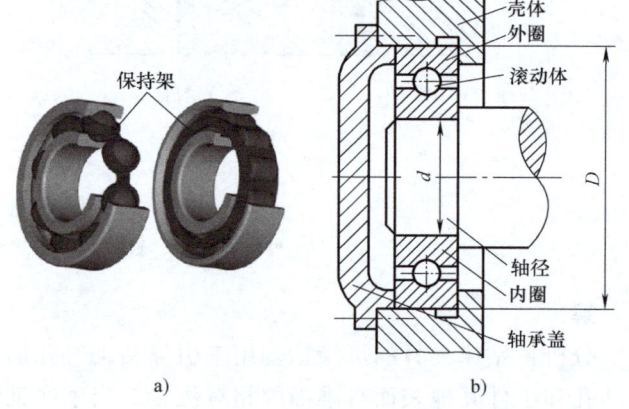

图 2-20 滚动轴承结构

GB/T 307.1—2017 将向心轴承由低到高依次分为 P0 级、P6 级、P5 级、P4 级和 P2 级五个公差等级，将圆锥滚子轴承分为 P0 级、P6X 级、5 级、4 级和 2 级五个公差等级；GB/T 307.4—2017 将推力轴承分为 P0 级、P6 级、P5 级、P4 级四个公差等级。

滚动轴承各公差等级精度的应用情况如下：

（1）P0 级（普通级） 轴承应用在中等负荷、中等转速和旋转精度要求不高的一般机构中，如普通机床、汽车及拖拉机的变速机构和普通电动机、水泵、压缩机的旋转机构等。

（2）P6、P6X 级（中等级） 轴承应用于旋转精度高和转速较高的旋转机构中，如普通机床的主轴后轴承和精密机床传动轴使用的轴承。

（3）P5、P4 级（精密级） 轴承应用于旋转精度高和转速高的旋转机构中，如精密机床的主轴轴承、精密仪器仪表的主要轴承。

（4）P2 级（超精级） 轴承应用于旋转精度和转速很高的旋转机构中，如精密坐标镗床的主轴轴承、高精度仪器和高转速机构中使用的轴承。

2.6.2 滚动轴承内、外径公差带

通常,滚动轴承内圈装在传动轴的轴颈上,随轴一起旋转,以传递转矩;外圈固定于机体孔中,起支承作用。因此,内圈的内径(d)和外圈的外径(D)是滚动轴承与结合件配合的公称尺寸。为了防止内圈和轴径的配合面之间因相对滑动而导致磨损,影响轴承的工作性能,要求配合具有一定的过盈,但由于内圈是薄壁件,其过盈量不能太大,因此,国家标准规定轴承内、外径尺寸公差采用单向制,所有公差等级的公差都单向配置在零线下侧,即上极限偏差为零、下极限偏差为负值,如图 2-21 所示。

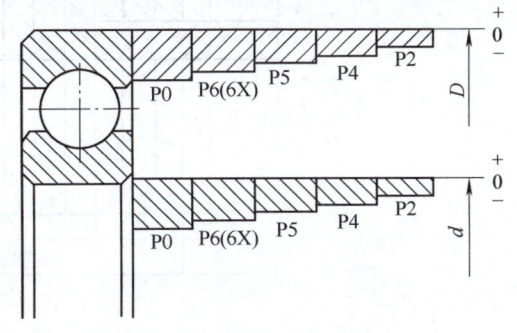

图 2-21 滚动轴承内、外径公差带

滚动轴承内圈与轴颈配合采用基孔制配合,外圈与外壳孔配合采用基轴制配合。在国家标准《极限与配合》中,基准孔的公差带布置在零线之上,而轴承内圈孔虽然也是基准孔,但其公差带是在零线之下,因此,轴承内圈与轴颈配合在采用相同的轴颈公差带的前提下,其所得到的配合比《极限与配合》中基孔制同名配合要紧些。轴承外圈与外壳孔的配合基本保持了《极限与配合》中同名配合的配合性质。

2.6.3 滚动轴承与轴和轴承座孔的配合

国家标准 GB/T 275—2015《滚动轴承 配合》中,对 P0 级公差轴承与轴的配合规定了 17 种常用公差带,对 P0 级公差轴承与轴承座孔的配合规定了 16 种常用公差带,各种配合情况如图 2-22 所示。

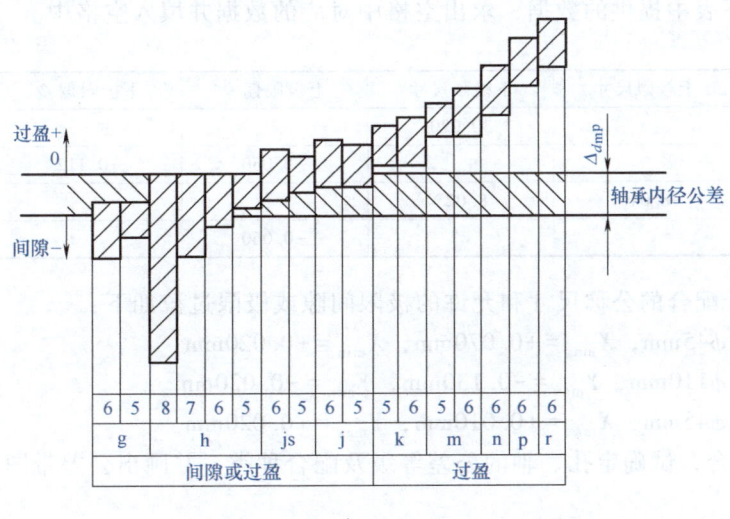

a)

图 2-22 滚动轴承与轴和轴承座孔的配合
a) 0 级公差轴承与轴配合的常用公差带关系图
Δ_{dmp}—轴承内径偏差

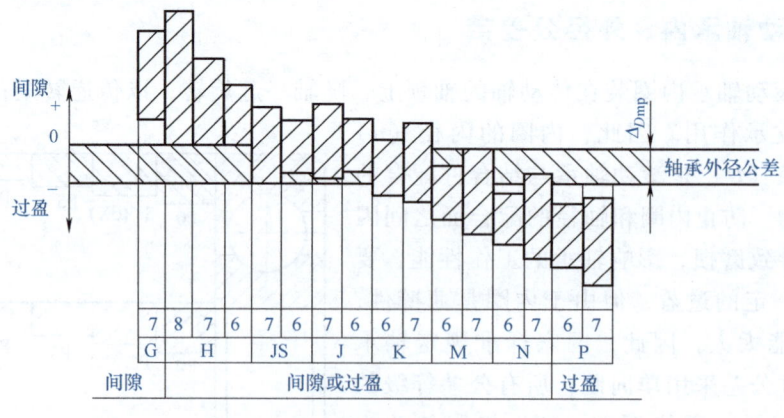

图 2-22 滚动轴承与轴和轴承座孔的配合（续）

b）0 级公差轴承与轴承座孔配合常用公差带关系图

Δ_{Dmp}—轴承外径偏差

思考与练习

2-1 尺寸误差与尺寸公差有何区别与联系？

2-2 国标规定的配合种类有哪些？为什么优先选用基孔制配合？什么情况下选用基轴制配合？

2-3 利用标准公差数值表和基本偏差数值表，查出下列公差带的极限偏差（μm）。
(1) φ40M7　(2) φ80r6　(3) φ28K7　(4) φ60js5　(5) φ50T8　(6) φ120J6

2-4 根据下表中提供的数据，求出空格中对应的数据并填入空格中。

（单位：mm）

公称尺寸	上极限尺寸	下极限尺寸	上极限偏差	下极限偏差	公差
孔 φ30		30.020			0.130
轴 φ50			−0.050	−0.112	
孔 φ8	8.040	8.025			
轴 φ60				−0.060	0.046

2-5 设三个配合的公称尺寸和允许的极限间隙或极限过盈如下：

(1) $D(d) = \phi 45$ mm，$X_{max} = +0.070$ mm，$X_{min} = +0.020$ mm

(2) $D(d) = \phi 110$ mm，$Y_{max} = -0.130$ mm，$Y_{min} = -0.020$ mm

(3) $D(d) = \phi 45$ mm，$X_{max} = +0.010$ mm，$Y_{max} = -0.020$ mm

若选用基孔制配合，试确定孔、轴的公差等级及配合种类，并画出公差带图。

自我测验题

一、填空题

1. 公差标准是对_____的限制性措施，_____是贯彻公差与配合制的技术保证。

2. 孔和轴的公差带由_____决定大小，由_____决定位置。

3. 尺寸 φ80JS8，已知 IT8 = 46μm，则其上极限尺寸是_____ mm，下极限尺寸是_____ mm。

4. φ50H10 的孔和 φ50js10 的轴，已知 IT10 = 0.100mm，其 ES = _____ mm，EI = _____ mm，es = _____ mm，ei = _____ mm。

5. 已知公称尺寸为 φ50mm 的轴，其下极限尺寸为 φ49.98mm，公差为 0.01mm，则它的上极限偏差是_____ mm，下极限偏差是_____ mm。

6. 孔、轴配合，若 EI = +0.039mm，es = +0.039mm，是_____配合；若 ES = +0.039mm，ei = +0.039mm 是_____配合；若 ES = +0.039mm，es = +0.039mm 是_____配合。

7. 常用尺寸段的标准公差的大小，随公称尺寸的增大而_____，随公差等级的提高而_____。

二、选择题（将下列题目中所有正确的论述选择出来）

1. 当相配合的孔和轴既要求对准中心，又要求装拆方便时，应选用_____。
   A. 间隙配合   B. 过盈配合   C. 过渡配合   D. 间隙配合或过渡配合

2. 若某配合的最大间隙为 30μm，孔的下极限偏差为 −11μm，轴的下极限偏差为 −16μm，轴的公差为 16μm，则其配合公差为_____。
   A. 46μm   B. 41μm   C. 27μm   D. 14μm

3. 公差与配合的国家标准中规定的标准公差有_____个公差等级。
   A. 13   B. 18   C. 20   D. 28

4. 基本偏差为 m 的轴的公差带与基准孔 H 的公差带形成_____。
   A. 间隙配合   B. 过盈配合   C. 过渡配合   D. 过渡配合或过盈配合

5. 对于孔，J ~ ZC（JS 除外）的基本偏差为_____。
   A. ES   B. EI   C. es   D. ei

6. 最大实体尺寸是指_____。
   A. 孔和轴的上极限尺寸
   B. 孔和轴的下极限尺寸
   C. 孔的下极限尺寸和轴的上极限尺寸
   D. 孔的上极限尺寸和轴的下极限尺寸

7. 以下各组配合中，配合性质相同的有_____。
   A. φ30H7/f6 和 φ30H8/p7
   B. φ30P8/h7 和 φ30H8/p7
   C. φ30M8/h7 和 φ30H8/m7
   D. φ30H8/m7 和 φ30H7/f6

8. 下列配合零件应选用基轴制的有_____。
   A. 滚动轴承外圈与外壳孔
   B. 同一轴与多孔相配，且有不同的配合性质
   C. 滚动轴承内圈与轴

D. 轴为冷拉圆钢，不需再加工
9. 下列配合零件，应选用过盈配合的有_____。
   A. 需要传递足够大的转矩
   B. 不可拆连接
   C. 有轴向运动
   D. 要求定心且常拆卸
10. 下列有关公差等级的论述中，正确的有_____。
    A. 公差等级高，则公差带宽
    B. 在满足使用要求的前提下，应尽量选用低的公差等级
    C. 公差等级的高低影响公差带的大小、决定配合的精度
    D. 孔、轴相配合均为同级配合
11. 下列配合中最松的配合是_____。
    A. H8/g7
    B. H7/r6
    C. M8/h7
    D. R7/h6
12. 公差带的选用顺序是尽量选择_____代号。
    A. 一般　　　B. 常用　　　C. 优先　　　D. 随便

三、判断题（正确的打√，错误的打×）

1. 公差可以说是允许零件尺寸的最大偏差。　　　　　　　　　　　　（　）
2. 公称尺寸不同的零件，只要它们的公差值相同，就可以说明它们的精度要求相同。
　　　　　　　　　　　　　　　　　　　　　　　　　　　　　　　（　）
3. 国家标准规定，孔只是指圆柱形的内表面。　　　　　　　　　　　（　）
4. 图样标注 $\phi 20_{-0.021}^{0}$ mm 的轴，加工得越靠近公称尺寸就越精确。（　）
5. 某孔要求尺寸为 $\phi 20_{-0.067}^{-0.046}$ mm，今测得其实际尺寸为 $\phi 19.962$ mm，可以判断该孔合格。
　　　　　　　　　　　　　　　　　　　　　　　　　　　　　　　（　）
6. 未注公差尺寸即对该尺寸无公差要求。　　　　　　　　　　　　　（　）
7. 基本偏差决定公差带的位置。　　　　　　　　　　　　　　　　　（　）
8. 图样标注 $\phi 30_{0}^{+0.033}$ mm 的孔，可以判断该孔为基孔制的基准孔。（　）
9. 配合公差的数值越小，则相互配合的孔、轴的公差等级越高。　　　（　）
10. 孔、轴配合为 $\phi 40$H9/n9，可以判断该配合是过渡配合。　　　　（　）
11. 最小间隙为零的配合与最小过盈为零的配合，二者实质相同。　　（　）
12. 基轴制过渡配合的孔，其下极限偏差必小于零。　　　　　　　　（　）
13. 工作时孔温高于轴温，设计时配合的过盈量应加大。　　　　　　（　）
14. 基本偏差为 a~h 的轴与基准孔构成间隙配合，其中 h 配合最松。（　）
15. 配合公差的大小，等于相配合的孔、轴公差之和。　　　　　　　（　）
16. 滚动轴承内圈与轴的配合采用基孔制。　　　　　　　　　　　　（　）

四、综合题

1. 某轴 $\phi 20_{-0.013}^{0}$ mm 与某孔配合，要求 $Y_{\max} = -0.009$ mm，试确定孔的公差带代号。

2. 已知 $\phi 40 M8({}^{+0.005}_{-0.034})$，求 $\phi 40H8/h8$ 的极限间隙或极限过盈。

3. 设有一公称尺寸为 $\phi 25mm$ 的配合，为保证装拆方便和对中的要求，其最大间隙和最大过盈均不得大于 0.020mm。试确定此配合的孔、轴公差带代号（含基准制的选择分析），并画出其尺寸公差带图。

4. 试确定图 2-23 所示圆钻模中轴与底座、衬套之间，钻模板与衬套、钻套之间，钻套内孔与钻头之间的配合。

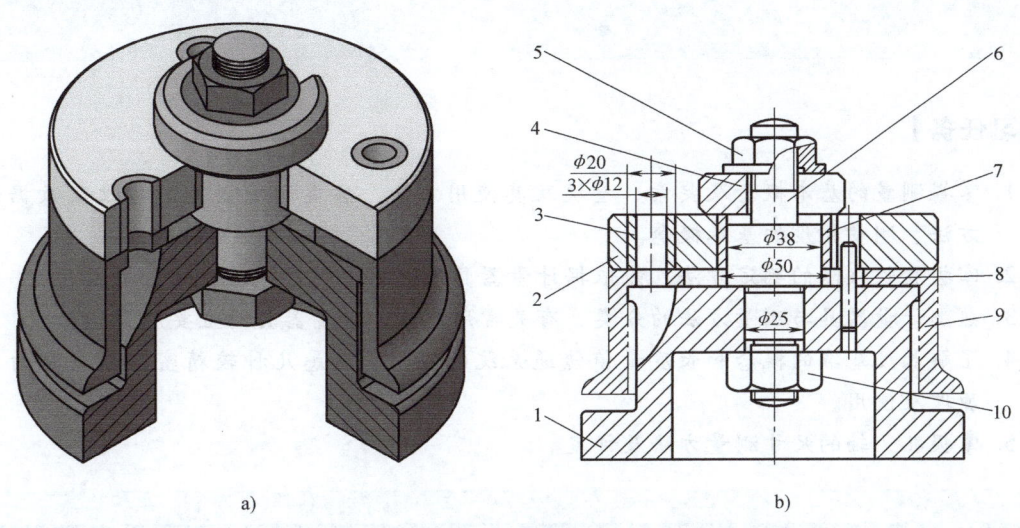

图 2-23　圆钻模

1—底座　2—钻模板　3—钻套　4—开口垫圈　5—特制螺母　6—轴
7—衬套　8—销　9—工件　10—六角螺母

第 3 章

测量技术基础

【学习任务】

1. 掌握测量的基本概念及要素、量块及其使用方法、各类测量误差的特性及数据处理方法、测量精度的基本概念。
2. 掌握验收极限的确定方法,能依据计量器具的选用原则选择合适的计量器具。
3. 熟悉计量器具与测量方法的分类、有关常用术语、计量器具的主要度量指标。
4. 了解长度基准的概念和长度量值传递系统的应用、熟悉几种较精密计量器具的工作原理及使用。
5. 掌握孔、轴的尺寸测量方法及评定。

3.1 概述

测量是互换性生产过程中的重要组成部分,零件几何参数需要通过测量或检验,才能判断其合格与否,且只有合格的零件才具有互换性。

测量就是把被测的几何量 L 与作为计量单位的标准量 E 进行比较,从而确定被测量的量值的过程。即 $L/E=q$ 或 $L=qE$。该式表明:一个完整测量过程必须有被测量对象和计量单位,还需要有与被测量相适应的测量方法(包括计量器具),而且还要对测量结果做出精确程度的判断。因此,任何一个测量过程都包含四个基本要素:被测对象、计量单位、测量方法和测量精度。

(1)被测对象 本课程研究的被测对象是指长度、角度、形状、相对位置、表面粗糙度、螺纹及齿轮等零件的几何参数。

(2)计量单位 计量单位是指用以度量同类量值的标准量。长度的计量单位是米(m),角度计量单位是弧度(rad)和度(°)、分(′)、秒(″)。

(3)测量方法 测量方法是指测量原理、计量器具和测量条件的总和。

(4)测量精度 测量精度是指测量结果与真值一致的程度。与之相对应的概念是测量误差,任何测量过程总不可避免地出现测量误差。测量误差大,表明测量结果与真值一致的程度低,则测量精度低;反之,测量误差小,测量精度高。

对测量技术的基本要求是:经济合理地选用计量器具与测量方法,保证一定的测量精度,具有高的测量效率、低的测量成本,通过测量分析零件的加工工艺,积极采取预防措施,避免废品的产生。

3.2 长度基准与量值传递

3.2.1 长度单位和基准

为了保证长度测量的精度,首先需要建立国际统一的、稳定可靠的长度基准。在我国法定计量单位中,长度单位是米(m),与国际单位一致。机械制造中常用的单位是毫米(mm),测量技术中常用的单位是微米(μm),超精密测量中用纳米。1m = 1000mm,1mm = 1000μm,1μm = 1000nm。

1983年第十七届国际计量大会通过米的新定义为:"1m是光在真空中在1s/299 792 458时间间隔内行程的长度。"

米定义的复现主要采用稳频激光辐射。我国使用碘吸收稳定的0.633μm氦氖激光辐射作为波长标准来复现"米"的定义。

3.2.2 量值传递的概念

用光波波长作为长度基准,不便于在生产中直接应用,为了保证长度量值的准确、统一,就必须把复现的长度基准量值逐级传递到生产中所应用的各种计量器具和工件上去,这就是量值的传递系统。长度基准的量值传递系统如图3-1所示。

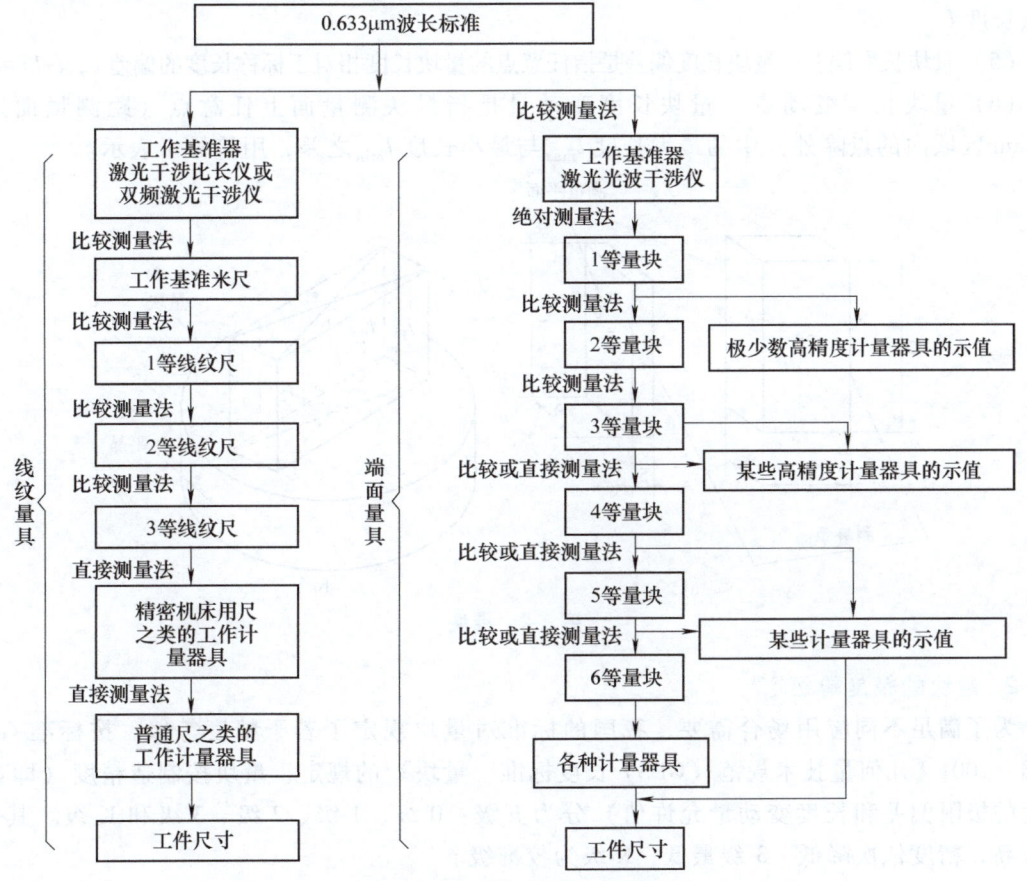

图3-1 长度量值的传递系统

3.2.3 量块的基本知识

量块是无刻度的平面平行端面量具。量块除作为长度量值传递的实物基准外，还可用于计量器具的校准和鉴定，以及精密设备的调整、精密工件的测量等。

1. 量块的材料、形状和尺寸

量块是用耐磨材料制造的，线膨胀系数小、不易变形、耐磨性好。量块的形状为长方形正六面体结构，有两个测量面和四个非测量面，测量面极为光滑平整，两测量面之间具有精确的尺寸。如图 3-2 所示，有关量块的尺寸术语如下：

（1）量块标称长度 量块标称长度是指标记在量块上，用以表明其与主单位（m）之间关系的量值，也称为量块长度的示值，用符号 ln 表示。$0.5\text{mm} \leqslant ln \leqslant 10\text{mm}$ 的量块，其截面尺寸为 $30_{-0.3}^{\ 0}\text{mm} \times 9_{-0.20}^{-0.05}\text{mm}$；$10\text{mm} < ln \leqslant 1000\text{mm}$ 的量块，其截面尺寸为 $35_{-0.3}^{\ 0}\text{mm} \times 9_{-0.20}^{-0.05}\text{mm}$。

（2）量块长度 量块长度是指量块一个测量面上的任意点（距测量面边缘 0.8mm 区域内的点除外）到与其相对的另一测量面相研合的辅助体表面之间的垂直距离，辅体的材料和表面质量应与量块相同，用符号 l 表示。

（3）量块中心长度 量块中心长度是指对应于量块未研合测量面中心点的量块长度，用符号 lc 表示。

（4）量块实际长度 量块实际长度是指量块长度的实际测得值，分为中心长度 lc 和任意点长度 l。

（5）量块长度偏差 量块长度偏差是指任意点的量块长度相对于标称长度的偏差 e，$l - ln = e$。

（6）量块长度变动量 量块长度变动量是指量块测量面上任意点（距测量面边缘 0.8mm 区域内的点除外）中的最大长度 l_{max} 与最小长度 l_{min} 之差，用符号 V 表示。

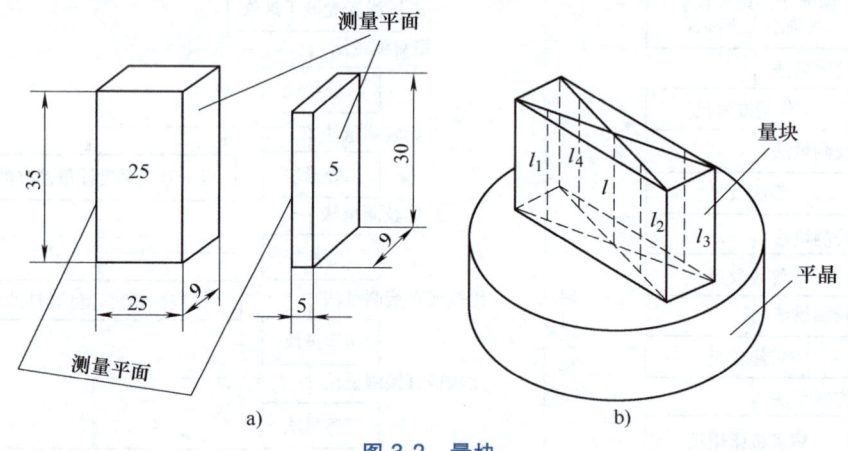

图 3-2 量块

2. 量块的精度等级

为了满足不同应用场合需要，我国的标准对量块规定了若干精度等级。按标准 GB/T 6093—2001《几何量技术规范（GPS）长度标准 量块》的规定，量块按制造精度（即量块长度的极限偏差和长度变动量允许值）分为五级：0 级、1 级、2 级、3 级和 K 级。其中 0 级最高，精度依次降低，3 级最低，K 级为校准级。

国家计量检定规程 JJG 146—2011《量块》对量块的检定精度规定了五等：1 等、2 等、

3 等、4 等、5 等，其中 1 等精度最高，精度依次降低，5 等精度最低。量块分"等"的主要依据是量块长度测量的不确定度和量块长度变动量的最大允许值。

值得注意的是：量块按"级"使用时，是以量块的标称长度作为工作尺寸，该尺寸包含了量块的制造误差和磨损误差，由于使用时无须加修正值，使用较为简便；量块按"等"使用时，是以检定后所给出的量块的实际中心长度作为工作尺寸，该尺寸排除了量块制造误差的影响，仅包含较小的测量误差。例如：某一量块标称长度为 20mm，检定后修正值为 $-5\mu m$，则实际中心长度为 19.995mm，这样就消除了量块的制造误差的影响，仅包含了检定时较小的测量误差。因此，量块按"等"使用的测量精度比按"级"使用的测量精度要高。

3. 量块的特性与选用原则

量块是单值量具，一个量块只代表一个尺寸。量块除具有稳定性、耐磨性和准确性的基本特性之外，还有一个重要特性——研合性。研合性是指量块的一个测量面与另一量块测量面或与另一经精加工的类似量块测量面的表面，通过分子力的作用而相互黏合的性能。利用这一特性，把量块研合在一起，便可组成所需的各种尺寸。根据 GB/T 6093—2001《几何量技术规范（GPS） 长度标注 量块》的规定，成套量块组合有 91 块、83 块、46 块、38 块、10 块、10^+ 块等几种规格。表 3-1 列出了部分成套量块的级别、尺寸系列、间隔和块数信息。

表 3-1 成套量块组合尺寸表（摘录）

总块数	级 别	尺寸系列/mm	间隔/mm	块 数
83	0,1,2	0.5	—	1
		1	—	1
		1.005	—	1
		1.01,1.02,…,1.49	0.01	49
		1.5,1.6,…,1.9	0.1	5
		2.0,2.5,…,9.5	0.5	16
		10,20,…,100	10	10
46	0,1,2	1	—	1
		1.001,1.002,…,1.009	0.001	9
		1.01,1.02,…,1.09	0.01	9
		1.1,1.2,…,1.9	0.1	9
		2,3,…,9	1	8
		10,20,…,100	10	10
10^+	0,1	1,1.001,…,1.009	0.001	10

量块在组合尺寸时，为了减小量块组合的累积误差，应力求采用最少的块数，一般不超过 4 块。组合时，应从所给尺寸的最后一位数字开始考虑，每选取一块则应使尺寸的位数减少一位，逐一选取。例如，从 83 块一套的量块中选取组成 38.935mm 的尺寸，其结果为 1.005mm、1.43mm、6.5mm、30mm 四块量块。

为了扩大量块的应用范围，可采用量块附件，量块附件主要有夹持器和各种量爪。量块及附件装配后，可用于测量外径、内径或精密划线。

3.3 计量器具与测量方法

3.3.1 计量器具的分类

计量器具（也可称作测量器具）是指测量仪器和测量工具的总称。计量器具可以按计量学的观点进行分类,也可以按器具本身的结构、用途和特点进行分类。计量器具按计量学观点可分为量具和量仪两类。通常把没有传动放大系统的计量器具称为量具,如游标卡尺、90°角尺和量规等;把具有传动放大系统的计量器具称为量仪,如机械比较仪、测长仪和投影仪等。计量器具按其本身的结构、用途和特点可分为标准量具、通用计量器具、极限量规以及计量装置四类。

1. 标准量具

标准量具通常用来校对和调整其他测量器具,或作为标准量与被测量进行比较,如量块、标准线纹尺等。

2. 通用计量器具

通用计量器具是能将被测量转换成可直接观测的指示值或等效信息的测量工具,如游标卡尺、万能测长仪等。按其工作原理分类如下:

1) 游标类量具,如游标卡尺、游标高度尺以及游标量角器等。
2) 螺旋类量具,如千分尺、公法线千分尺等。
3) 机械类量仪,如百分表、千分表、齿轮杠杆比较仪、扭簧比较仪等。
4) 光学类量仪,如光学计、光学测角仪、光栅测长仪、激光干涉仪等。
5) 电学类量仪,如电感比较仪、电动轮廓仪、容栅测位仪等。
6) 气动类量仪,如水柱式气动量仪、浮标式气动量仪等。
7) 微机化量仪,如微机控制的数显万能测长仪和三坐标测量机等。

3. 极限量规

极限量规是一种专用检验量具,使用极限量规不能测出被测工件的具体尺寸,只能确定被检验工件是否合格,如光滑极限量规、螺纹极限量规等。

4. 计量装置

计量装置是指为确定被测量所必需的计量器具和辅助设备的总体,它能够测量同一工件上较多的几何参数和形状比较复杂的工件,有助于实现检测自动化或半自动化。

3.3.2 计量器具的度量指标

计量器具的度量指标是表征计量器具技术性能和功用的计量参数,是合理选择和使用计量器具的重要依据。其中主要的度量指标如下:

1. 刻度间距

刻度间距是计量器具的刻度标尺或刻度盘上两相邻刻线中心之间的距离,一般为1~2.5mm。

2. 分度值

分度值是指计量器具的刻度标尺或刻度盘上每一刻线间距所代表的被测量的量值。一般计量器具的分度值有 0.1mm、0.05mm、0.02mm、0.01mm、0.005mm、0.002mm 和 0.001mm 等。如图 3-3 所示,机械比较仪的分度值为 0.001mm。一般来说,分度值越小,计量器具的精度越高。

3. 测量范围

测量范围是计量器具所能测量尺寸的最小值到最大值的范围。如图 3-3 所示,机械比较仪的测量范围为 0~180mm。

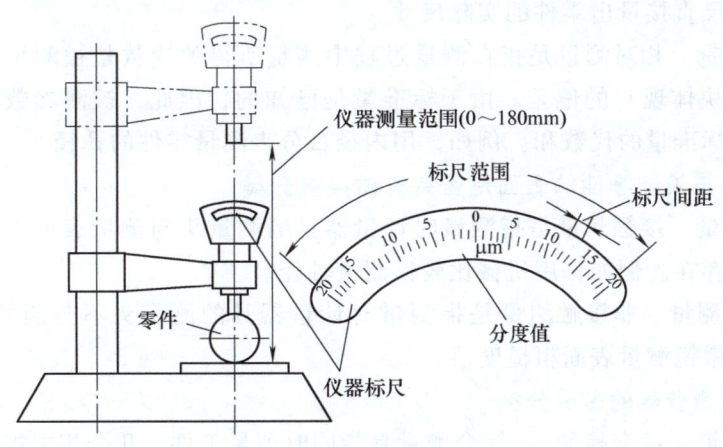

图 3-3 机械比较仪参数示意图

4. 标尺范围

标尺范围是计量器具所能显示（或指示）的最低值到最高值的范围。如图 3-3 所示，机械比较仪的标尺范围为 $\pm 20\mu m$。

5. 灵敏度

灵敏度是指仪器指示装置发生最小变动时被测尺寸的最小变动量。一般来说，分度值越小，则计量器具的灵敏度越高。

6. 示值误差

示值误差是指计量器具上的示值与被测量的真值的代数差。一般来说，示值误差越小，则计量器具的精度越高。

7. 测量的重复性误差

在相同的测量条件下，对同一被测量进行连续多次测量时，所有测得值的分散程度即为重复性误差，它是计量器具本身各种误差的综合反映。

8. 不确定度

不确定度表示由于测量误差的存在而对被测几何量不能肯定的程度。

3.3.3 测量方法的分类

测量方法是指测量时所采用的测量原理、计量器具和测量条件的综合。但是在实际工作中，测量方法一般是指获得测量结果的具体方式，可从不同的角度对其进行分类。

1. 按是否直接量出所需的量值分类

（1）直接测量 直接测量是指在测量过程中直接得到被测尺寸的数值或其相对于公称尺寸的实际偏差值。例如，用游标卡尺、内径百分表测量零件的直径。

（2）间接测量 间接测量是指在测量过程中先测量出与被测量值有关的几何参数，然后通过计算获得被测量值。例如，测量大圆柱形零件的直径 D 时，可先测出圆周长 L，然后通过函数关系 $D=L/\pi$ 算出零件的直径。

2. 按所测读数是否代表被测量值的绝对数字分类

（1）绝对测量 绝对测量是指在测量过程中测量所得的读数是被测量值的绝对数字。

例如，用游标卡尺直接量出零件的实际尺寸。

（2）相对测量　相对测量是指在测量过程中测量所得的读数是被测尺寸相对于已知标准量（通常用量块体现）的偏差。由于标准量是已知的，因此，被测参数的整个量值等于仪器所指偏差与标准量的代数和。例如，用内径百分表测量零件的孔径。

3. 按测量头与被测零件的表面是否有机械接触分类

（1）接触测量　接触测量是指测量时计量器具的测量头与测量表面直接接触，并有机械作用的测量力存在。例如，用机械比较仪测量轴径。

（2）非接触测量　非接触测量是指测量时计量器具的测量头不与测量表面直接接触。例如，用光切显微镜测量表面粗糙度值。

4. 按零件被测参数的多少分类

（1）综合测量（综合检验）　综合测量是指同时测量工件上几个相关被测参数的综合效应或综合指标，以判断综合结果是否合格，而不要求知道有关单项值。例如，用螺纹量规检验螺纹单一中径、螺距和牙侧角实际值的综合结果是否合格。

（2）单一测量　单一测量是对零件上的每一个被测参数进行独立测量。例如，用工具显微镜分别测量螺纹单一中径、螺距和牙侧角的实际值，并分别判断它们是否合格。通常在分析加工过程中造成次品的原因时，采用单一测量。

5. 按测量时测量头与被测零件相对运动的状态分类

（1）静态测量　静态测量是指在测量过程中，计量器具的测量头与被测零件处于相对静止状态，被测量的量值是固定的。例如，用机械比较仪测量轴径。

（2）动态测量　动态测量是指在测量过程中，计量器具的测量头与被测零件处于相对运动状态，被测量的量值是变化的。例如，用圆度仪测量圆度误差，用电动轮廓仪测量表面粗糙度值等。

6. 按测量时零件是否在线分类

（1）在线测量　在线测量是指在加工过程中对零件进行测量的测量方法，测量结果直接用来控制零件的加工过程，以决定是否继续加工或调整机床。在线测量能及时防止废品的产生，保证产品质量，是检测技术的发展方向。在线测量主要应用在自动化生产线上。

（2）离线测量　离线测量是指在加工后对零件进行测量的测量方法，测量结果仅限于发现并剔除废品。

7. 按对同一量进行多次测量时影响测量误差的各种因素是否改变分类

（1）等精度测量　等精度测量是指对同一量进行多次重复测量时，在影响测量误差的各种因素（包括测量仪器、测量方法、测量环境条件、测量人员等）都不改变的情况下所进行的一系列测量。等精度测量主要用来减少测量过程中随机误差的影响。

（2）不等精度测量　不等精度测量是指对同一量进行多次重复测量时，采用不同的测量仪器、测量方法，或改变测量环境条件所进行的一系列测量。不等精度测量一般用于在科研实验中进行高精度测量对比试验。

等精度测量与不等精度测量的性质不同，它们的数据处理方法也不相同，后者的数据处理比前者复杂。在进行等精度测量时，若测量条件变化，则客观上属于不等精度测量，这样往往会影响测量结果的可靠性。

3.4 尺寸的检测

3.4.1 验收极限

验收极限是判断所检验工件尺寸合格与否的尺寸界限。

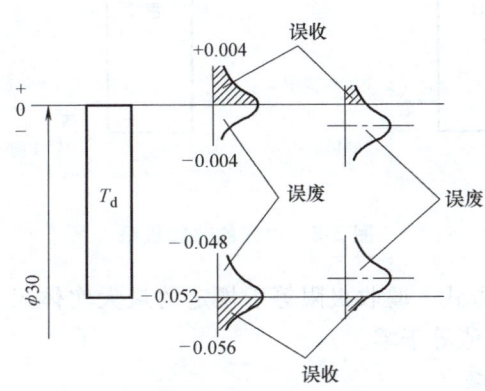

图 3-4 误收与误废示例

由于存在各种测量误差,若按零件的最大、最小极限尺寸进行验收,当零件的实际尺寸处于最大、最小极限尺寸附近时,有可能将尺寸本来处于零件公差带内的合格品误判为废品,或将尺寸本来处于零件公差带以外的废品误判为合格品,前者称为"误废",后者称为"误收"。误废和误收是尺寸误检的两种形式。例如,用外径千分尺测量 $\phi 30_{-0.052}^{0}$ mm 的轴,千分尺的分度值 $i=0.01$ mm,测量不确定度 $u=0.004$ mm;若按最大、最小极限尺寸进行验收,结果如图 3-4 所示。

除此之外,验收工件时,多数情况下只测量一次,并按测量结果来判断工件合格与否。用两点法测量的普通计量器具,一般只用来测量尺寸,不测量对测量结果有影响的形状误差。对温度、测量力引起的误差,以及计量器具和标准器的系统误差,一般也不修正。

国家标准 GB/T 3177—2009《产品几何技术规范(GPS)光滑工件尺寸的检验》规定:所有验收方法应只接收位于规定的尺寸极限之内的工件。为了保证该验收原则的实现,保证零件达到互换性要求,标准规定了验收极限。

1. 验收极限的确定方式

验收极限可以按照下列两种方式进行确定。

(1)方式一:内缩方式 验收极限是从规定的最大实体尺寸(MMS)和最小实体尺寸(LMS)分别向工件公差带内移动一个安全裕度(A)来确定,如图 3-5 所示。

$$上验收极限 = 最大极限尺寸(D_{max}, d_{max}) - 安全裕度(A) \tag{3-1}$$

$$下验收极限 = 最小极限尺寸(D_{max}, d_{max}) + 安全裕度(A) \tag{3-2}$$

安全裕度实际上就是测量不确定度 u 的允许值,它表征了各种误差的综合影响。设立安全裕度数值时,必须使误收率下降,满足验收要求,又不致使误废率上升过多,增加成本。A 值按工件公差(T)的 1/10 确定,其数值可查阅表 3-2。

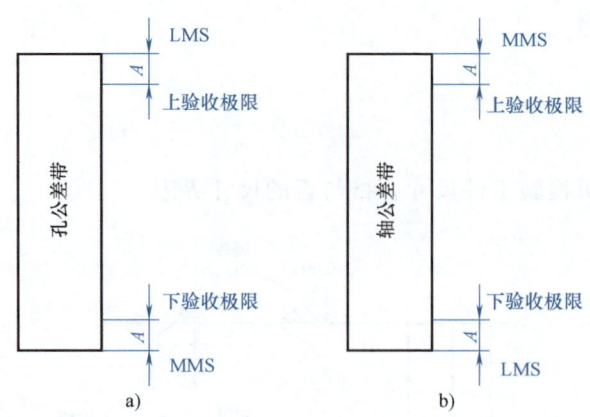

图 3-5 内缩的验收极限

（2）方式二：不内缩方式　验收极限等于规定的最大实体尺寸（MMS）和最小实体尺寸（LMS），即安全裕度 A 值等于零。

2. 验收极限方式的选择

验收极限方式的选择要结合尺寸功能要求及其重要程度、尺寸公差等级、测量不确定度和过程能力等因素综合考虑。

1) 对遵循包容要求（见第 4 章）的尺寸、公差等级高的尺寸，其验收极限要选内缩方式。

2) 过程能力指数 $C_p \geq 1$ 时［过程能力指数 C_p 是工件公差 T 与加工设备过程能力 $c\sigma$ 之比值。c 为常数，σ 为加工设备的标准偏差。当工件尺寸遵循正态分布时，$c=6$，$C_p = T/(6\sigma)$］，其验收极限可按不内缩方式确定；但对遵循包容要求的尺寸，在最大实体尺寸一边仍按内缩方式确定验收极限。

3) 对偏态分布的尺寸，其验收极限可以仅对尺寸偏向的一边按内缩方式确定。

4) 对非配合和一般公差的尺寸，其验收极限则选不内缩方式。

3.4.2　计量器具的选择

国家标准 GB/T 3177—2009《产品几何技术规范（GPS）光滑工件尺寸的检验》规定：按照计量器具所导致的测量不确定度（简称计量器具的测量不确定度）允许值（u_1）选择计量器具。选择时，应使所选用的计量器具的测量不确定度数值等于或小于选定的 u_1 值。

计量器具的测量不确定度允许值（u_1）按测量不确定度（u）与工件公差的比值分档。IT6～IT11 级分为 Ⅰ、Ⅱ、Ⅲ 三档，测量不确定度（u）的三档值分别为工件公差的 1/10、1/6、1/4；IT12～IT18 级分为 Ⅰ、Ⅱ 两档，见表 3-2。一般情况下，应优先选用 Ⅰ 档，其次选用 Ⅱ、Ⅲ 档。

计量器具的测量不确定度允许值（u_1）约为测量不确定度（u）的 0.9 倍，即 $u_1 = 0.9u$。选择计量器具时，应保证其不确定度不大于其允许值 u_1。有关量仪的 u_1 值见表 3-3~表 3-5。

表 3-2 安全裕度（A）与计量器具的测量不确定度允许值（u_1）

(单位：μm)

公差等级		IT6					IT7					IT8					IT9					IT10					IT11				
公称尺寸/mm		T	A	u_1			T	A	u_1			T	A	u_1			T	A	u_1			T	A	u_1			T	A	u_1		
大于	至			Ⅰ	Ⅱ	Ⅲ			Ⅰ	Ⅱ	Ⅲ			Ⅰ	Ⅱ	Ⅲ			Ⅰ	Ⅱ	Ⅲ			Ⅰ	Ⅱ	Ⅲ			Ⅰ	Ⅱ	Ⅲ
—	3	6	0.6	0.5	0.9	1.4	10	1.0	0.9	1.5	2.3	14	1.4	1.3	2.1	3.2	25	2.5	2.3	3.8	5.6	40	4.0	3.6	6.0	9.0	60	6.0	5.4	9.0	14
3	6	8	0.8	0.7	1.2	1.8	12	1.2	1.1	1.8	2.7	18	1.8	1.6	2.7	4.1	30	3.0	2.7	4.5	6.8	48	4.8	4.3	7.2	11	75	7.5	6.8	11	17
6	10	9	0.9	0.8	1.4	2.0	15	1.5	1.4	2.3	3.4	22	2.2	2.0	3.3	5.0	36	3.6	3.3	5.4	8.1	58	5.8	5.2	8.7	13	90	9.0	8.1	14	20
10	18	11	1.1	1.0	1.7	2.5	18	1.8	1.7	2.7	4.1	27	2.7	2.4	4.1	6.1	43	4.3	3.9	6.5	9.7	70	7.0	6.3	11	16	110	11	10	17	25
18	30	13	1.3	1.2	2.0	2.9	21	2.1	1.9	3.2	4.7	33	3.3	3.0	5.0	7.4	52	5.2	4.7	7.8	12	84	8.4	7.6	13	19	130	13	12	20	29
30	50	16	1.6	1.4	2.4	3.6	25	2.5	2.3	3.8	5.6	39	3.9	3.5	5.9	8.8	62	6.2	5.6	9.3	14	100	10	9.0	15	23	160	16	14	24	36
50	80	19	1.9	1.7	2.9	4.3	30	3.0	2.7	4.5	6.8	46	4.6	4.1	6.9	10	74	7.4	6.7	11	17	120	12	11	18	27	190	19	17	29	43
80	120	22	2.2	2.0	3.3	5.0	35	3.5	3.2	5.3	7.9	54	5.4	4.9	8.1	12	87	8.7	7.8	13	20	140	14	13	21	32	220	22	20	33	50
120	180	25	2.5	2.3	3.8	5.6	40	4.0	3.6	6.0	9.0	63	6.3	5.7	9.5	14	100	10	9.0	15	23	160	16	15	24	36	250	25	23	38	56
180	250	29	2.9	2.6	4.4	6.5	46	4.6	4.1	6.9	10	72	7.2	6.5	11	16	115	12	10	17	26	185	19	17	28	42	290	29	26	44	65
250	315	32	3.2	2.9	4.8	7.2	52	5.2	4.7	7.8	12	81	8.1	7.3	12	18	130	13	12	19	29	210	21	19	32	47	320	32	29	48	72
315	400	36	3.6	3.2	5.4	8.1	57	5.7	5.1	8.4	13	89	8.9	8.0	13	20	140	14	13	21	32	230	23	21	35	52	360	36	32	54	81
400	500	40	4.0	3.6	6.0	9.0	63	6.3	5.7	9.5	14	97	9.7	8.7	15	22	155	16	14	23	35	250	25	23	38	56	400	40	36	60	90

公差等级		IT12					IT13					IT14					IT15					IT16					IT17					IT18				
公称尺寸/mm		T	A	u_1			T	A	u_1			T	A	u_1			T	A	u_1			T	A	u_1			T	A	u_1			T	A	u_1		
大于	至			Ⅰ	Ⅱ	Ⅲ			Ⅰ	Ⅱ	Ⅲ			Ⅰ	Ⅱ	Ⅲ			Ⅰ	Ⅱ	Ⅲ			Ⅰ	Ⅱ	Ⅲ			Ⅰ	Ⅱ	Ⅲ			Ⅰ	Ⅱ	Ⅲ
—	3	100	10	9.0	15	23	140	14	13	21	32	250	25	23	38	54	400	40	36	60	90	600	60	54	90	135	1000	100	90	150	210	1400	140	135	210
3	6	120	12	11	18	27	180	18	16	27	38	300	30	27	45	68	480	48	43	72	110	750	75	68	110	160	1200	120	110	180	270	1800	180	160	270
6	10	150	15	14	23	33	220	22	20	33	45	360	36	32	54	81	580	58	52	87	130	900	90	81	140	200	1500	150	140	220	330	2200	220	200	330
10	18	180	18	16	27	41	270	27	24	41	59	430	43	39	65	100	700	70	63	110	160	1100	110	100	170	240	1800	180	160	270	400	2700	270	240	400
18	30	210	21	19	32	47	330	33	30	50	75	520	52	47	78	120	840	84	76	130	190	1300	130	120	200	290	2100	210	190	320	490	3300	330	300	490
30	50	250	25	23	38	56	390	39	35	59	87	620	62	56	93	140	1000	100	90	150	220	1600	160	140	240	350	2500	250	220	380	580	3900	390	350	580
50	80	300	30	27	45	69	460	46	41	69	100	740	74	67	110	170	1200	120	110	190	270	1900	190	170	290	410	3000	300	270	450	690	4600	460	410	690
80	120	350	35	32	53	78	540	54	49	81	120	870	87	78	130	190	1400	140	130	220	320	2200	220	190	330	470	3500	350	320	530	810	5400	540	480	810
120	180	400	40	36	60	90	630	63	57	95	140	1000	100	90	150	220	1600	160	140	240	360	2500	250	230	380	540	4000	400	350	600	940	6300	630	570	940
180	250	460	46	41	69	100	720	72	65	110	160	1150	115	100	170	260	1800	180	160	290	410	2900	290	260	440	630	4600	460	410	690	1080	7200	720	650	1080
250	315	520	52	47	78	120	810	81	73	120	180	1300	130	120	190	290	2100	210	190	320	470	3200	320	290	480	730	5200	520	470	780	1210	8100	810	730	1210
315	400	570	57	51	86	130	890	89	80	130	200	1400	140	130	210	320	2300	230	210	350	510	3600	360	320	540	800	5700	570	510	850	1330	8900	890	800	1330
400	500	630	63	57	95	140	970	97	87	150	220	1500	150	140	230	360	2500	250	230	380	570	4000	400	360	600	870	6300	630	570	970	1450	9700	970	870	1450

表 3-3　千分尺和游标卡尺的测量不确定度　　　　　　　　　　　　（单位：mm）

尺寸范围		所使用的计量器具			
		分度值为 0.01mm 的外径千分尺	分度值为 0.01mm 的内径千分尺	分度值为 0.02mm 的游标卡尺	分度值为 0.05mm 的游标卡尺
大于	至	测量不确定度 u			
—	50	0.004	0.008	0.020	0.050
50	100	0.005			
100	150	0.006			
150	200	0.007	0.013		
200	250	0.008			
250	300	0.009			
300	350	0.010	0.020		0.100
350	400	0.011			
400	450	0.012			
450	500	0.013	0.025		
500	600			—	
600	700	—	0.030		
700	1000				0.150

注：本表仅供参考。

表 3-4　比较仪的测量不确定度　　　　　　　　　　　　（单位：mm）

尺寸范围		所使用的计量器具			
		分度值为 0.0005mm（相当于放大倍数 2000 倍）的比较仪	分度值为 0.001mm（相当于放大倍数 1000 倍）的比较仪	分度值为 0.002mm（相当于放大倍数 500 倍）的比较仪	分度值为 0.005mm（相当于放大倍数 250 倍）的比较仪
大于	至	测量不确定度 u			
—	25	0.0006	0.0010	0.0017	0.0030
25	40	0.0007			
40	65	0.0008	0.0011	0.0018	
65	90				
90	115	0.0009	0.0012	0.0019	
115	165	0.0010	0.0013		
165	215	0.0012	0.0014	0.0020	0.0035
215	265	0.0014	0.0016	0.0021	
265	315	0.0016	0.0017	0.0022	

注：测量时，使用的标准器具由 4 块 1 级（或 4 等）量块组成。本表仅供参考。

表 3-5　指示表的测量不确定度　　　　　　　　　　　　　　（单位：mm）

尺寸范围		所使用的计量器具			
大于	至	分度值为 0.001mm 的千分表（0 级在全程范围内，1 级在 0.2mm 内），分度值为 0.002mm 的千分表（在一转范围内）	分度值为 0.001mm、0.002mm、0.005mm 的千分表（1 级在全程范围内），分度值为 0.01mm 的百分表（0 级在任意 1mm 内）	分度值为 0.01mm 的百分表（0 级、1 级在任意 1mm 内）	分度值为 0.01mm 的百分表（1 级在全程范围内）
		测量不确定度 u			
—	25	0.005	0.010	0.018	0.030
25	40				
40	65				
65	90				
90	115				
115	165	0.006			
165	215				
215	265				
265	315				

注：测量时，使用的标准器具由 4 块 1 级（或 4 等）量块组成。本表仅供参考。

例 3-1　试确定 $\phi140H9\ (^{+0.1}_{0})$ ⓔ的验收极限，并选择相应的计量器具（图 3-6）。

解　由表 3-2 可知，公称尺寸为 >120~180mm，公差等级为 IT9 时 $A=10\mu m$，$u_1=9\mu m$（Ⅰ档）。由于工件尺寸遵循包容要求，应按内缩方式确定验收极限：

上验收极限 = $LMS-A$ = (140.1-0.010)mm = 140.090mm

下验收极限 = $MMS+A$ = (140 +0.010)mm = 140.010mm

由表 3-3 可知，工件尺寸为 >100~150mm 范围内、分度值为 0.01mm 的内径千分尺的测量不确定度 u 为 0.008mm，小于 u_1（0.009mm），可满足要求。

例 3-2　被测工件为 $\phi35e9$ 的轴，试确定验收极限并选择合适的计量器具。

解

（1）确定工件的极限偏差　$es=-0.050mm$，$ei=-0.112mm$。

（2）确定安全裕度 A 和测量不确定度允许值 u_1　该工件的公差为 0.062mm，从表 3-2 查得 $A=0.0062mm$，$u_1=0.0056mm$。

（3）选择测量器具　工件公称尺寸为 $\phi35mm$，查表 3-3 可查知，分度值为 0.01mm 的外径千分尺的测量不确定度 u 为 0.004mm，小于允许值 0.0056mm，可满足要求。

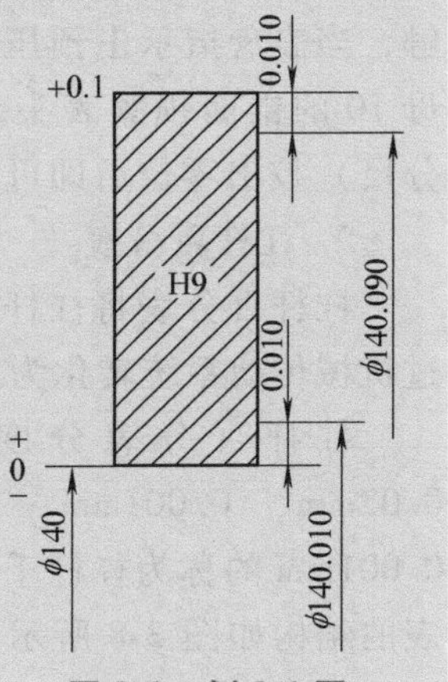

（4）计算验收极限

上验收极限 = $MMS-A$ = (35-0.050-0.0062)mm = 34.9438mm

下验收极限 = $LMS+A$ = (35-0.112 +0.0062)mm = 34.8942mm

图 3-6　例 3-1 图

目前，千分尺是一般工厂在生产车间使用得非常普遍的计量器具，为了提高千分尺的测量精度、扩大其使用范围，可采用比较测量法。比较测量时，可用产品样件经高一精度等级的精密测量后作为比较标准，也可用量块作为标准器具。

3.4.3 较精密的尺寸计量器具

机械加工生产中,测量尺寸的计量器具种类很多,除了生产实习中经常使用的游标类量具(游标卡尺、高度游标卡尺等)、螺旋测微量具(外径千分尺、内径千分尺)、百分表外,还需要了解以下几种较精密的计量器具。

1. 内径百分表

内径百分表是用相对法测量孔径、深孔、沟槽等内表面尺寸的量具。测量前,应使用与工件同尺寸的环规(或千分尺)标定表的分度值(或零位)后,再进行比较测量。

内径百分表的结构由百分表和表架两部分组成,如图 3-7 所示。测量时,活动测量头 1 移动,使杠杆 8 回转;传动杆 5 推动百分表的测量杆,使量表 7 指针转动,可读取数值。

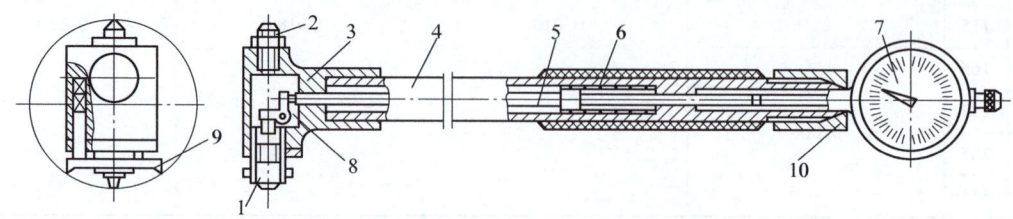

图 3-7 内径百分表(定位护桥式)
1—活动测量头 2—可换固定测量头 3—主体 4—表架 5—传动杆
6—弹簧 7—量表 8—杠杆 9—定位装置 10—螺母

表架 4 的弹簧 6 用于控制测量力;定位装置 9 可确保正确的测量位置,该处是显示最大内径尺寸读数的位置。

定位护桥式内径百分表的测量范围为:6~10mm,10~18mm,50~100mm,250~400mm。

使用时,将量表 7 插入表架 4 的孔内,使表的测量杆与表架传动杆 5 接触,当表盘指示出预压值后,用旋合螺母 10 的锥面锁紧表头。用环规(或千分尺)校出零位后即可进行比较测量。

2. 杠杆百分表

杠杆百分表将杠杆测量头的位移通过机械传动系统转化为表针的转动。

杠杆百分表分度值有 0.01mm、0.02mm、0.001mm,分度值为 0.001mm 的称为杠杆千分表。杠杆百分表的结构如图 3-8 所示。测量时,杠杆测量头 5 的位移使扇形齿轮 4 绕其旋转轴摆动,从而带动齿轮 1 及其同轴的表针 3 偏转而指示读数,扭簧 2 用于复位。

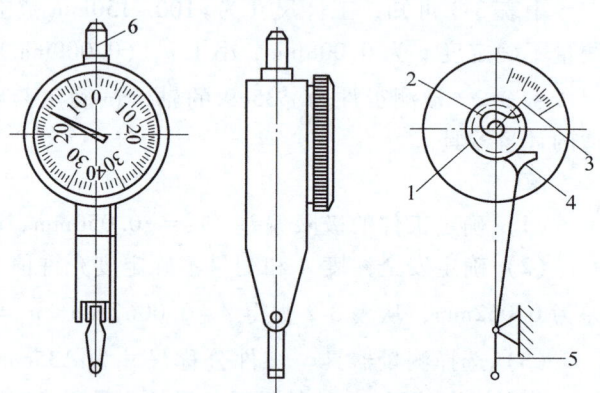

图 3-8 杠杆百分表
1—齿轮 2—扭簧 3—表针 4—扇形齿轮
5—杠杆测量头 6—表夹头

由于杠杆百(千)分表体积较小,故可将表身伸入工件孔内测量,测量头可变换测量方向,使用方便。尤其用于中、小孔的找正,可突出其精度高且灵活的特点。

杠杆百分表使用时也需装夹于表座上,夹持部位为表夹头 6。

3. 万能卧式测长仪

万能卧式测长仪是以精密线纹尺为实物基准，利用显微镜细分读数的高精度长度测量仪器。它可对零件的外形尺寸进行绝对测量和相对测量。它不仅能测量外尺寸、更换附件，并且能测量内尺寸以及内、外螺纹的中径等。

图 3-9 所示为万能卧式测长仪的外形结构，它主要由基座 6、测座 1 和尾座 4 以及各种附件组成。其中万能工作台可以升降、前后移动、在水平和垂直方向摆动及沿测量轴线方向自由浮动等，因此，测量时可利用工作台的相对运动将工件调整到正确位置。

万能卧式测长仪是按阿贝原则设计制造的。阿贝原则是指被测工件的被测尺寸应处于仪器基准刻线尺的轴线延长线上，以保证仪器的高精度测量。万能卧式测长仪的工作原理如图 3-10 所示。进行外尺寸测量时，测量前先使仪器测座与尾座 10 的两测量头接触，在读数显微镜中观察记下第一个读数值，然后以尾座 10 的测量头为固定测量头，移动测座，将被测工件放入两测量头之间，通过万能工作台的调整，使被测尺寸处于测量轴线上，再从读数显微镜中观察读出第二个读数，两次读数之差就是被测工件的实际尺寸。

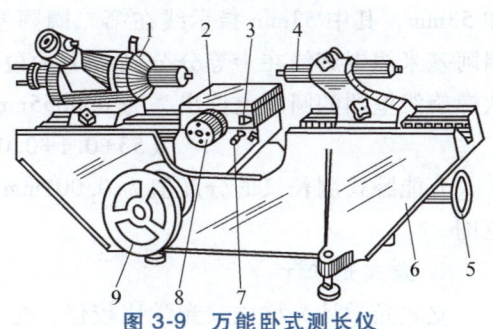

图 3-9 万能卧式测长仪

1—测座 2—万能工作台 3—工作台水平回转手柄
4—尾座 5—手轮 6—基座 7—工作台垂直摆动手柄
8—微分筒 9—工作台升降手轮

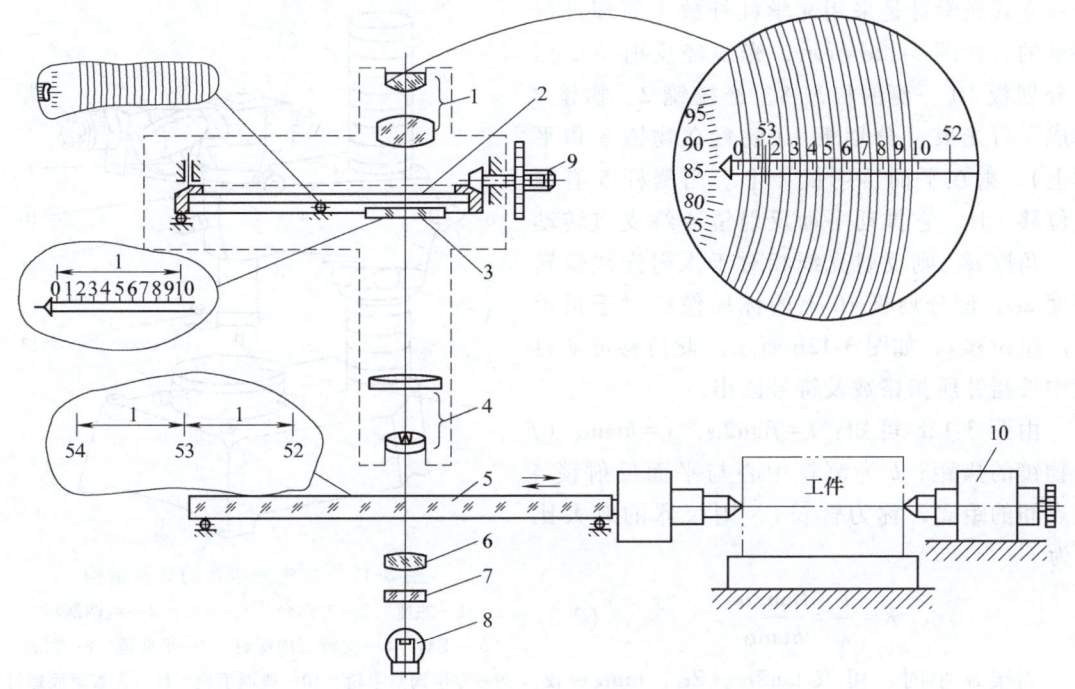

图 3-10 万能卧式测长仪测量原理

1—目镜 2—螺旋分划板 3—十等分分划板 4—物镜 5—基准线纹尺
6—聚光镜 7—滤光片 8—光源 9—微调手柄 10—尾座

图 3-9 中光学系统工作原理为：由光源 8 发出的光线经滤光片 7、聚光镜 6 照亮了玻璃基准线纹尺 5，经物镜 4 成像于螺旋分划板 2 上。在读数显微镜的目镜 1 中，可看到三种刻度重合在一起：一种是毫米线纹尺上的刻度，其间隔为 1mm；另一种是间隔为 0.1mm 的十等分刻度，在十等分分划板 3 上；第三种是有 10 圈多一点的阿基米德螺旋线刻度，在螺旋分划板 2 上，其螺距为 0.1mm，在螺旋线里圈的圆周上有 100 格圆周刻度，每格圆周刻度代表阿基米德螺旋线移动 0.001mm。读数时，旋转螺旋分划板微调手柄 9，使毫米刻度线位于某阿基米德螺旋双刻线之间。图 3-10 所示显微镜图像中：基准线纹尺的毫米数值为 52mm 和 53mm，其中 53mm 指示线在第二圈阿基米德螺旋线双刻线中，则毫米数为 53mm，第二圈阿基米德螺旋线在十等分分划板上的位置不足两格，则读数为 0.1mm；0.001mm 的数值从螺旋线里圈的圆周上读出，为 0.0855mm，最后一位数字是目测估读值，则整个读数值为

$$(53+0.1+0.0855)\text{mm} = 53.1855\text{mm}$$

万能卧式测长仪的分度值为 0.001mm；测量范围为 0~100mm，借助量块可扩大其测量范围。

4. 立式光学计

立式光学计又称立式光学比较仪，是利用相对法进行测量的精度较高、结构简单的常用光学量仪。

图 3-11 所示为 LG—1 型立式光学计的外形结构。光学计管 12 是光学计的关键部分，整个光学系统都安装在光学计管内。

立式光学计是采用光学杠杆放大原理进行测量的。如图 3-12a 所示，光线经反射镜 1 照亮分划板 10 一侧的标尺 8，经棱镜 2、物镜 3 形成平行光束（分划板 10 放置在物镜 3 焦平面上），射在平面反射镜 4 上。当测杆 5 有微量位移 s 时，它推动平面反射镜 4 绕支点转动某一角度 α，则反射光线相对于入射光线偏转角度 2α，使分划板 10 上的标尺像相对于指示线产生位移 t，如图 3-12b 所示。此位移可从目镜中按指针所指格数及符号读出。

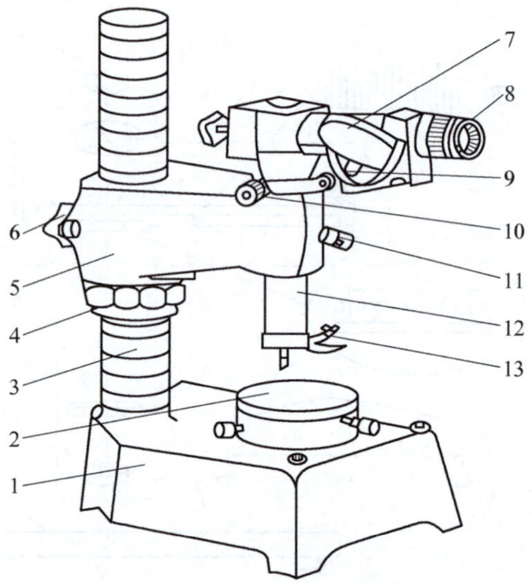

由图 3-12b 可知：$t = f\tan2\alpha$，$s = b\tan\alpha$（f 为物镜的焦距；b 为测杆中心与平面反射镜 4 支点间的距离，称为臂长），则仪器的放大比 K 为

$$K = \frac{t}{s} = \frac{f\tan2\alpha}{b\tan\alpha} \quad (3-3)$$

当 α 很小时，可取 $\tan2\alpha \approx 2\alpha$，$\tan\alpha \approx \alpha$，简化可得：

$$K = \frac{2f}{b} \quad (3-4)$$

一般光学计管的物镜焦距 $f=200$mm，臂长 $b=5$mm，代入式（3-4）得：

图 3-11 立式光学计的外形结构
1—底座 2—工作台 3—立柱 4—粗调螺母
5—支臂 6—支臂紧固螺钉 7—平面镜 8—目镜
9—零位调节手轮 10—微调手轮 11—光管紧固螺钉
12—光学计管 13—提升器

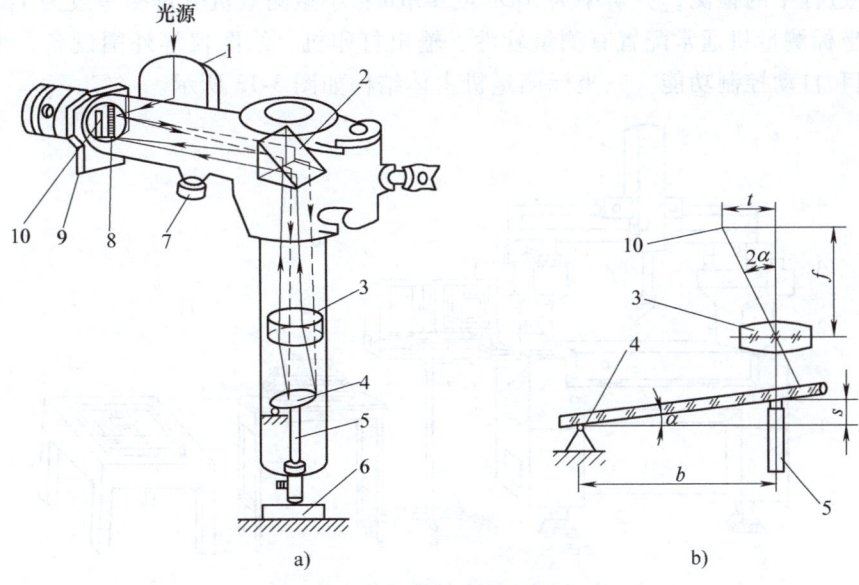

图 3-12 立式光学计的光学系统

1—反射镜　2—棱镜　3—物镜　4—平面反射镜　5—测杆　6—工件
7—微调手轮　8—标尺　9—标尺像变动量　10—分划板

$$K = \frac{2f}{b} = \frac{2 \times 200}{5} = 80$$

因此，光学计的光学杠杆放大比为 80，标尺的像通过放大倍数为 12 的目镜来观察，这样，光学计管的总放大倍数为 $12K = 12 \times 80 = 960$。也就是说当测杆位移为 $1\mu m$ 时，经过 960 倍的放大，在目镜内看到的刻线移动了 0.96mm。

立式光学计的分度值为 0.001mm；标尺范围为 ±0.1mm；测量范围：高度为 0~180mm，直径为 0~150mm。

5. 三坐标测量机简介

三坐标测量机是由精密机械、电子元件、传感器、电子计算机等集成的机电一体化测量设备。对于任何复杂的几何表面与几何形状，只要测量头能接触（或瞄准）到尺寸边界，就可测量出它们的几何尺寸和相互位置关系，并由计算机完成测量数据的处理。

1) 三坐标测量机与"加工中心"结合，具有"测量中心"的功能。在现代化生产中，CAD/CAM 系统中的测量单元可将测量信息反馈到主控计算机，控制加工过程，提高产品的加工精度。

2) 三坐标测量机若配置实物编程软件，则可进行实物与模型的测量，得到加工面几何形状的各种参数而生成加工程序，完成实物编程；借助绘图软件和绘图设备，则可得到整个实物的外观图样，实现设计、制造一体化生产。

3) 多台测量机联机使用，可组成柔性测量中心，实现生产过程的自动检测，提高生产率。

4) 三坐标测量机按检测精度可分为精密万能测量机和生产型测量机。前者一般用于计量室的精密测量，分辨率有 $0.1\mu m$、$0.2\mu m$、$0.5\mu m$、$1\mu m$ 等几种规格。后者一般在生产车间用于加工过程中的检测，分辨率为 5μm 或 10μm；小型测量机分辨率一般为 1μm 或 5μm。

5）三坐标测量机通常配置有测量软件、输出打印机、绘图仪等外围设备，增强计算机的数据处理和自动控制功能。三坐标测量机主体结构如图 3-13 所示。

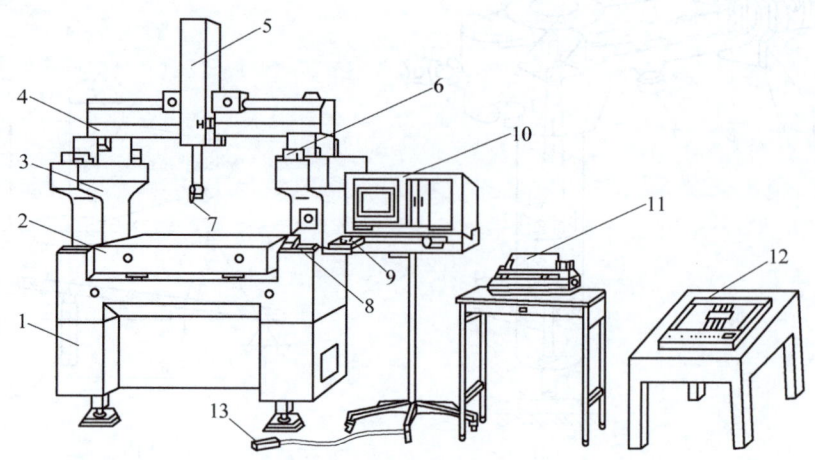

图 3-13　三坐标测量机主体结构

1—底座　2—工作台　3—立柱　4、5、6—导轨　7—测量头　8—驱动开关
9—键盘　10—计算机　11—打印机　12—绘图仪　13—脚开关

3.5　测量误差及数据处理

3.5.1　测量误差的产生

测量过程中由于计量器具本身的误差以及测量方法和环境条件的限制，任何一次测量的测得值都不可能等于被测量的真值，二者存在着差异，测得值与被测量的真值之差，就是测量误差。

测量误差常用两个指标来评定：绝对误差和相对误差。

1. 绝对误差 δ

绝对误差是指测得值（l）与被测量的真值（μ）之差。即

$$\delta = l - \mu \tag{3-5}$$

式中　δ——绝对误差；
　　　l——测得值；
　　　μ——被测量的真值。

绝对误差反映测得值偏离真值的程度。$|\delta|$ 越小，l 越接近 μ，测量的准确度越高。而不同被测量的测量准确度，则需用相对误差来评定。

2. 相对误差 f

相对误差是测量的绝对误差（δ）的绝对值与被测量的真值（μ）之比。在实际测量中，被测量的真值是未知的，因此可以用被测量的测得值 l 代替真值进行估算，即

$$f = \frac{|\delta|}{\mu} \times 100\% \approx \frac{|\delta|}{l} \times 100\% \tag{3-6}$$

为了提高测量精度，就要对误差大小、产生原因及其对测量结果的影响进行分析与估算。在实际测量中，产生测量误差的原因很多，归纳起来主要有以下几个方面：

（1）计量器具误差　计量器具的误差是指计量器具本身所具有的误差，包括计量器具在设计、制造、装配调整和使用过程中的各项误差，这些误差的综合反映可用计量器具的示值精度或不确定度来表示。

（2）标准件误差　标准件误差是指标准件（如量块）本身存在的制造误差和检定误差。标准件的误差一般占总测量误差的 $1/5 \sim 1/3$。

（3）测量方法误差　测量方法误差是指测量时选用的测量方法所引起的误差，包括计算公式不准确、测量方法选择不当、工件安装定位不准确等引起的测量误差。如接触测量中测量力引起的计量器具和零件表面变形误差，测量高精度孔径时使用气动量仪比使用内径千分表要精确得多。

（4）人员误差　人员误差是指由测量人员主观因素所引起的误差。例如，测量人员使用计量器具不正确、存在视觉偏差、读数或估读错误等都会产生测量误差。

（5）环境条件所引起的测量误差　测量的环境条件包括温度、湿度、振动、气压、尘土、介质折射率等许多因素，其中温度对测量结果的影响最大。图样上标注的各种尺寸、公差和极限偏差都是以标准温度 20℃ 为条件的。测量时，室温偏离标准温度 20℃ 而引起的测量误差可由下式计算：

$$\Delta L = l[\alpha_1(t_1-20) - \alpha_2(t_2-20)] \tag{3-7}$$

式中　ΔL——测量误差；

　　　l——被测件在 20℃ 时的长度；

t_1、t_2——分别为被测件与计量器具的温度（℃）；

α_1、α_2——分别为被测件与计量器具的线胀系数。

总之，产生误差的因素很多，有些误差是不可避免的，测量者应对一些可能产生测量误差的原因进行分析，掌握其影响规律，尽量消除或减小它对测量结果的影响，以保证测量精度。

3.5.2　测量误差的分类

测量误差按其性质可分为三类，即系统误差、随机误差（偶然误差）和粗大误差。

1. 系统误差

系统误差是指在相同条件下多次重复测量同一量值时，误差的大小和符号保持不变，或按某一确定规律变化的测量误差。前者称为定值系统误差，后者称为变值系统误差。

例如，在立式光学计上用相对测量法测量工件直径，调整仪器零点所用量块的误差对每次测量结果的影响都相同，属于定值系统误差；在测量过程中，若温度均匀变化，则引起的误差为线性变化，属于变值系统误差。系统误差对测量结果影响较大，应尽量消除或减小。

2. 随机误差（偶然误差）

随机误差是指在相同条件下多次重复测量同一量值时，误差的大小和符号以不可预测的方式变化的测量误差。

（1）随机误差的性质及其分布规律　大量测量实践表明：多数随机误差，特别是在各不占优势的独立随机因素综合作用下的随机误差，是服从正态分布规律的。其概率密度函数为

$$y = \frac{1}{\sigma\sqrt{2\pi}} e^{-\frac{\delta^2}{2\sigma^2}} \tag{3-8}$$

式中 y——概率密度；

e——自然对数的底数，$e = 2.71828\cdots$；

δ——随机误差，$\delta = l - \mu$；

σ——均方根误差，又称标准偏差，可按下式计算：

$$\sigma = \sqrt{\frac{\delta_1^2 + \delta_2^2 + \cdots + \delta_n^2}{n}} = \sqrt{\frac{\sum_{i=1}^{n} \delta_i^2}{n}} \tag{3-9}$$

式中 n——测量次数。

正态分布曲线如图 3-14a 所示。不同的标准偏差对应不同形状的正态分布曲线，图 3-14b 所示的三条正态分布曲线，$\sigma_1 < \sigma_2 < \sigma_3$，则 $y_{1\max} > y_{2\max} > y_{3\max}$。可知 σ 越小，曲线就越陡，随机误差分布也越集中，测量的精密度也越高。

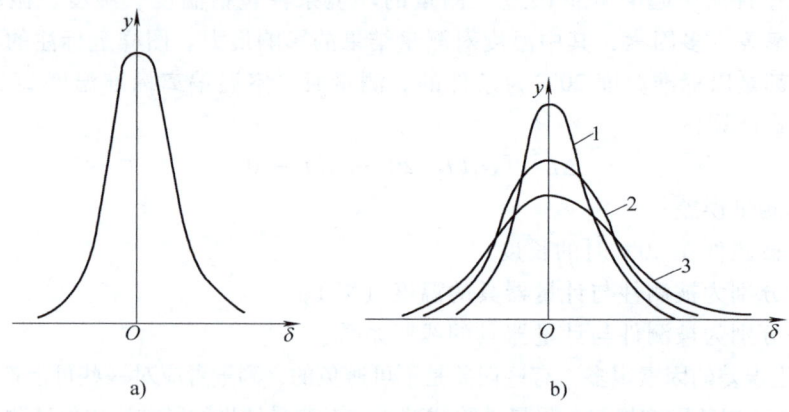

图 3-14 正态分布曲线和标准偏差对随机误差分布特性的影响
a) 正态分布曲线 b) 标准偏差对随机误差分布特性的影响

由图 3-13a 可知随机误差有如下特性：

1) 对称性。绝对值相等的正、负误差出现的次数相等。
2) 单峰性。绝对值较小的随机误差比绝对值较大的随机误差出现的次数多。
3) 有界性。在一定的测量条件下，随机误差的绝对值不会大于某一界限值。
4) 抵偿性。当测量次数 n 无限增加时，随机误差的算术平均值趋于零。

（2）随机误差和标准偏差之间的关系 随机误差和标准偏差之间有一定的数量关系，在 δ/σ 一定时，利用正态分布曲线，可求出随机误差的概率。

根据概率理论，正态分布曲线下所包含的全部面积等于各随机误差 δ_i 出现的概率 P 的总和，即

$$P = \int_{-\infty}^{+\infty} y \mathrm{d}\delta = \frac{1}{\sigma\sqrt{2\pi}} \int_{-\infty}^{+\infty} e^{-\frac{\delta^2}{2\sigma^2}} \mathrm{d}\delta = 1 \tag{3-10}$$

式（3-10）表示：随机误差落在 $-\infty \sim +\infty$ 范围内的概率 $P = 1$，即全部随机误差出现的概率为 100%，大于零的正误差和小于零的负误差出现的概率各为 50%。为了运算方便，引

入新变量 z，设 $z=\delta/\sigma$，则 $dz=d(\delta/\sigma)$，于是：

$$P = \frac{1}{\sqrt{2\pi}}\int_{-\infty}^{+\infty} e^{-\frac{z^2}{2}}dz = \frac{2}{\sqrt{2\pi}}\int_{0}^{\infty} e^{-\frac{z^2}{2}}dz \quad (3-11)$$

如图 3-15 所示，阴影部分的面积表示随机误差 δ 落在 $0 \sim \delta_i$ 范围内的概率。令 $P = 2\Phi(z)$，则

$$\Phi(z) = \frac{1}{\sqrt{2\pi}}\int_{0}^{\infty} e^{-\frac{z^2}{2}}dz \quad (3-12)$$

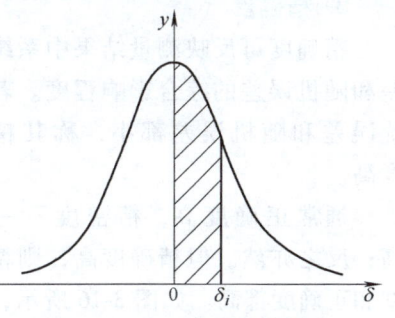

图 3-15　$0 \sim \delta_i$ 范围内的概率

$\Phi(z)$ 称为概率函数积分，z 值所对应的积分值 $\Phi(z)$，可由正态分布的概率函数积分表查出，表 3-6 列出了部分特殊 z 值和对应的 $\Phi(z)$ 值。

表 3-6　z 和 $\Phi(z)$ 的对应值

z	$\delta = \pm z\sigma$	不超出 $|\delta|$ 的概率 $2\Phi(z)$	超出 $|\delta|$ 的概率 $1-2\Phi(z)$	测量次数 n	超出 $|\delta|$ 的次数
0.67	0.67σ	0.4972	0.5028	2	1
1	1σ	0.6826	0.3174	3	1
2	2σ	0.9544	0.0456	22	1
3	3σ	0.9973	0.0027	370	1
4	4σ	0.9999	0.0001	15625	1

由表 3-6 可知：$\pm 1\sigma$ 范围内的概率为 68.26%，即有 1/3 的测量次数的误差要超出 $\pm 1\sigma$ 的范围；$\pm 3\sigma$ 范围内的概率为 99.73%，即只有 0.27% 的测量次数的误差要超出 $\pm 3\sigma$ 的范围，可近似认为不会发生超出现象。所以，通常评定随机误差时就以 $\pm 3\sigma$ 作为单次测量的极限误差，即

$$\delta_{\lim} = \pm 3\sigma \quad (3-13)$$

可以认为 $\pm 3\sigma$ 是随机误差的实际分布范围，即有界性的界限为 $\pm 3\sigma$。

3. 粗大误差

粗大误差是指在一定测量条件下超出预计的测量误差，即对测量结果产生明显歪曲的误差。粗大误差的产生是由某些不正常的原因造成的，例如，测量者的不规范测量、测量仪器和被测工件的突然振动、读数和记录错误等。由于粗大误差一般数值较大，它的数值明显偏离其他测得值，因此，粗大误差应予以剔除。

3.5.3　测量精度

测量精度是测量误差的相对概念，二者是从两个不同角度说明同一概念的术语。测量误差越大，则测量精度越低；测量误差越小，则测量精度越高。为了更好地反映系统误差和随机误差对测量结果的影响，需要明确以下几个概念：

1. 正确度

正确度可反映测量结果中系统误差的影响程度。系统误差小，称其正确度高。

2. 精密度

精密度可反映测量结果中随机误差的影响程度。随机误差小，称其精密度高。

3. 精确度

精确度可反映测量结果中系统误差和随机误差的综合影响程度。若系统误差和随机误差都小，称其精确度高。

通常正确度高，精密度不一定高；反之亦然。但精确度高，则精密度和正确度都高。如图 3-16 所示，以打靶为例，圆圈代表靶心，黑点代表弹孔。其中，图 3-16a 表示系统误差小而随机误差大，即打靶的正确度高而精密度低；图 3-16b 表示系统误差大而随机误差小，即打靶的正确度低而精密度高；图 3-16c 表示系统误差和随机误差都小，即打靶的精确度高。

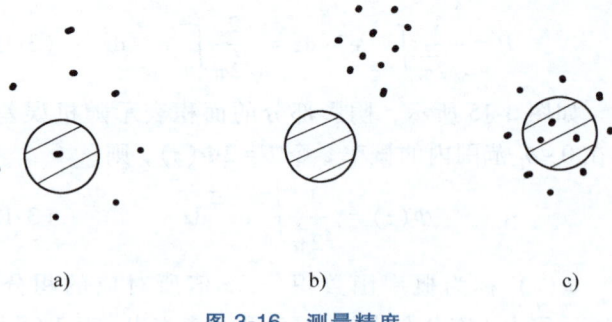

图 3-16 测量精度

a) 正确度高、精密度低 b) 正确度低、精密度高 c) 精确度高

3.5.4 测量误差的数据处理及实例解答

在同一测量条件下（等精度测量），对某一量值进行 n 次重复测量可获得一系列的测量值。在这些测量值中，可能同时含有系统误差、随机误差和粗大误差，为了获得正确的测量结果，应将测量数据按上述误差分析原理进行处理。数据处理的步骤如下：

1. 判断系统误差

首先查找并判断测得值中是否含有系统误差，如果存在系统误差，则应采取措施加以消除。具体测量中可根据系统误差的变化规律，用计算或实验对比的方法确定，通过修正值从测量结果中予以消除。但在某些情况下，由于系统误差变化规律复杂、不易确定，因而难以消除。

2. 测量列中随机误差的处理

消除系统误差和排除粗大误差后，可用数理统计的方法估算随机误差的范围和分布规律，求得测量结果。

（1）测量列的算术平均值 $\bar{l}$ 设测量列的测得值为 $l_1, l_2, \cdots, l_n$，则算术平均值为

$$\bar{l} = \frac{l_1 + l_2 + l_3 + \cdots + l_n}{n} = \frac{1}{n}\sum_{i=1}^{n} l_i \tag{3-14}$$

随机误差为 $\quad \delta_1 = l_1 - \mu, \; \delta_2 = l_2 - \mu, \; \cdots, \; \delta_n = l_n - \mu$

相加则为 $\quad \delta_1 + \delta_2 + \cdots + \delta_n = (l_1 + l_2 + \cdots + l_n) - n\mu$

即 $$\sum_{i=1}^{n} \delta_i = \sum_{i=1}^{n} l_i - n\mu$$

其真值 $$\mu = \frac{\sum_{i=1}^{n} l_i}{n} - \frac{\sum_{i=1}^{n} \delta_i}{n} = \bar{l} - \frac{\sum_{i=1}^{n} \delta_i}{n} \tag{3-15}$$

由随机误差抵偿性可知：当 $n \to \infty$ 时，$\dfrac{\sum_{i=1}^{n} \delta_i}{n} = 0$，则

$$\mu = \bar{l} \tag{3-16}$$

在测量列中没有系统误差和粗大误差,且测量次数足够多时,算术平均值就趋近于真值。即用算术平均值来代替真值不仅是合理的,而且也是可靠的。

(2)计算残差 用算术平均值 $\bar{l}$ 代替真值 μ 所计算的误差称为残差 v。

$$v_i = l_i - \bar{l} \tag{3-17}$$

残差具有下述两个特性:

1)残差的代数和等于零,即 $\sum_{i=1}^{n} v_i = 0$。

2)残差的平方和为最小,即 $\sum_{i=1}^{n} v_i^2 = \min$。

当误差平方和为最小时,由最小二乘法原理可知,测量结果是最佳值。这也说明 $\bar{l}$ 是 μ 的最佳估值。

(3)测量列中任一测得值的标准偏差 由于真值不可知,随机误差 δ_i 也未知,则标准偏差 σ 无法计算。在实际测量中,标准偏差 σ 用残差来估算,常用贝塞尔公式计算,即

$$S = \sqrt{\frac{\sum_{i=1}^{n} v_i^2}{n-1}} \tag{3-18}$$

式中 S——标准偏差 σ 的估算值;

v_i——残差;

n——测量次数。

任一测得值 l,其落在 $\pm 3\sigma$ 范围内的概率(称为置信概率,符号为 P)为 99.73%,常表示为

$$l = \bar{l} \pm 3S \quad (P = 99.73\%) \tag{3-19}$$

(4)测量列算术平均值的标准偏差 在多次重复测量中,是以算术平均值作为测量结果的,因此要研究算术平均值的可靠性程度。根据误差理论,在等精度测量时:

$$\sigma_{\bar{l}} = \sqrt{\frac{\sigma^2}{n}} = \frac{\sigma}{\sqrt{n}} \approx \sqrt{\frac{\sum_{i=1}^{n} v_i^2}{n(n-1)}} = \frac{S}{\sqrt{n}} \tag{3-20}$$

式(3-20)表明:在一定的测量条件下(即 σ 一定),重复测量 n 次的算术平均值的标准偏差 $\sigma_{\bar{l}}$ 为单次测量的标准偏差的 $1/\sqrt{n}$。

算术平均值的测量精度 $\sigma_{\bar{l}}$ 与测量次数 n 的平方根成反比,要显著提高测量精度,就必须增加测量次数。但是当测量次数过大时,恒定的测量条件难以保证,可能会引起新的误差;因此一般情况下,取 $n \leq 10$ 为宜。

(5)测量结果的表示

1)单次测量:

$$L = l \pm 3\sigma \tag{3-21}$$

2)多次测量:

$$L = \bar{l} \pm 3\sigma_{\bar{l}} \quad (P = 99.73\%) \tag{3-22}$$

例 3-3 用立式光学计对某轴进行 10 次等精度测量，按测量顺序依次将测量值填入列表如下（假设不含系统误差和粗大误差），求测量结果。

l_i/mm	$v_i = (l_i - \bar{l})/\mu\text{m}$	$v_i^2/\mu\text{m}^2$
30.454	−3	9
30.459	+2	4
30.459	+2	4
30.454	−3	9
30.458	+1	1
30.459	+2	4
30.456	−1	1
30.458	+1	1
30.458	+1	1
30.455	−2	4
$\bar{l} = 30.457$	$\sum v_i = 0$	$\sum v_i^2 = 38$

解

（1）求算术平均值

$$\bar{l} = \frac{\sum l_i}{n} = 30.457 \text{mm}$$

（2）求残差平方和

$$\sum v_i = 0, \quad \sum v_i^2 = 38 \mu\text{m}$$

（3）求测量列任一测得值的标准差 S

$$S = \sqrt{\frac{\sum v_i^2}{n-1}} = 2.05 \mu\text{m}$$

（4）求任一测得值的极限误差

$$\delta_{\text{lim}} = \pm 3S = \pm 6.15 \mu\text{m}$$

（5）求测量列算术平均值的标准偏差 $\sigma_{\bar{l}}$

$$\sigma_{\bar{l}} = \frac{S}{\sqrt{n}} = 0.65 \mu\text{m}$$

（6）轴的直径测量结果

$$d = \bar{l} \pm 3\sigma_{\bar{l}} = (30.457 \pm 3 \times 0.00065) \text{mm} = (30.457 \pm 0.002) \text{mm} \quad (P = 99.73\%)$$

在长度测量中，光滑圆柱体孔、轴的测量占很大比例。根据生产的批量大小、直径精度高低和直径尺寸大小等因素，可选用不同的测量仪器。成批生产的孔、轴一般用光滑极限规检测；中、低精度的孔、轴，通常采用游标卡尺、千分尺等进行绝对测量，或用百分表、内径百分表等进行相对测量；高精度的孔、轴则用立式光学计、卧式测长仪、电感测微仪等仪器进行测量。

项目学习（一）——用内径百分表测量孔径

1. 项目任务

1）了解内径百分表的结构组成。

2) 熟悉内径百分表的测量原理，掌握使用内径百分表测量孔径的测量方法及其评定。
3) 了解量块及其附件的使用方法。

2. 项目计划

1) 了解测量孔径常用的测量仪器及应用场合。
2) 掌握内径百分表的测量原理，使用内径百分表测量孔径的测量方法及合格性判定。
3) 填写实验报告单，解答项目思考题。
4) 项目评价。
5) 分析测量结果，结合有关资料进行总结。

3. 项目准备

被测 8 级精度内孔的套类零件、内径百分表、外径千分尺、量块、量块夹、图样、技术标准等，PowerPoint 教学课件。

4. 项目实施

(1) 了解测量孔径常用的测量仪器　常用的测量仪器有游标卡尺、内径百分表、卧式测长仪等。游标卡尺是一种中等精度的量具，只能用于中等精度尺寸的测量和检验。较高精度的孔径尺寸的测量和检验可选用内径百分表、卧式测长仪等。

(2) 被测孔径合格性评定　按规定的验收极限判断工件尺寸是否合格。

(3) 内径百分表简介（见第 3.4 节）

(4) 实验步骤

1) 选择可换固定测量头。根据被测内孔的公称尺寸，选择相应的可换固定测量头，旋入量杆头部，并用锁紧圈固定。

2) 调整零位。

① 按被测孔的公称尺寸选择量块，组合于量块夹中（或按公称尺寸调整好外径千分尺两测砧之间的距离）。

② 手握隔热手柄，先将外径千分尺的活动测量头压靠在量块夹的一端（或一个测砧上）；使活动测量头内缩，以保证放入固定测量头时不与量块夹的另一端（或外径千分尺的另一测砧）摩擦；然后放入固定测量头，使之与另一端接触。按图 3-17 所示的方法反复摆动内径百分表量杆，找出指针偏转的转折点，旋转表盘，使百分表零刻线正好对准指针

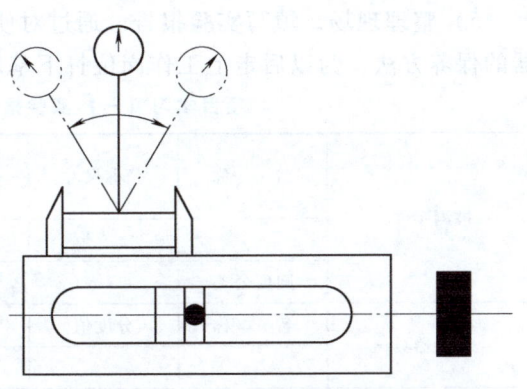

图 3-17　内径百分表零位调整

转折点，如此反复多次，直到指针的转折点始终在零刻线上，此时表明零位已调好。然后用手轻压定位板，使活动测量头内缩，当固定测量头脱离接触时，再将内径百分表缓慢地从量块夹（或外径千分尺测砧）内取出。

3) 测量孔径。按调零时的方法，将内径百分表两测量头插入被测孔中，在图 3-18 所示的三个截面、三个方向上进行测量。测量时将内径百分表左右摆动，如图 3-19 所示，指针所指的最小值即为被测孔径相对于公称尺寸的实际偏差值（注意：顺时针为负，逆时针为正）。

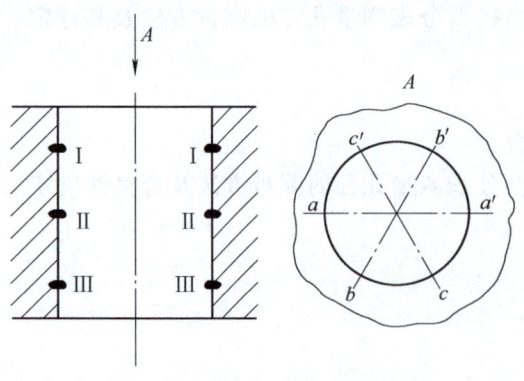
图 3-18 内孔测量位置示意图

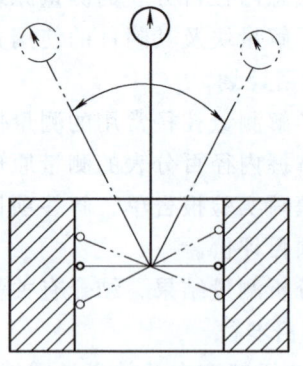
图 3-19 测量孔径

4) 合格性评定。若被测孔径（假设遵守包容要求）实际偏差为 E_a、圆度误差为 f_o，则满足以下两式者即为合格。

$$EI+A \leq E_a \leq ES-A$$
$$f_o \leq T_o$$

式中　A——安全裕度；
　　　T_o——圆度公差。

其中圆度误差是由孔径实际偏差求出的。在被测孔的一个截面上只测了相隔 120° 的三个孔径的实际偏差，故圆度误差为

$$f_o = \frac{1}{2}\left| E_{最大} - E_{最小} \right|$$

5) 整理现场，填写实验报告。通过对使用后的仪器进行整理，同学们应了解和掌握仪器的保养方法，为以后走上工作岗位打下基础。

项目学习（一）实验报告　用内径百分表测量孔径

被测零件	名　称		公称尺寸	极限偏差		验收极限	
				ES	EI	上验收极限	下验收极限
	圆度公差				安全裕度 A		
计量器具	名　称		分度值	标尺范围	测量范围	仪器不确定度	测量不确定度
量块尺寸或外径千分尺两测砧之间的距离					量块等级		
测量示意图	参见图 3-18						
测量数据	实际偏差 E_a						
测量位置	Ⅰ—Ⅰ			Ⅱ—Ⅱ		Ⅲ—Ⅲ	

(续)

被测零件	名 称	公称尺寸	极限偏差		验收极限	
			ES	EI	上验收极限	下验收极限
	圆度公差				安全裕度 A	
测量方向	$a-a'$					
	$b-b'$					
	$c-c'$					
测量误差	圆度误差				圆柱度误差	
	合格性判定			审阅		成绩

5. 项目思考题

1)为什么要在摆动内径百分表时调零和读数?指针转折点是最小值还是最大值?为什么?

2)可换固定测量头磨损对测量结果有影响吗?

3)如何判断孔类零件尺寸是否符合装配要求?

6. 项目评价与总结

项目评价表

项目名称:用内径百分表测量孔径　　　课程名称:公差配合与测量技术
学生姓名:＿＿＿＿　　学　号:＿＿＿＿　　班　级:＿＿＿＿

	考核项目	A	B	C	成绩
1	项目计划决策	项目计划合理、实施准备充分、实施过程中有完整详细的记录	项目计划合理、实施准备较充分、实施过程中有记录	项目计划较合理、实施准备较充分、实施过程中不做记录	20%
2	项目实施检查	在规定的时间内能完成项目,测量结果准确;使用测量仪器动作规范	在规定的时间内能完成项目,测量结果较准确;使用测量仪器动作较规范	在规定的时间内基本能完成项目,测量结果基本准确;使用测量仪器动作要领未完全理解	25%
3	项目评估讨论	能完整总结项目的开始、过程、结果,准确分析测量数据、测量中出现的各种现象,正确回答思考题	能完整总结项目的开始、过程、结果,较准确分析测量数据、测量中出现的各种现象,能够回答思考题	能较完整总结项目的开始、过程、结果,并对测量数据、测量中出现的各种现象进行总结,基本上能回答出思考题	15%
4	职业素养 遵守时间	不迟到、不早退,中途不离开项目实施现场	不迟到、不早退,中途离开项目实施现场的次数不超过一次	有迟到或早退现象,中途离开项目实施现场的次数不超过两次	10%
	测量仪器保养	严格按测量仪器操作规范在每次使用时进行日常保养,态度认真	能够按测量仪器操作规范进行日常保养,态度较认真	经过提示能够按测量仪器操作规范进行日常保养	10%
	测量仪器使用后处理	按照要求,能够将测量仪器清理干净,并摆放整齐,地板无污水及其他垃圾	能够将测量仪器清理干净,并放进工具箱,地板无污水及其他垃圾	能够将测量仪器基本清理干净,并放进工具箱,地板无污水及其他垃圾	10%

(续)

考核项目		A	B	C	成绩
4	职业素养 — 团结协作	配合很好,服从组长的安排,积极主动,认真完成项目	配合较好,能够按照组长的安排完成项目	能够与同学配合完成项目	5%
	语言能力	积极回答问题,条理清晰,声音洪亮	主动回答问题,条理较清晰,声音较大	能够回答问题,声音清晰	5%
总评					

小结:

1)通过理论知识的学习,掌握有关尺寸与公差的基本知识。

2)以 8 级精度内孔的套类零件尺寸检测为例进行相关测量,达到熟悉内径百分表使用方法以及掌握基本测量方法的目的。

项目学习(二)——用立式光学计测量轴径

1. 项目任务

1)了解立式光学计的结构组成,掌握用立式光学计测量轴径的测量方法。

2)掌握测量结果的数据处理方法和合格性判定。

3)了解技术测量中的常用度量指标。

2. 项目计划

1)了解测量轴径常用的测量仪器及应用场合。

2)掌握立式光学计的杠杆放大原理,使用立式光学计测量轴径的测量方法及合格性判定。

3)填写实验报告单,解答项目思考题。

4)项目评价。

5)分析测量结果,结合有关资料进行总结。

3. 项目准备

被测 7 级精度的轴、立式光学计、量块、图样、技术标准等,PowerPoint 教学课件。

4. 项目实施

(1)了解测量轴径常用的测量仪器及应用场合 常用的测量仪器有游标卡尺、外径千分尺、卧式测长仪、立式光学计等。游标卡尺、外径千分尺是中等精度的量具,只能用于中等精度尺寸的测量和检验。较高精度的轴径尺寸的测量和检验可选用卧式测长仪、立式光学计等。

(2)被测轴径合格性评定 实际偏差在极限偏差范围内即可判定被测轴径尺寸合格。

(3)立式光学计简介(见第 3.4 节)

(4)实验步骤

1)测帽的选择。测量时,被测工件与测帽的接触面必须最小,因此在测量圆柱形时使用切削刃形测帽,如图 3-20a 所示;测量平面时需使用球面测帽,如图 3-20b 所示;测量球形时,则使用平面测帽,如图 3-20c 所示。

2）根据被测工件的形状，选择正确的测帽装入测杆中。

3）按被测工件的公称尺寸组合量块组；选好的量块用脱脂棉浸汽油清洗后，经干脱脂棉擦净研合在一起，并将量块组放在工作台上。

4）按量块组尺寸调零（图 3-11）。

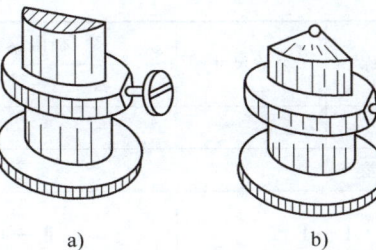

图 3-20 测帽
a）切削刃形测帽 b）球面测帽 c）平面测帽

① 粗调：松开支臂紧固螺钉 6，旋转粗调螺母 4，直到目镜 8 中可看到标尺像，锁紧支臂紧固螺钉 6。

② 细调：松开光管紧固螺钉 11，旋转微调手轮 10，在目镜 8 中看到标尺像处于零位附近时，锁紧光管紧固螺钉 11。若标尺像不清晰，可调节目镜视度环。

③ 微调：转动微调手轮 10，使标尺像准确对准零位，然后用手轻轻按压几次提升器 13，以检查零位是否稳定。若零位略有变化，可转动微调手轮 10 再次对零。

5）抬起提升杠杆，取出量块，轻轻地将被测件放在工作台上，并在测帽下慢慢来回滚动，由目镜中读取最大值（即读数转折点），此读数就是被测尺寸相对于量块尺寸的偏差。读数时应注意正、负号。

6）在靠近轴的两端和轴中间的部位共取三个截面、在三个方向上进行测量（参考项目学习一）。

7）合格性评定。所测直径的实际偏差都在设计尺寸的极限偏差所限定的区域内，则可判定该被测轴径合格。

8）清洗量块、量仪和被测件，整理现场。

9）填写实验报告。

项目学习（二）实验报告 用立式光学计测量轴径

被测零件	名称	公称尺寸	极限偏差		验收极限	
			es	ei	上验收极限	下验收极限
	圆度公差			安全裕度 A		
计量器具	名称	分度值	标尺范围	测量范围	仪器不确定度	测量不确定度
	量块尺寸			量块等级		
测量示意图						
测量数据	实际偏差 E_a					

(续)

被测零件	名称	公称尺寸	极限偏差		验收极限	
			es	ei	上验收极限	下验收极限
	圆度公差			安全裕度 A		
测量位置		Ⅰ—Ⅰ		Ⅱ—Ⅱ		Ⅲ—Ⅲ
测量方向	a—a'					
	b—b'					
	c—c'					
圆度误差				圆柱度误差		
合格性判定			审阅		成绩	

5. 项目思考题

1）简述立式光学计的工作原理。
2）使用立式光学计时，测帽的选择原则是什么？
3）使用立式光学计进行测量前为什么要调整零位？

6. 项目评价与总结

按项目学习（一）的评价指标对此项目进行评价和总结。

小结：

1）通过理论知识的学习，掌握有关尺寸与公差的基本知识。
2）以 7 级精度的轴的尺寸检测为例进行相关测量，达到熟悉立式光学计使用方法以及掌握高精度轴尺寸基本测量方法的目的。

思考与练习

3-1　量块的"等"和"级"有何区别？举例说明如何按"等"或"级"使用量块。

3-2　试从 83 块为一套的量块中选择合适的量块组成下列尺寸：① 24.575mm；② 62.875mm；③ 35.935mm。

3-3　何为尺寸传递系统？目前长度的最高基准是什么？

3-4　选择适当的计量器具测量如下工件尺寸：
（1）$\phi 60H7$　　　　（2）$\phi 30f7$

3-5　测量误差按性质可分为哪几类？各有什么特点？

3-6　用某一测量方法在等精度的情况下对零件同一尺寸进行测量，测得值（单位 mm）依次为 30.742，30.740，30.741，30.739，30.740，30.741，30.739，30.742，30.743，30.740。

1）求出测量列任一测得值的标准差。

2）求出测量列总体算术平均值的标准偏差。

3）求出算术平均值的测量极限偏差，并确定测量结果。

3-7 已知某孔尺寸为 $\phi100E10Ⓔ$，试确定验收极限和选择计量器具。

自我测验题

一、判断题（正确的打√，错误的打×）

1. 我国法定计量单位中，长度单位是米，与国际单位不一致。（   ）
2. 量规只能用来判断零件是否合格，不能得出具体尺寸。（   ）
3. 计量器具的标尺范围即测量范围。（   ）
4. 间接测量就是相对测量。（   ）
5. 使用的量块越多，组合的尺寸越精确。（   ）
6. 测量所得的值即为零件的真值。（   ）
7. 通常所说的测量误差，一般是指相对误差。（   ）
8. 多数随机误差是服从正态分布规律的。（   ）
9. 精密度高，正确度就一定高。（   ）
10. 选择计量器具时，应保证其不确定度不大于其不确定度允许值 u_1。（   ）

二、选择题（将下列题目中所有正确的论述选择出来）

1. 用立式光学计测量轴的直径，属于_____。
   A. 直接测量　　　　B. 间接测量　　　　C. 绝对测量　　　　D. 相对测量
2. 用万能测长仪测量内孔的直径，属于_____。
   A. 直接测量　　　　B. 间接测量　　　　C. 绝对测量　　　　D. 相对测量
3. 由于测量器具零位不准而出现的误差属于_____。
   A. 随机误差　　　　B. 系统误差　　　　C. 粗大误差
4. 关于量块，正确的论述有_____。
   A. 量块按"等"使用，比按"级"使用精度高
   B. 量块具有研合性
   C. 量块的形状大多为圆柱体
   D. 量块只能用作标准器具进行长度量值传递
5. 由于测量误差的存在而对被测几何量不能肯定的程度称为_____。
   A. 灵敏度　　　　　B. 精确度　　　　　C. 不确定度　　　　D. 精密度
6. 用电眼法测量内孔的直径属于_____。
   A. 直接测量　　　　B. 单一测量　　　　C. 非接触测量　　　D. 主动测量
7. 下列因素中可引起系统误差的有_____。
   A. 测量人员的误差　　　　　　　　　B. 立式光学计的示值误差
   C. 测量过程中温度的波动　　　　　　D. 千分尺测微螺杆的螺距误差
8. 应该按仪器的_____来选择计量器具。
   A. 标尺范围　　　　B. 分度值　　　　　C. 灵敏度　　　　　D. 不确定度
9. 产生测量误差的因素有_____。

A. 计量器具的误差　　　　　　　　B. 测量方法误差
C. 安装定位误差　　　　　　　　　D. 环境条件所引起的误差
10. 为了提高测量精度，应选用_____。
A. 间接测量　　B. 绝对测量　　C. 相对测量　　D. 非接触式测量

三、填空题

1. 所谓测量，就是把被测量与_____进行比较，从而确定被测量的_____过程。
2. 零件几何量需要通过_____或_____才能判断其合格与否。
3. 测量误差按其特性可分为_____、_____和_____三类。
4. 一个完整的测量过程应包括_____、_____、_____和_____四个要素。
5. 测量器具的分度值是指_____，千分表的分度值是_____。
6. 计量器具的标尺范围是指计量器具标尺或度盘内全部刻度所代表的_____范围。
7. 测量误差有_____和_____两种表示方法。
8. 随机误差的基本特性有：_____、_____、_____、_____。
9. 量块的研合性是指_____，通过分子力的作用而_____的性能。
10. 对遵守包容要求的尺寸、公差等级高的尺寸，其验收方式要选_____。

四、综合题

1. 随机误差的评定为什么以±3σ作为随机误差的极限误差？
2. 用两种方法分别测量尺寸为100mm和80mm的零件，其测量绝对误差分别为8μm和7μm，试用测量相对误差对比此两种方法测量精度的高低。
3. 已知某仪器的标准偏差为$\sigma=0.002$mm，用其对某零件进行四次等精度测量，测量值分别为67.020mm、67.019mm、67.018mm、67.015mm，试求测量结果。

第4章 几何公差及检测

【学习任务】
1. 掌握几何公差项目符号及其几何公差带的形状，能正确标注、识读和选用几何公差项目。
2. 理解和掌握公差原则。
3. 了解几何误差的检测原则，熟悉几何误差的检测和评定方法。

4.1 概述

零件在加工过程中受机床、刀具、夹具、工件所组成工艺系统本身误差的影响，以及工艺系统受力、受热变形，振动和磨损等各种因素的影响，不仅会产生尺寸误差，同时也会产生几何误差（实际几何要素偏离其拟合要素的程度）。上述误差的共同作用将对机械产品的配合性质、功能要求、互换性等造成影响。因此，必须制定相应的几何公差加以限制。

4.1.1 几何公差的研究对象

几何公差是指图样上对几何要素的形状和位置规定的最大允许变动量。几何公差的研究对象是机械零件的几何要素。构成零件几何特征的点、线、面称为零件的几何要素，简称要素。如图4-1所示，其圆柱面、圆锥面、球面、端平面、轴线、素线和点都是构成这个零件几何特征的公称要素。

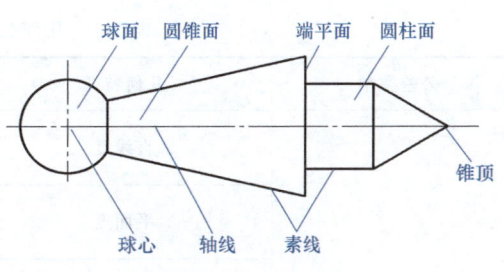

图4-1 几何要素

4.1.2 几何要素的分类

1. 按几何特征分

（1）组成要素 指面和面上的线，有公称组成要素、提取组成要素、拟合组成要素之分。图4-1所示端平面、圆柱面为公称组成要素。

（2）导出要素 指由一个或几个组成要素得到的中心点、中心线、中心面，属抽象要素，有公称导出要素、提取导出要素、拟合导出要素之分。图 4-1 所示球心、轴线为公称导出要素。

2. 按存在的状态分

（1）公称要素 具有几何学意义、无误差的要素，由技术制图或其他方法确定的理论正确要素。公称要素不存在任何误差，可细分为公称组成要素和公称导出要素。

（2）实际要素 零件上实际存在的要素。标准规定，检测评定时用被测提取要素代替实际要素。由于存在测量误差，被测提取要素并非该实际要素的真实状况。

3. 按所处的地位分

（1）被测要素 图样上注出几何公差要求的要素，是检测的对象。例如，图 4-2 中的 ϕd_2 的提取（实际）圆柱面和 ϕd_1 的提取（实际）圆柱轴线即为被测要素。

（2）基准要素 用来确定被测要素方向或（和）位置的要素，理想基准要素简称为基准。如图 4-2 中的 ϕd_2 基准轴线。

4. 按功能要求分

（1）单一要素 仅对被测要素本身注出形状公差要求的要素称为单一要素，如图 4-2 中 ϕd_2 的提取（实际）圆柱面。

（2）关联要素 与零件上其他要素有功能关系的要素称为关联要素，即给出方向、位置、跳动公差的要素，如图 4-2 中的 ϕd_2 圆柱的右端提取（实际）平面与 ϕd_2 基准轴线的垂直关系。

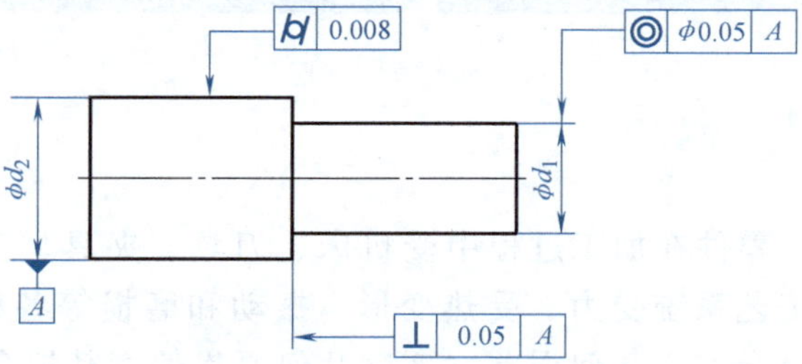

图 4-2 零件几何要素示例

4.1.3 几何公差项目及符号

国家标准 GB/T 1182—2008 规定了 19 项几何公差，其几何特征和符号见表 4-1；规定的标注要求及附加符号见表 4-2。

表 4-1 几何公差的几何特征和符号

公差类型	几何特征	符号	有无基准
形状公差	直线度	—	无
	平面度	▱	
	圆度	○	
	圆柱度	⌭	
	线轮廓度	⌒	
	面轮廓度	⌓	

（续）

公差类型	几何特征	符号	有无基准
方向公差	平行度	∥	有
	垂直度	⊥	
	倾斜度	∠	
	线轮廓度	⌒	
	面轮廓度	⌒	
位置公差	位置度	⊕	有或无
	同心度（用于中心点）	◎	有
	同轴度（用于轴线）	◎	
	对称度	⚌	
	线轮廓度	⌒	
	面轮廓度	⌒	
跳动公差	圆跳动	↗	
	全跳动	⌰	

表 4-2 几何公差附加符号

说 明	符 号	说 明	符 号
被测要素	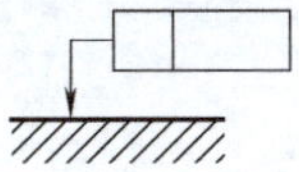	自由状态条件（非刚性零件）	Ⓕ
基准要素	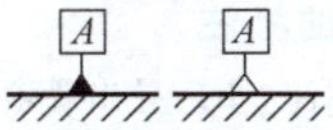 A, A	全周（轮廓）	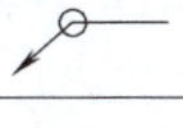
基准目标	φ2/A1	包容要求	Ⓔ
理论正确尺寸	50	公共公差带	CZ
		小径	LD
		大径	MD
延伸公差带	Ⓟ	中径、节径	PD
最大实体要求	Ⓜ	线素	LE
		不凸起	NC
最小实体要求	Ⓛ	任意横截面	ACS

4.1.4 几何公差的标注

在技术图样上，规定几何公差一般采用几何公差代号标注。几何公差代号包括：几何公差有关项目特征符号、几何公差框格和指引线、几何公差数值和其他有关符号、基准代号等。公差框格是由两格或多格组成的矩形框格。从左到右第一格填写几何公差特征符号，第二格填写几何公差数值及有关符号，从第三格起按基准顺序填写基准字母及有关符号，如图4-3所示。公差框格可以水平放置，也可以垂直放置。

（1）被测要素的标注　用终端带箭头的指引线从框格的任一端引出，指向被测要素，箭头应指向公差带的直径或宽度方向，指引线引出端必须与框格垂直，如图4-4所示。用指引线连接被测要素和公差框格时，必须注意：

图 4-3　公差框格填写方法示例

a）两格填写方法　b）多格填写方法

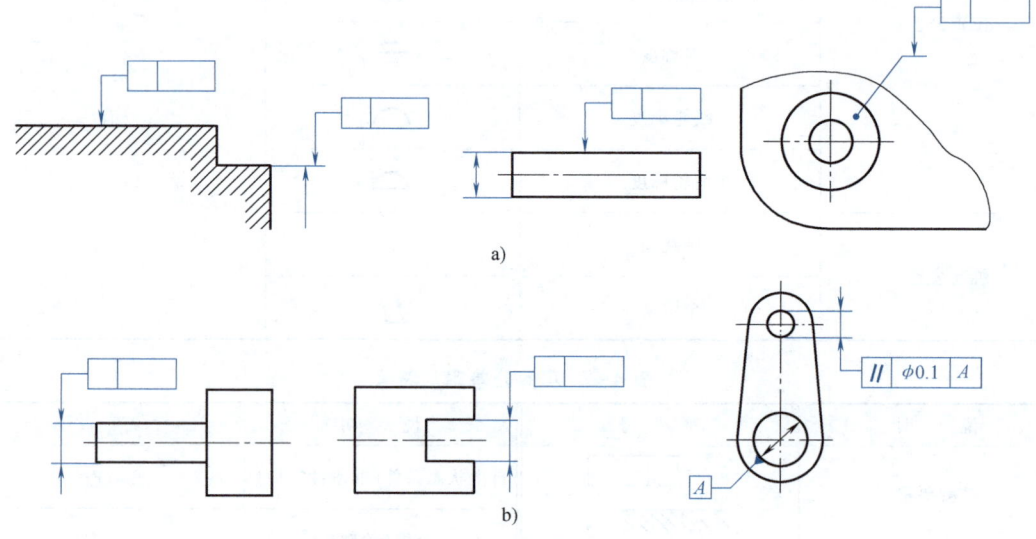

图 4-4　被测要素的标注

a）组成要素（轮廓面或轮廓线）的标注　b）导出要素的标注

1）区分被测要素是组成要素还是导出要素。当被测要素为组成要素（轮廓面或轮廓线）时，指引线的箭头应指向该要素的轮廓线或其延长线，且与尺寸线明显错开；箭头也可指向自被测面引出线的水平线，如图4-4a所示。当被测要素为导出要素（中心线、中心面或中心点）时，指引线的箭头应位于相应尺寸线的延长线上，如图4-4b所示，被测要素的指引线箭头可代替一个尺寸箭头。

2）区分公差带的形状。公差框格中的公差值为公差带的宽度或直径，是以线性尺寸单位表示的量值。当被测要素的公差带形状为圆形或圆柱形时，应在公差值前加注符号"ϕ"，如图4-4b所示；公差带为圆球形时，则应在公差值前加注符号"$S\phi$"。

（2）基准要素的标注

1）基准要素的表示。与被测要素相关的基准用一个大写字母表示。字母标注在基

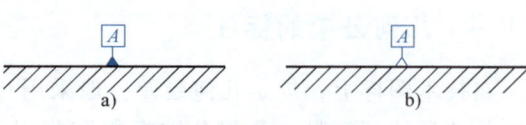

图 4-5　基准要素的表示

准方格内,用细实线将基准方格与一个涂黑的或空白的三角形相连以表示基准,如图4-5所示;表示基准的大写字母还应标注在公差框格内。涂黑的和空白的基准三角形含义相同。

2) 基准要素的标注方法。当基准要素是组成要素时,基准三角形放置在要素的轮廓线或其延长线上,且与尺寸线明显错开;基准三角形也可放置在该轮廓面引出线的水平线上,如图4-6a所示。当基准要素是导出要素时,基准三角形放置在该尺寸线的延长线上;基准三角形也可代替一个尺寸箭头,如图4-6b所示。

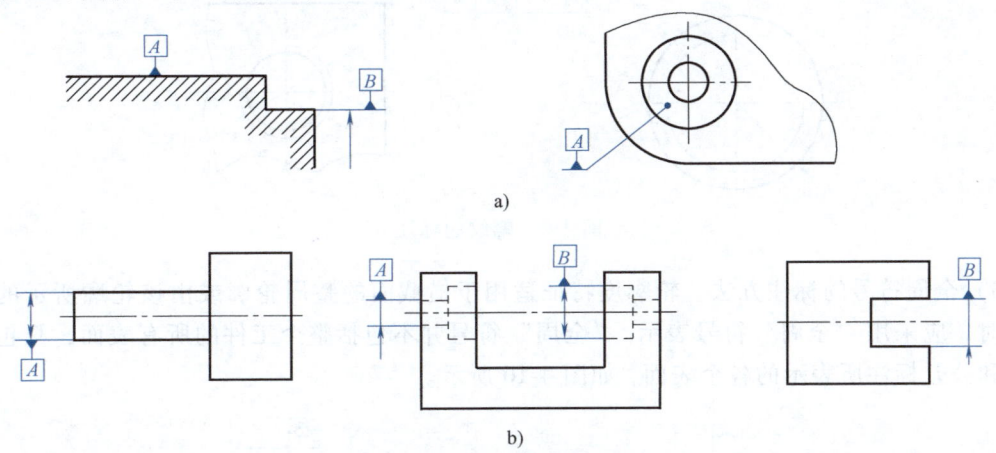

图4-6 基准要素的标注
a) 基准要素为组成要素的标注　b) 基准要素为导出要素的标注

(3) 几何公差的特殊标注

1) 有公共要求的两种简化标注方法。图4-7所示为一个公差框格用于具有相同几何特征和公差值的若干个分离要素的标注;图4-8所示为若干个分离要素给出单一公差带时,可在公差框格内公差值的后面加注公共公差带的符号CZ。

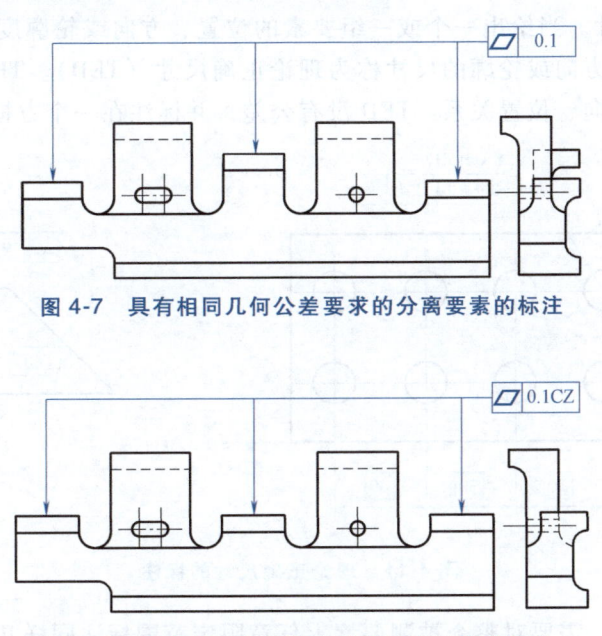

图4-7 具有相同几何公差要求的分离要素的标注

图4-8 具有单一公差带要求的分离要素的标注

2）螺纹、花键、齿轮的标注方法。图 4-9 所示为螺纹的标注方法。一般情况下，以螺纹中径圆柱的轴线作为被测要素或基准要素，不需另加说明；以螺纹大径或小径圆柱的轴线作为被测要素或基准要素时，应在框格下方或基准代号下方加注"MD"（"MD"表示大径）或"LD"（"LD"表示小径）。以齿轮、花键轴线为被测要素或基准要素时，需说明所指的要素，如用"PD"表示节径，用"MD"表示大径，用"LD"表示小径。

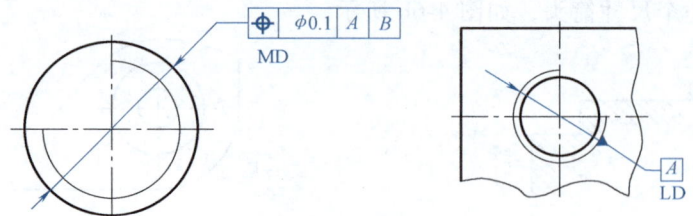

图 4-9　螺纹的标注

3）全周符号的标注方法。轮廓度特征适用于横截面的整周轮廓或由该轮廓所示的整周表面时，应采用"全周"符号表示。"全周"符号并不包括整个工件的所有表面，只包括由轮廓和公差标注所表示的各个表面，如图 4-10 所示。

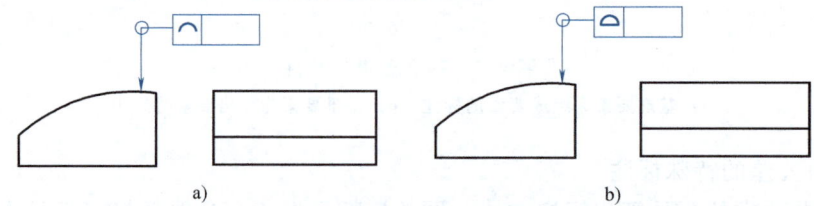

图 4-10　全周符号的标注
a）外轮廓线的全周统一要求　b）外轮廓面的全周统一要求

4）理论正确尺寸。当给出一个或一组要素的位置、方向或轮廓度公差时，分别用来确定其理论正确位置、方向或轮廓的尺寸称为理论正确尺寸（TED）。TED 也用于确定基准体系中各基准之间的方向、位置关系。TED 没有公差，并标注在一个方框中，如图 4-11 所示。

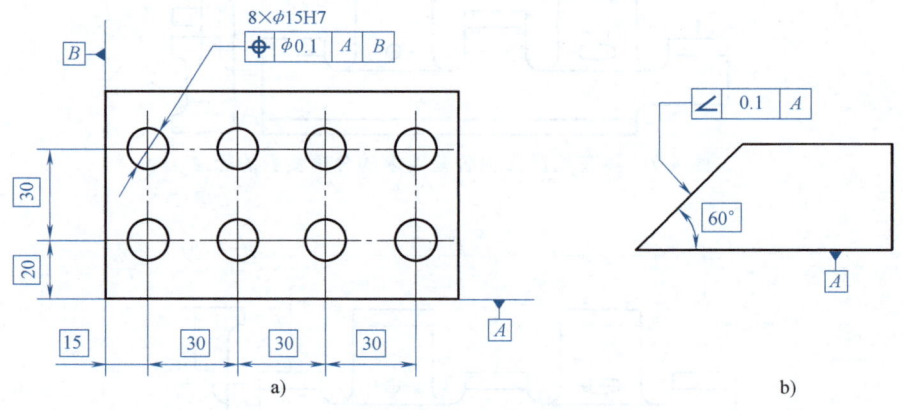

图 4-11　理论正确尺寸的标注

5）限定性规定。需要对整个被测要素上任意限定范围标注同样几何特征的公差时，可在公差值的后面加注限定范围的线性尺寸值,并在两者间用斜线隔开,如图4-12a所示;如果标注的是两项或两项以上同样几何特征的公差,可直接在整个要素公差框格的下方放置另一个公差框格,如图4-12b所示。

6)说明性内容。当某项公差应用于几个相同要素时,应在公差框格上方的被测要素尺寸之前注明要素的个数,两者之间加符号"×",如图4-13a所示;当被测要素公差带的形状有限制要求,应在框格的下方注明,如图4-13b所示,"NC"表示不向材料外凸起。

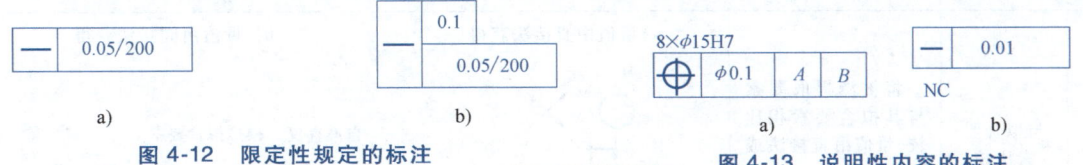

图4-12 限定性规定的标注   图4-13 说明性内容的标注

4.1.5 几何公差带的特点

与尺寸公差带相比,几何公差带是限制提取(实际)要素变动的区域,除有一定的大小外,还有一定的形状、方向和位置要求,较为复杂。

几何公差带形状是由被测要素的理想形状和给定的公差特征项目所确定的。常见几何公差带形状有如图4-14所示的11种,如平面度的公差带是两个平行平面之间的区域(图4-14c)、圆度的公差带是两个同心圆之间的圆环区域(图4-14f)、三维空间内点的位置度公差带是一个球(图4-14h)、限制圆柱面变动的公差带形状是两同轴的圆柱面(图4-14i)等。公差带的大小是指公差带的宽度或直径;取值大小取决于被测要素的形状和功能要求。形状公差的公差带方向或位置随实际被测要素的变动而变动,但方向、位置、跳动公差的公差带方向和位置必须与基准保持一定的几何关系。

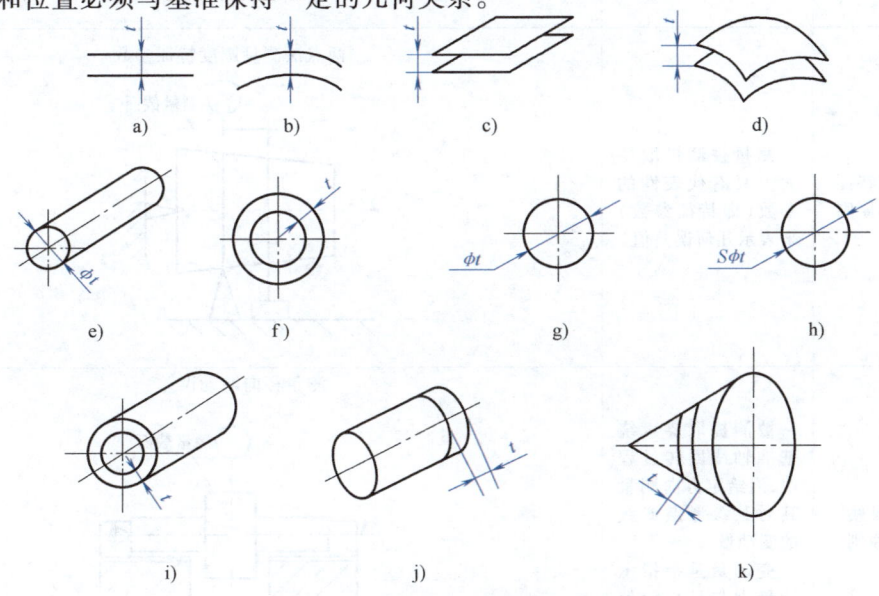

图4-14 常见几何公差带形状

a)两平行直线 b)两等距直线 c)两平行平面 d)两等距曲面 e)圆柱面 f)两同心圆
g)一个圆 h)一个球 i)两同轴圆柱面 j)一段圆柱面 k)一段圆锥面

4.1.6 几何误差的检测

国家标准 GB/T 1958—2004 规定了几何误差的五种检测原则（表4-3），在检测几何误差时，应根据零件的特点和检测条件，选择合理的检测方案。

表 4-3 几何误差的检测原则（GB/T 1958—2004）

编号	检测原则名称	说明	示 例
1	与拟合要素比较原则	将被测提取要素与其拟合要素相比较，量值由直接法或间接法获得。拟合要素用模拟方法获得	a) 量值由直接法获得　　　b) 量值由间接法获得
2	测量坐标值原则	测量被测提取要素的坐标值（如直角坐标值、极坐标值、圆柱面坐标值），并经过数据处理获得几何误差值	测量直角坐标值
3	测量特征参数原则	测量被测提取要素上具有代表性的参数（即特征参数）来表示几何误差值	两点法测量圆度特征参数
4	测量跳动原则	被测提取要素绕基准轴线回转过程中，沿给定方向测量其对某参考点或线的变动量。变动量是指指示计最大与最小示值之差	测量径向跳动误差

（续）

编号	检测原则名称	说明	示 例
5	控制实效边界原则	检验被测提取要素是否超过实效边界，以判断合格与否	用综合量规检验同轴度误差 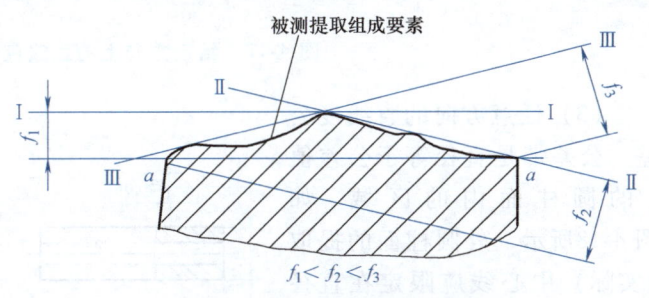

4.2 形状公差及检测

4.2.1 形状误差和形状公差

形状误差是指被测提取要素对其拟合要素的变动量，而拟合要素的位置应符合零件几何公差规定（GB/T 1182—2008）的最小条件。形状公差是单一被测提取要素的形状所允许的变动全量。形状公差带是限制单一被测提取要素变动的区域。

4.2.2 形状误差的评定

评定形状误差须在被测提取要素上找出拟合要素的位置，拟合要素的位置应符合 GB/T 1182—2008 规定的最小条件。最小条件是评定形状误差的基本原则。所谓最小条件，就是被测提取要素对其拟合要素的最大变动量为最小。此时，包容被测提取要素的区域为最小区域，此区域的宽度（对中心要素来说是直径）就是形状误差的最大变动量，为形状误差值。

如图 4-15 所示，a—a 是放大的存在直线度误差的实际直线，评定它的误差可用直线 Ⅰ-Ⅰ、Ⅱ-Ⅱ、Ⅲ-Ⅲ 及其平行直线所组成的三对平行拟合直线包容被测提取要素，它们的距离分别为 f_1、f_2、f_3。拟合直线还可以做出很多，但其中必有一对平行直线间的距离最小，即图 4-15 中的 f_1。直线 Ⅰ-Ⅰ 的位置符合最小条件。Ⅰ-Ⅰ 及与其平行的另一条直线仅仅包容了被测提取要素，相比其他情况，这个包容区域也是最小的，称为最小区域；f_1 可定为被测提取要素 a-a 的直线度误差。

图 4-15 最小条件和最小区域

4.2.3 形状公差带定义和形状误差测量

形状公差有直线度公差、平面度公差、圆度公差、圆柱度公差、线轮廓度公差和面轮廓度公差六个项目。前四项形状公差的公差带特点是公差带不涉及基准，只有形状和大小的要求，公差带的位置是浮动的。形状误差的检测值是包容被测提取要素的最小区域的宽度或直径。

1. 直线度公差

直线度公差是限制被测提取直线相对于其拟合直线变动量的一项指标，用于控制平面内或空间直线的形状误差。根据零件的功能要求不同，可分别提出给定平面内、给定方向和任意方向的直线度要求。

（1）给定平面内的直线度公差　公差带是间距等于公差值 t 的两平行直线之间的区域。如图 4-16 所示，在给定圆柱表面内的任一提取（实际）素线必须位于间距等于公差值 0.02mm 的两平行直线之间。

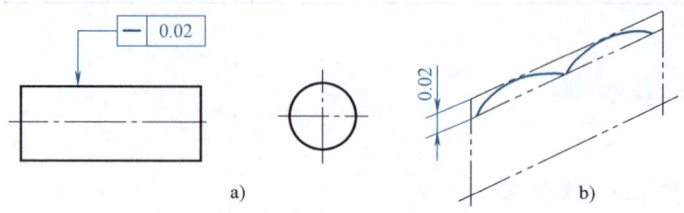

图 4-16　给定平面内直线度公差带示例

（2）给定方向上的直线度公差　公差带是距离等于公差值 t 的两平行平面之间的区域。如图 4-17 所示，任一提取（实际）棱边必须位于距离等于公差值 0.1mm 的两平行平面之间。

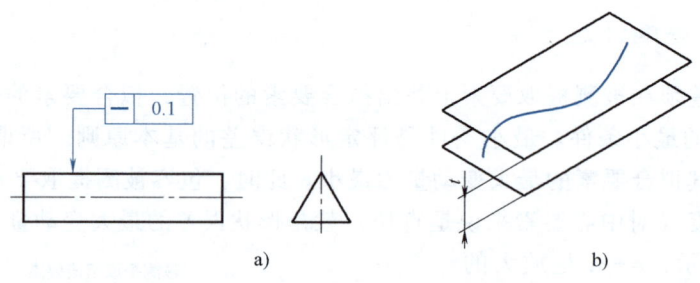

图 4-17　给定方向上的直线度公差带示例

（3）任意方向的直线度公差　公差带是直径等于公差值 t 的圆柱面内的区域。如图 4-18 所示，外圆柱面的提取（实际）中心线应限定在直径等于 ϕ0.08mm 的圆柱面内。

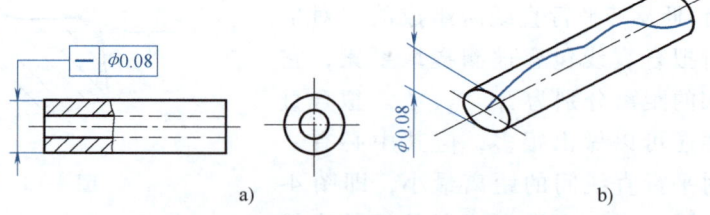

图 4-18　任意方向的直线度公差带示例

直线度误差可用刀口尺或平尺测量：刀口位置要符合最小条件，其间隙可用塞尺测量，或与标准光隙比较估读；对直线度要求较高的直线可用水平仪或自准直仪进行测量，但需要数据处理后得误差值。

2. 平面度公差

平面度公差是限制提取（实际）表面相对于其拟合平面变动量的一项指标，用于控制平面的形状误差，它同时控制被测平面上任意素线的直线度误差。

平面度公差的公差带是间距等于公差值 t 的两平行平面之间的区域。如图 4-19 表示，零件上表面的提取（实际）表面应限定在间距等于公差值 0.1mm 的两平行平面内。

对于平面度要求很高的小平面，如量块的测量面和仪器的工作台面等，可用平晶测量平面度误差，如图 4-20a 所示。把平晶粘贴在被测表面上，观察干涉条纹，以条纹的多少判定平面的误差，条纹越少平面度越好。

大平面的平面度测量，可用对角线法评定其误差，如图 4-20b 所示。把被测平面支承在平板上，用指示表调整被测表面上的 Δ_1 与 Δ_2 两点等高，再调整被测表面上的点 Δ_3，使其与 Δ_1、Δ_2 两点连线等高，其目的是找出一个拟合平面。然后，再用指示表在被测表面上移动，指示表的最大与最小示值之差即为平面度误差（接近最小条件）。也可用计算法或图解法求平面度误差，但较复杂。

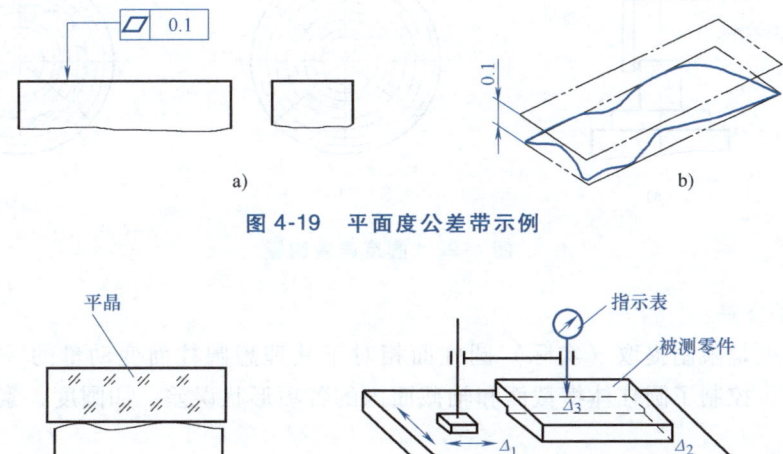

图 4-19 平面度公差带示例

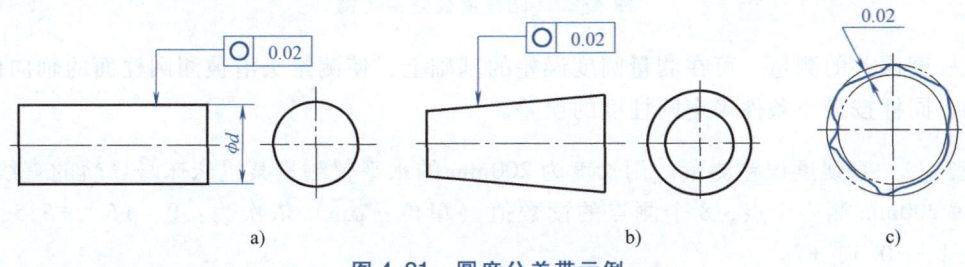

图 4-20 平面度误差测量

3. 圆度公差

圆度公差是限制提取（实际）圆周相对于其理想圆周变动量的一项指标，用于控制圆柱（锥）面的正截面或球体上通过球心的任一截面圆形轮廓的形状误差。

圆度公差的公差带是在给定横截面内、半径差等于公差值 t 的两同心圆所限定的区域。如图 4-21 所示，在垂直于轴线的任一截面上，提取（实际）圆周必须限定在半径差等于公差值 0.02mm 的两共面同心圆之间。

图 4-21 圆度公差带示例

圆度误差可在圆度仪上测量,测量原理如图 4-22a 所示。测量时,将被测零件放在工作台上,同时调整被测零件的轴线,使它与圆度仪的回转轴线大至同轴,然后将测量头与被测表面接触。主轴回转一周,通过测量头内的电感式传感器、信号放大器及记录装置将径向变化量放大,经滤波器消除偏心信号后,由自动记录装置将被测截面的轮廓描绘在极坐标纸上。将专用的有机玻璃制成的极坐标盘(同心圆样板,如图 4-22b 所示)放在记录的轮廓图上(图 4-22c),按最小条件(包容被测实际轮廓的最小区域)读数,即为被测实际轮廓的圆度误差。

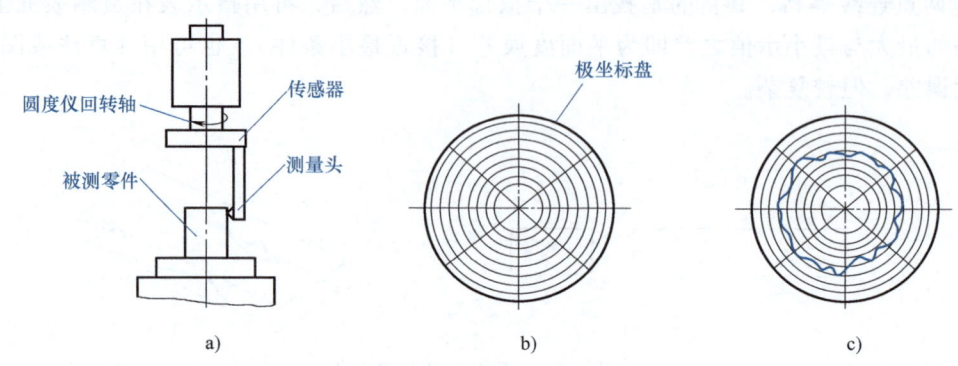

图 4-22 圆度误差测量

4. 圆柱度公差

圆柱度公差是限制提取(实际)圆柱面相对于其理想圆柱面变动量的一项指标。它是一项综合指标,控制了圆柱体横截面和轴截面内的各项形状误差,如圆度、素线直线度、轴线直线度等。

圆柱度公差的公差带是半径差等于公差值 t 的两同轴圆柱面所限定的区域。如图 4-23 所示,提取(实际)圆柱面必须限定在半径差等于公差值 0.05mm 的两同轴圆柱面之间。

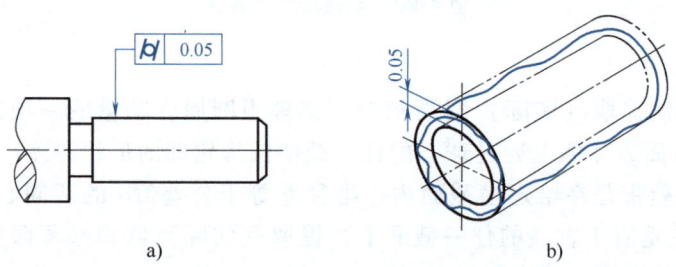

图 4-23 圆柱度公差带示例

圆柱度误差的测量,可在测量圆度误差的基础上,使测量头沿被测圆柱面的轴向做螺旋线运动,同样按最小条件确定圆柱度的误差。

例 4-1 直线度误差测量。用长度为 200mm 的水平仪测量某机床床身导轨的直线度误差,每 200mm 测一个点,8 个测点的读数值(单位:μm)依次为:0、+5、+5.5、-1、+1、-1、-0.5、+7。

解

（1）计算法求直线度误差 一般列表进行计算。首先将各测点读数值 a_i 记入表 4-4 中，逐点累积，再进行坐标转换，各测点转换后的坐标值中最大值与最小值绝对值之和，即为所求的直线度误差 f。本例 $f=(|+4.5|+|-5|)\mu m=9.5\mu m$。

（2）图解法求直线度误差 将所得的累积值 y_i 按一定比例放大，标在坐标纸上，如图 4-24 所示，x 坐标轴每格代表 200mm，y 坐标轴每格代表 $4\mu m$。

1）按最小条件求直线度误差。根据直线度误差最小包容区域判别法，作两平行直线包容被测提取（实际）要素（图 4-24 中的折线），若提取（实际）要素上有高低相间的至少三个点分别落在这两条平行直线上，则这两条平行直线之间的区域为最小包容区域。在图 4-24 中，第 1、7 两测点是平行直线的最低点，过此折线轮廓最高点（第 3 点）作直线 a 平行于两最低点的连线 b，则这两条平行线之间为最小包容区域，其宽度（两条平行直线沿纵坐标方向的距离）$f''=7.5\mu m$ 即为被测导轨的直线度误差。需要说明的是：虽然绘图时纵、横坐标轴采用了悬殊的比例，但各坐标轴方向上的距离始终代表对应比例条件下误差曲线的直线距离，即与采用的比例无关。

2）按两端点连线法求直线度误差。图 4-24 中折线两端点的连线 c 可近似地作为被测提取直线的拟合直线，则此拟合直线与折线最高、最低点之间沿纵坐标方向的距离之和即为被测导轨的直线度误差，即：$f=f_1+f_2=(4.5+5)\mu m=9.5\mu m$。

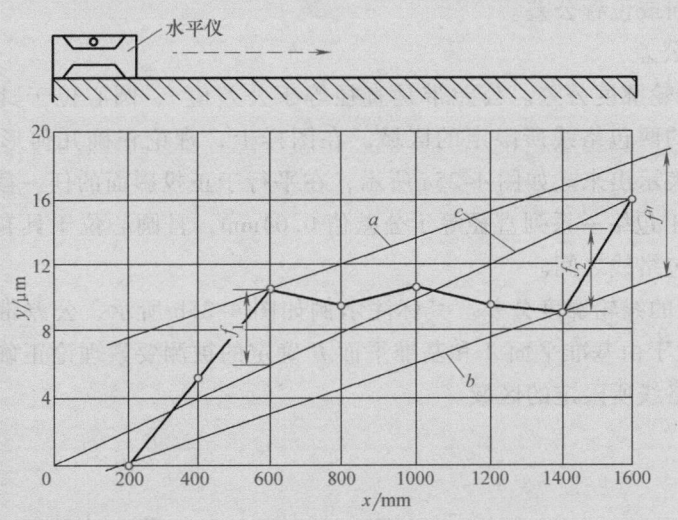

注：y 坐标是累积值。

图 4-24 图解法求直线度误差

按两端点连线法求直线度误差比较简便，若所得结果在规定的公差范围内，则可以采用；若所得结果超过规定的直线度公差或有争议需要仲裁时，则应按最小条件重新评定。

表 4-4 直线度误差的计算

测点序号 i	读数值 $a_i/\mu m$	累积值 $y_i = \sum_{i=1}^{n} a_i/\mu m$	坐标转换量 $\dfrac{i}{8}\sum_{i=1}^{8} a_i/\mu m$	坐标转换后各测点累积值 $(\sum_{i=1}^{n} a_i - \dfrac{i}{8}\sum_{i=1}^{8} a_i)/\mu m$
1	0	0	+2	-2
2	+5	+5	+4	+1
3	+5.5	+10.5	+6	+4.5
4	-1	+9.5	+8	+1.5
5	+1	+10.5	+10	+0.5
6	-1	+9.5	+12	-2.5
7	-0.5	+9	+14	-5
8	+7	+16	+16	0

5. 线轮廓度公差和面轮廓度公差

如前所述，线轮廓度公差和面轮廓度公差既可以是形状公差，又可以是方向公差或位置公差。

线轮廓度公差是限制提取（实际）曲线相对于其理想曲线变动量的一项指标。面轮廓度公差是限制提取（实际）曲面相对于其理想曲面变动量的一项指标。它们可以限制非圆曲线或曲面的形状误差，也可以在限制形状误差的同时，还对基准提出要求。前者属于形状公差，后者属于方向或位置公差。

（1）线轮廓度公差

1）无基准的线轮廓度公差。公差带是直径等于公差值 t、圆心位于具有理论正确几何形状上的一系列圆的两包络线所限定的区域。在图样上，理论正确几何形状（线、面）必须用理论正确尺寸表示出来。如图 4-25a 所示，在平行于正投影面的任一截面上，提取（实际）轮廓线必须位于包络一系列直径等于公差值 0.04mm，且圆心位于具有理论正确几何形状的线上的圆的两包络线之间。

2）相对于基准的线轮廓度公差。其标注示例如图 4-25b 所示，公差带为直径等于公差值 0.04mm、圆心位于由基准平面 A 和基准平面 B 确定的被测要素理论正确几何形状上的一系列圆的两等距包络线所限定的区域。

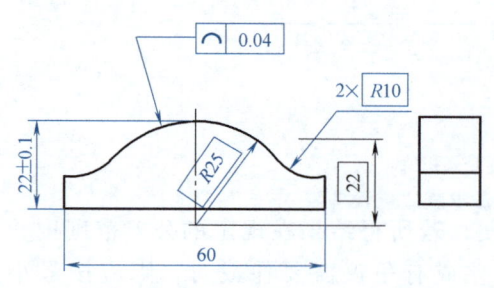
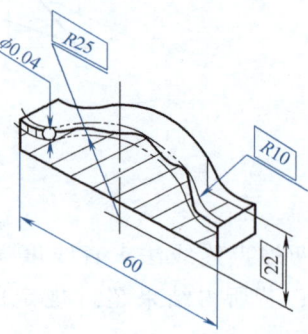

a)

图 4-25 线轮廓度公差带示例

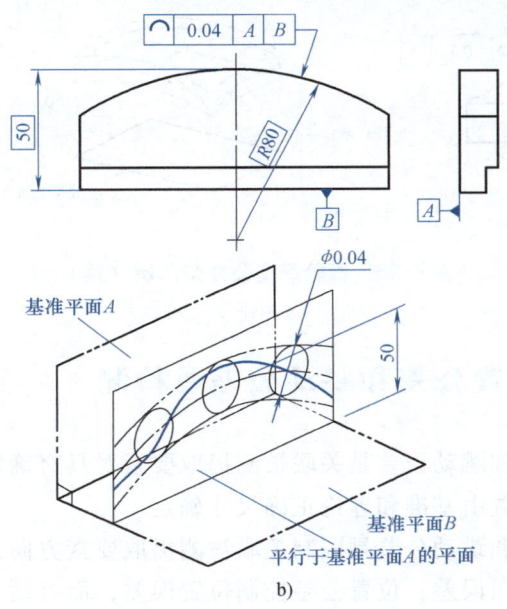

b)

图 4-25 线轮廓度公差带示例（续）

(2) 面轮廓度公差

1) 无基准要求的面轮廓度公差。公差带是直径等于公差值 t、球心位于被测要素理论正确形状上的一系列圆球的两包络面所限定的区域。如图 4-26a 表示，提取（实际）轮廓面必须位于包络一系列球的两包络面之间，诸球的直径等于公差值 0.02mm，且球心位于具有理论正确几何形状的面上的两包络面之间。

2) 有基准要求的面轮廓度公差。其标注示例如图 4-26b 所示，提取（实际）轮廓面必须位于直径等于公差值 0.1mm、球心位于基准平面 A 确定的被测要素理论正确几何形状上的一系列圆球的两等距包络面之间。

轮廓度误差的测量，可用轮廓样板模拟拟合轮廓曲线，与实际轮廓相比较，估读最大光隙；还可以用三坐标测量机测得曲线或曲面上的若干点的坐标值，与拟合轮廓的坐标值比较，其最大差值的绝对值的两倍为所测轮廓度误差。

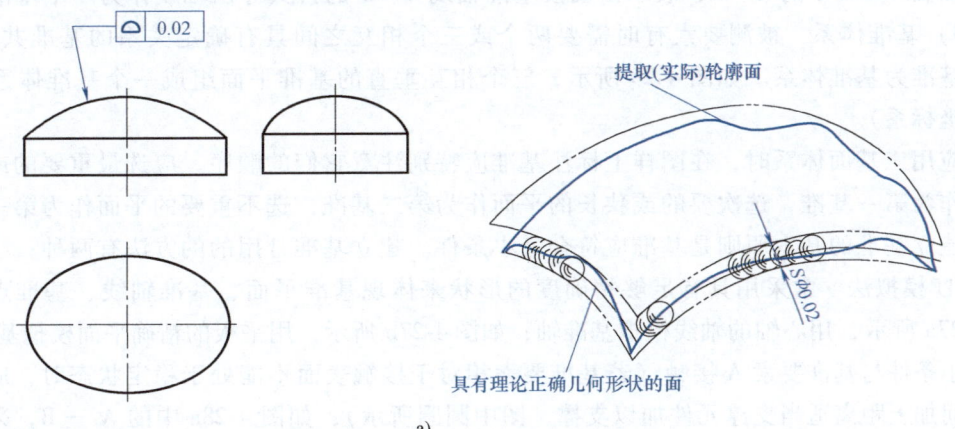

a)

图 4-26 面轮廓度公差带示例

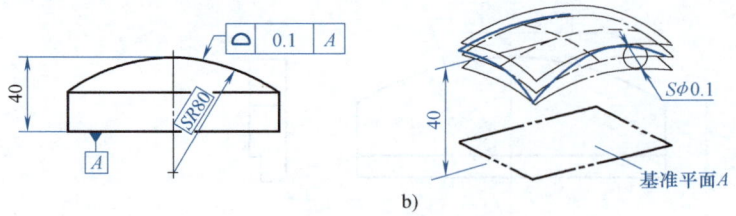

图 4-26 面轮廓度公差带示例（续）

4.3 方向公差、位置公差和跳动公差及检测

方向误差、位置误差和跳动误差是关联被测提取要素对具有确定方向、位置的拟合要素的变动量，拟合要素的位置由基准和理论正确尺寸确定。

方向公差、位置公差和跳动公差是限制关联被测提取要素方向、位置对基准所允许的变动全量。方向公差控制方向误差，位置公差控制位置误差，而跳动公差是以检测方式定出的特征项目，具有一定的综合控制几何误差的作用。上述三类公差的共同特点是均以基准作为确定被测提取要素的理想方向、位置和回转轴线。

4.3.1 基准及被测提取要素误差的评定

1. 基准

GB/T 17851—2010 规定，基准是用来定义公差带的位置和（或）方向，或用来定义实体状态的位置和（或）方向（当有相关要求时，如最大实体要求）的一个（组）方位要素。

根据关联被测提取要素所需基准的个数及构成某基准的零件上要素的个数，在图样上标出的基准通常分以下三种：

1) 单一基准　由一个组成要素建立的基准。图 4-27a 中基准要素 A，就是由一个轴线要素建立的。

2) 公共基准　以两个或两个以上的基准要素的公共导出要素作为基准，称为公共基准。如图 4-28a 中的 A—B，表示由两段基准轴线 A、B 的公共导出轴线作为一个基准使用。

3) 基准体系　被测要素有时需要两个或三个相互之间具有确定关系的基准共同确定，这种基准为基准体系。如图 4-29 所示，三个相互垂直的基准平面组成一个基准体系（空间直角坐标系）。

应用三基面体系时，在图样上标注基准应特别注意它们的顺序，应选最重要的或最大的平面作为第一基准，选次要的或狭长的平面作为第二基准，选不重要的平面作为第三基准。

建立基准的基本原则是基准应符合最小条件。建立基准常用的的方法有两种：

① 模拟法　常采用具有足够精确度的形状来体现基准平面、基准轴线、基准点等。如图 4-27a 所示，用心轴的轴线模拟基准轴；如图 4-27b 所示，用平板的精确平面模拟基准平面，按最小条件与基准要素 A 接触（若基准要素相对于接触表面不能处于稳定状态时，应在两表面之间加上距离适当支撑元件加以支撑，图中圆圈所示）；如图 4-28a 中的 A—B，采用模拟法建立时，是同轴的两个模拟基准轴最小外接圆柱面的公共轴线，如图 4-28b 所示。

② 拟合法 采用基准要素的拟合要素建立基准，由于基准实际要素本身也存在形状误差，拟合要素的位置应符合最小条件。如图 4-27c 所示，基准是拟合于基准要素 A 的拟合组成平面；如图 4-28a 中的 A—B，采用拟合法建立时，基准是基准要素 A、B 的拟合导出要素的公共轴线，如图 4-28c 所示。拟合法常用在检测评定上，例如三坐标测量机测量箱体零件的几何误差。

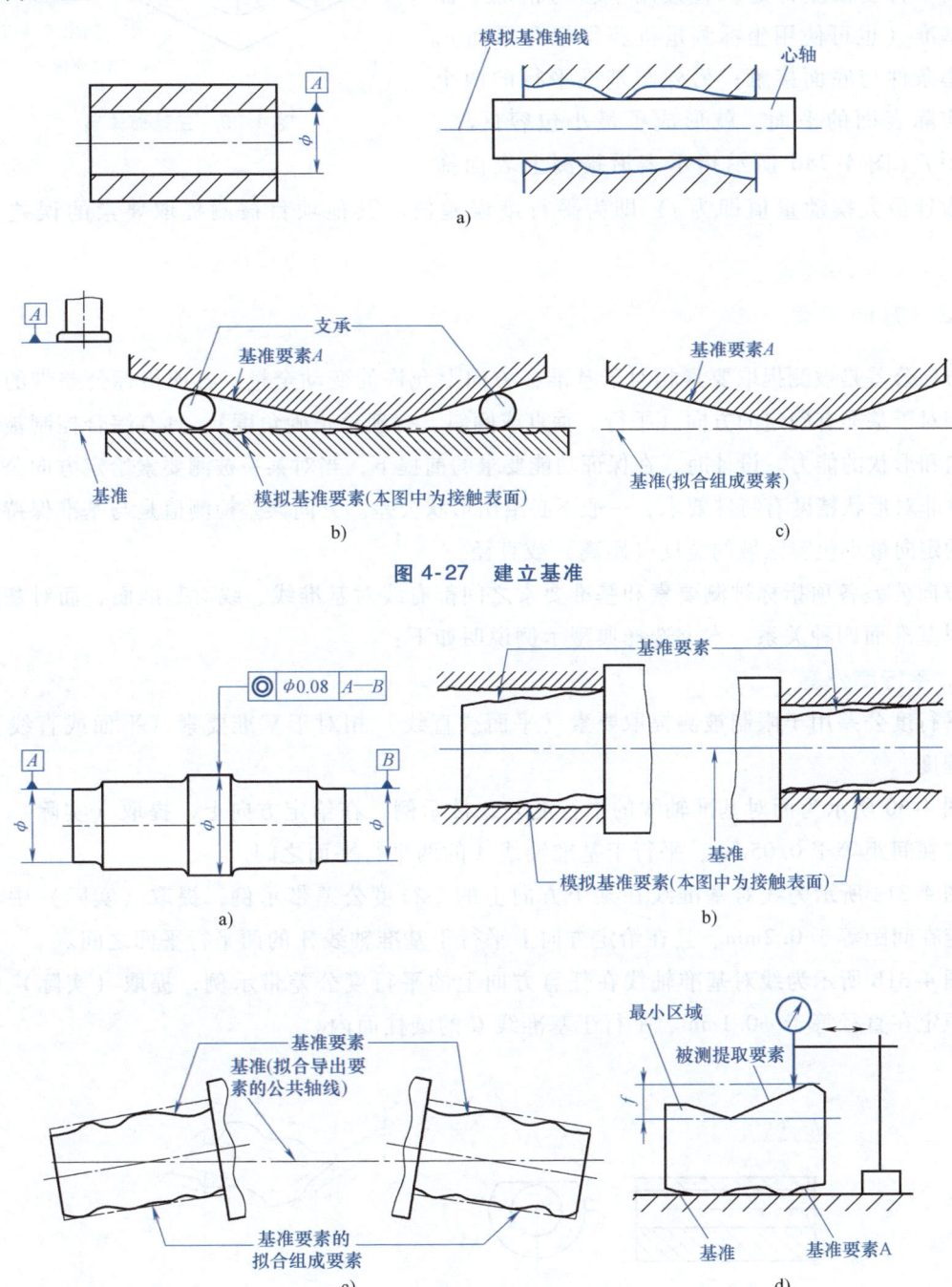

图 4-27 建立基准

图 4-28 公共基准

2. 被测提取要素误差的评定

有了基准，被测提取要素的误差就可以进行评定，即找出被测提取要素偏离其理想拟合要素的最大变动量。如图 4-28d 所示，上表面相对于底面的平行度误差评定，直接用平板的精确平面模拟基准（也可使用坐标测量机获得拟合平面），按最小条件与底面接触；另外与基准平行的两个包容实际表面的平面，就形成了最小包容区域，其间距 f（图 4-28d 所示指示表沿被测上表面拖动，指针最大摆动量值即为 f）即为平行度误差值。其他项目被测提取要素的误差评定类似。

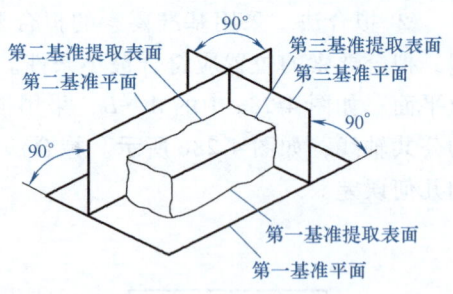

图 4-29 三基面体系

4.3.2 方向公差

方向公差是被测提取要素相对于基准在方向上允许的变动全量。各项指标公差带的特点是：相对于基准有确定的方向（平行、垂直或倾斜、有理论正确角度）；具有综合控制被测要素方向和形状的能力。设计时，在保证功能要求的前提下，当对某一被测要素给定方向公差之后，除非对形状精度有特殊要求，一般不必给出形状公差。方向误差检测值是与基准保持规定方向的定向最小包容区域的宽度（距离）或直径。

方向公差各项指标被测要素和基准要素之间都有线对基准线、线对基准面、面对基准线和面对基准面四种关系。本书选择典型示例说明如下：

1. 平行度公差

平行度公差用于限制被测提取要素（平面或直线）相对于基准要素（平面或直线）的平行程度。

图 4-30 所示为面对基准轴线的平行度公差带示例，在给定方向上，提取（实际）表面应限定在间距等于 0.05mm、平行于基准轴线 A 的两平行平面之间。

图 4-31a 所示为线对基准线在某个方向上的平行度公差带示例，提取（实际）中心线应限定在间距等于 0.2mm、且在给定方向上平行于基准轴线 A 的两平行平面之间。

图 4-31b 所示为线对基准轴线在任意方向上的平行度公差带示例，提取（实际）中心线应限定在直径等于 $\phi 0.1$mm、平行于基准线 C 的圆柱面内。

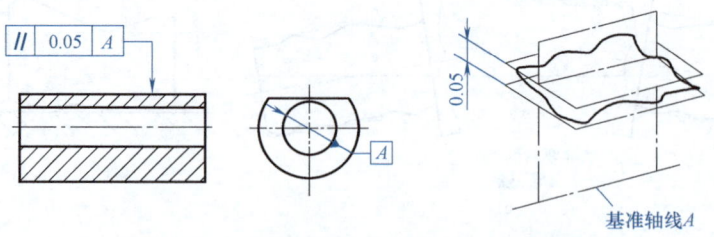

图 4-30 面对基准线的平行度公差带示例

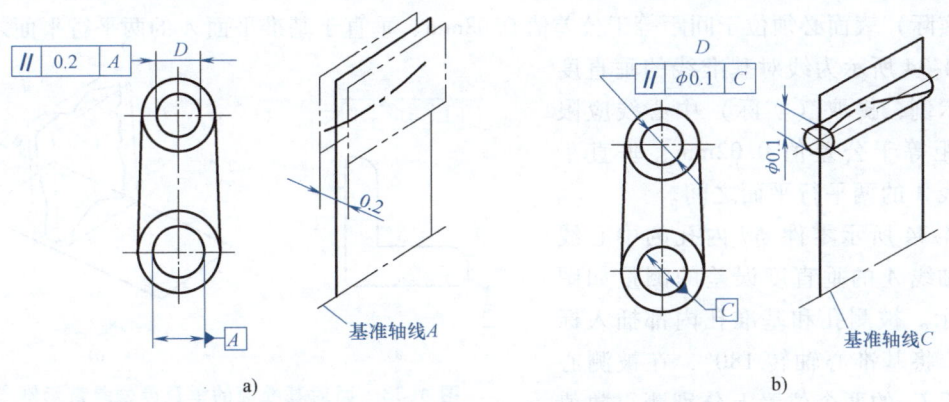

图 4-31 线对基准线的平行度公差带示例

测量线对基准线的平行度误差时,在两孔中都插入心轴(与孔无间隙配合),基准轴线和被测提取轴线由心轴模拟,将基准心轴放在 V 形架上,并调整 I-I 轴心线使两端等高,零件放置位置如图 4-32a 所示;然后在 II-II 轴线的给定长度 L 上测量,指示表最大与最小读数之差即为平行度误差。当被测零件在相互垂直的两个方向上都给定公差时,则另一方向按图 4-32b 所示的方法测量。

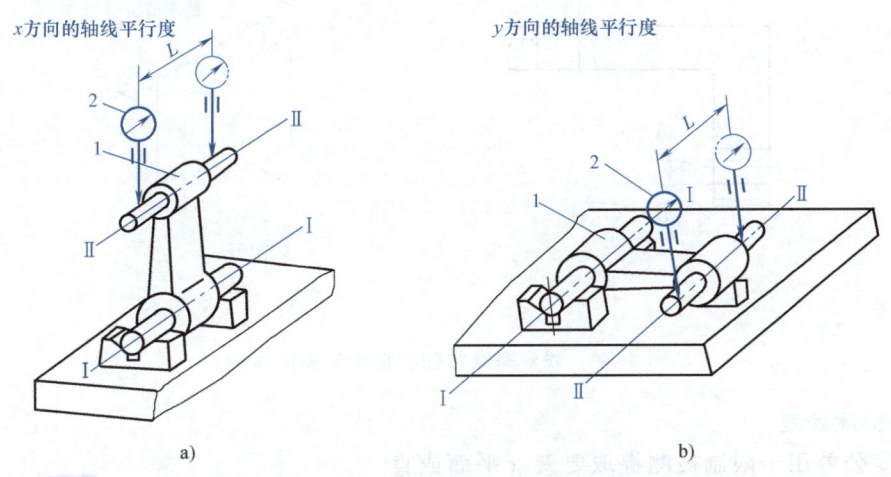

图 4-32 线对基准线平行度误差的测量
1—被测零件 2—指示表

线对基准轴线的平行度有任意方向要求时,可按上述方法分别测量 x 方向和 y 方向的平行度误差,然后按下式计算:

$$f = \sqrt{f_x^2 + f_y^2}$$

2. 垂直度公差

垂直度公差用于限制被测提取要素(平面或直线)相对于基准要素(平面或直线)的垂直程度。

给定方向上的垂直度公差,公差带是间距等于公差值 t、垂直于基准平面(或直线、轴线）的两平行平面（或直线）之间的区域。图 4-33 所示为面对基准面的垂直度公差带示例，提取（实际）表面必须位于间距等于公差值 0.08mm、垂直于基准平面 A 的两平行平面之间。

图 4-34 所示为线对基准线的垂直度公差带示例，提取（实际）中心线应限定在间距等于公差值 0.02mm、垂直于基准轴线 A 的两平行平面之间。

图 4-34 所示零件 ϕd 内孔的中心线对基准轴线 A 的垂直度误差的测量如图 4-35 所示。被测孔和基准孔内都插入标准心轴，将基准心轴转 180°，在被测心轴上相距 L_2 的两个位置上分别测得数值 M_1 和 M_2，则中心线对基准轴线的垂直

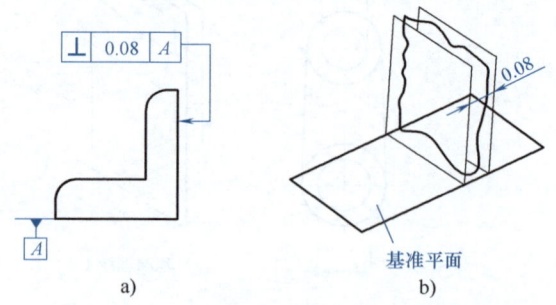

图 4-33 面对基准面的垂直度公差带示例

度误差为 $\dfrac{L_1}{L_2} | M_1 - M_2 |$。测量时，被测心轴选用可胀式心轴，而基准心轴应选用可转动但配合间隙小的心轴。

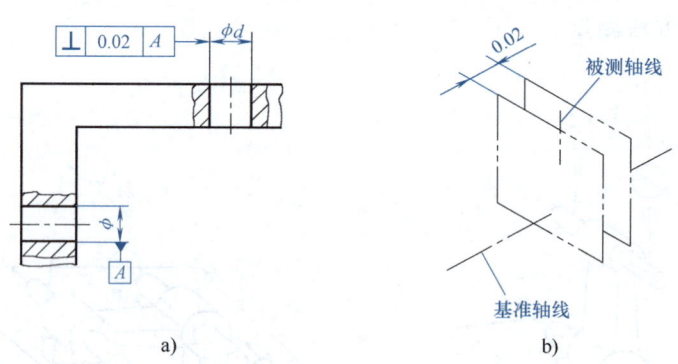

图 4-34 线对基准线的垂直度公差带示例

3. 倾斜度公差

倾斜度公差用于限制被测提取要素（平面或直线）相对于基准要素（平面或直线）的倾斜程度。

给定方向上的倾斜度公差，公差带是间距等于公差值 t、与基准平面（或直线、轴线）成理论正确角度的两平行平面（或直线）之间的区域。如图 4-36 所示，提取（实际）斜面必须位于间距等于公差值 0.08mm、与基准平面 A 成 45°的两平行平面之间（45°为理论正确角度值）。

倾斜度误差的测量也可转换成平行度误差的测量，只要用正弦规或精密转台代替定角座即可，如图 4-37 所示。

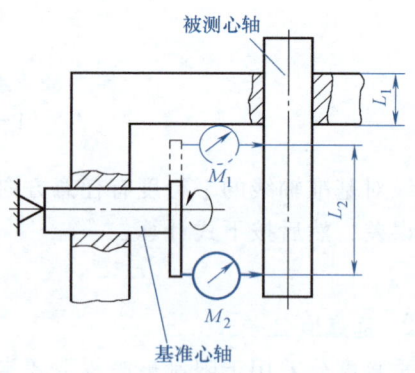

图 4-35 线对基准轴线垂直度误差的测量

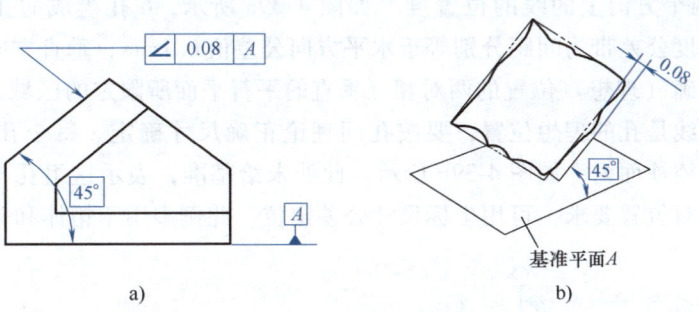

图 4-36 面对基准面的倾斜度公差带示例

4.3.3 位置公差

位置公差是关联被测要素相对于基准在位置上允许的变动全量,位置由基准和理论正确尺寸确定。其公差带的特点是:其一,位置度公差带相对于基准有确定的位置要求;其二,位置度公差带具有综合控制被测要素位置、方向和形状的能力。设计时,在保证功能要求的前提下,当对某一被测要素给定位置公差之后,除非对方向和形状精度有特殊要求,通常不必再给出方向和形状公差。

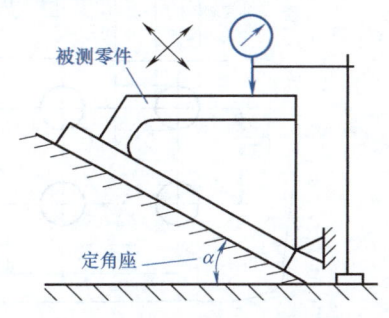

图 4-37 面对基准面倾斜度误差的测量

1. 位置度公差

位置度公差可分为点、线、面的位置度公差。点的位置度公差控制球心或圆心的位置误差;面的位置度公差控制面的位置误差;线的位置度公差用于限制板状和盘状零件的位置误差,有给定一个方向、给定两个方向、任意方向三种情况。

(1)给定一个方向上的线的位置度 如图 4-38a 所示,给定一个方向的公差时,其公差带为间距等于公差值 t、对称于线的理论正确位置的两平行平面所限定的区域。线的理论正确位置由基准平面 A、B 和理论正确尺寸确定。公差只在一个方向上给定。如图 4-38b 所示,各条刻线的提取(实际)中心线应限定在间距等于 0.1mm,对称于基准平面 A、B 和理论正确尺寸 25、10 确定的理论正确位置的两平行平面之间。

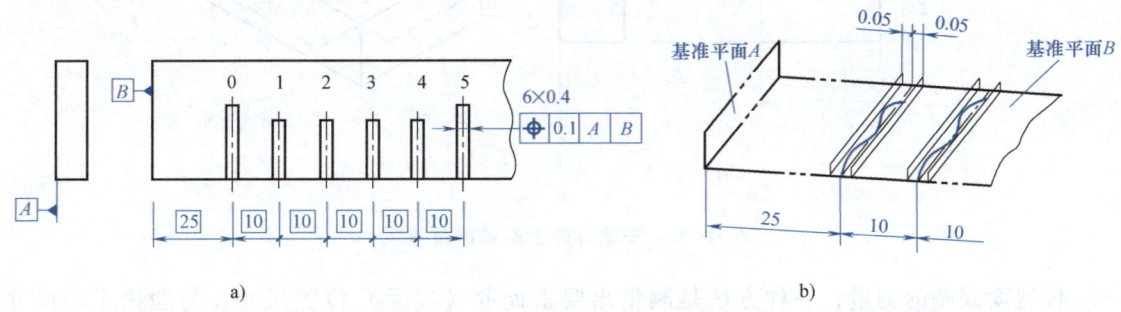

图 4-38 一个方向上的线的位置度

（2）给定两个方向上的线的位置度　如图 4-39a 所示，6 孔组成的孔组要求控制各孔之间的距离。位置度公差带为间距分别等于水平方向公差值 0.1mm、垂直方向公差值 0.2mm，对称于线的理论正确（理想）位置的两对相互垂直的平行平面所限定的区域。公差带是 6 个四棱柱，它们的中心线是孔的理想位置，要按孔间理论正确尺寸确定。每个孔的提取（实际）轴线应在各自的四棱柱面内，如图 4-39b 所示。此处未给基准，表示这组孔与零件上其他孔组或表面没有严格相对位置要求，可用坐标尺寸公差定位。此例多用于箱体和盖板。

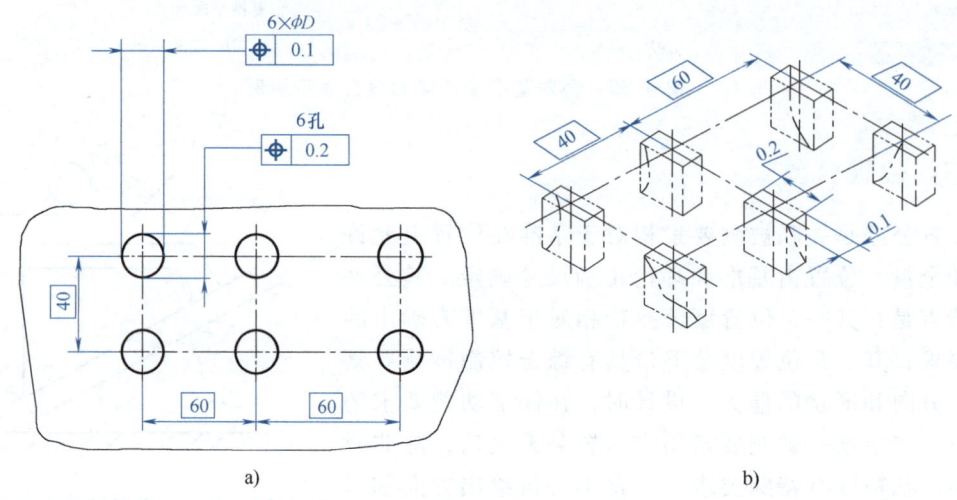

图 4-39　两个方向上的线的位置度

（3）给定任意方向上的线的位置度　如图 4-40a 所示，孔的轴线要求按三基面定位。位置度公差带为直径等于公差值 $\phi 0.1$mm 的圆柱面所限定的区域，该圆柱面的轴线位置由基准平面 A、B、C 和理论正确尺寸确定。即孔的提取（实际）中心线应位于此圆柱面内，且垂直于基准面 A，到基准面 B 和基准面 C 的距离分别等于理论正确尺寸 70mm、100mm，如图 4-40b 所示。

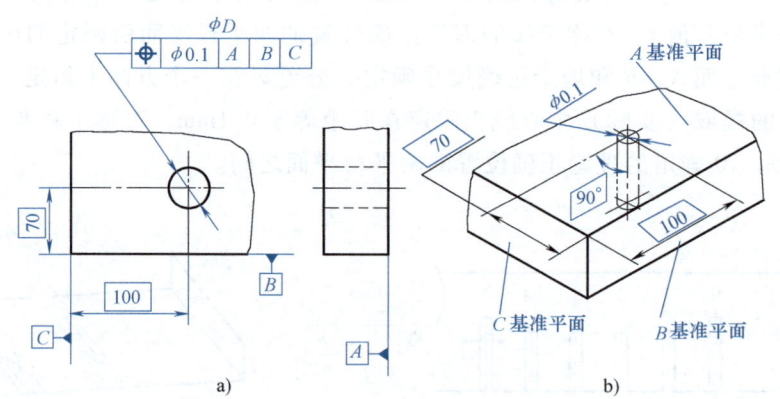

图 4-40　任意方向上的线的位置度

位置度误差的测量，一种方法是测量出要素提取（实际）位置尺寸，与理论正确尺寸比较，特别适宜在三坐标测量机进行测量；另一种方法是利用位置量规测量要素的合格性。

如图 4-41 所示，要求法兰盘上的四个螺钉孔具有以中心孔为基准的位置度。将量规的基准测销和固定测销插入零件中，再将活动测销插入其他孔中，如果测销都能插入零件和量规的对应孔中，就可以判断被测零件是合格的。

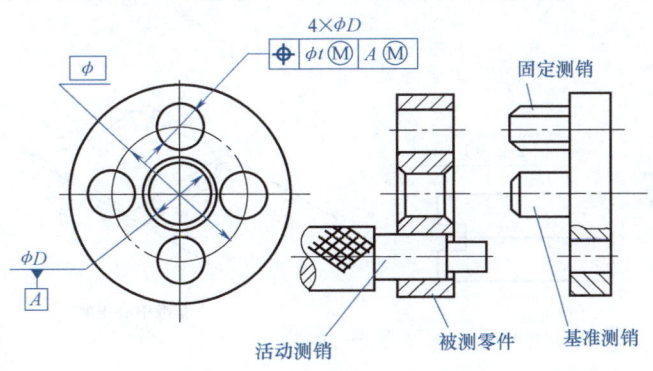

图 4-41　综合量规检测孔的位置度

2. 同轴度和同心度公差

同轴度公差用于限制提取（实际）轴线相对于基准轴线的不同轴程度；而同心度公差用于限制提取（实际）圆心相对于基准圆心的不同心程度。这里仅介绍同轴度公差。

同轴度公差的公差带是直径等于公差值 t、轴线与基准轴线同轴（重合）的圆柱面内的区域。如图 4-42 所示，ϕd 的提取（实际）轴线必须位于直径等于公差值 $\phi 0.1\text{mm}$、轴线与公共基准轴线 $A—B$ 同轴的圆柱面内。

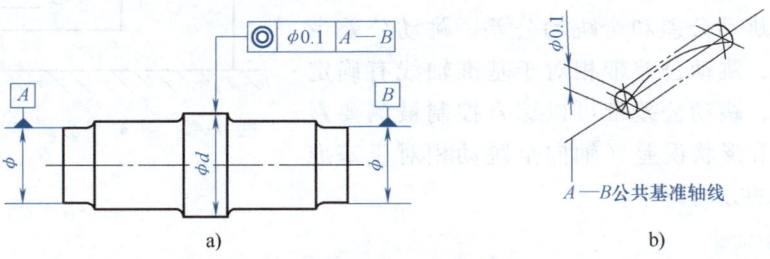

图 4-42　台阶轴的同轴度公差带示例

图 4-43 所示为同轴度误差测量示例。将零件的基准组成要素架在两个刃口状的 V 形块上，并调整公共基准轴线使两端等高。沿被测圆柱的轴剖面移动两指示表，将各对应点测量读数差值 $|M_1-M_2|$ 中的最大值作为该剖面内的同轴度误差，然后转动被测零件，按上述方法测量若干个轴剖面的同轴度误差，取各剖面测得读数中的最大值（绝对值）作为该零件的同轴度误差。

3. 对称度公差

对称度公差用于限制提取（实际）要素（中心

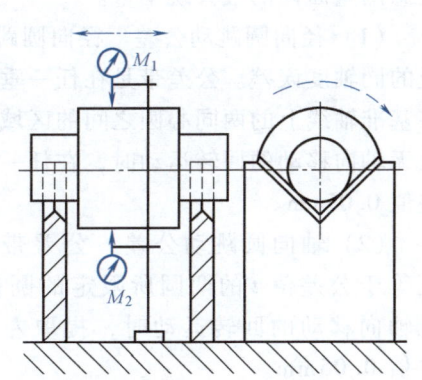

图 4-43　同轴度误差测量

面或中心线）相对于基准要素（中心面或中心线）的共面性或共线性误差。

对称度公差的公差带是间距等于公差值 t、相对基准中心平面（或中心线、轴线）对称配置的两平行平面（或直线）之间的区域。中心平面的对称度公差带示例如图 4-44 所示，被测槽的提取（实际）中心面应限定在间距等于公差值 $0.1mm$、对称于基准中心平面 A 的两平行平面之间。

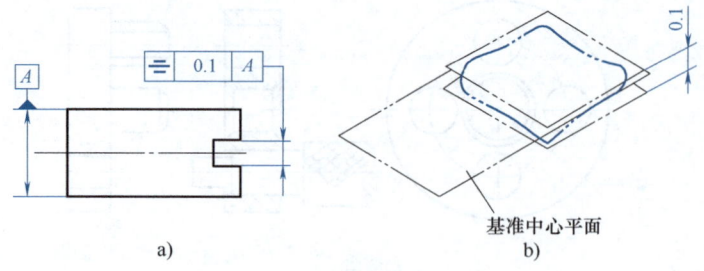

图 4-44　中心平面的对称度公差带示例

对于图 4-44 所示的零件，其对称度误差的测量如图 4-45 所示。将零件放在平板上，在全长上测量被测表面与平板之间的距离；再将被测零件翻转，测量另一被测表面与平板之间的距离，取测量截面内对应两测点的最大差值作为其对称度误差。

4.3.4　跳动公差

跳动公差用于限制被测提取（实际）要素绕基准轴线回转一周或连续回转时所允许的最大跳动量。跳动公差有圆跳动公差和全跳动公差。跳动公差带的特点：其一，跳动公差带相对于基准轴线有确定的位置；其二，跳动公差带可以综合控制被测要素的位置、方向和形状误差（轴向全跳动相对于基准轴线仅有确定的方向）。

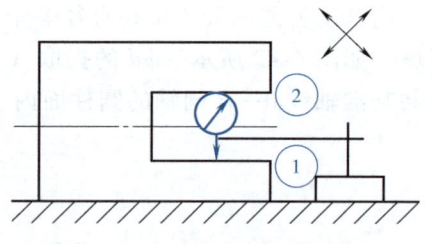

图 4-45　中心平面对称度误差的测量

1. 圆跳动公差

圆跳动公差用于限制提取（实际）要素绕基准轴线做无轴向移动回转运动（一周）时，任意测量面内的最大跳动量。

（1）径向圆跳动公差　径向圆跳动公差用于限制被测提取圆柱面的圆度及其与基准轴线的同轴度误差。公差带是在任一垂直于基准轴线的横截面内、半径差等于公差值 t、圆心在基准轴线上的两同心圆之间的区域。如图 4-46 所示，提取（实际）圆柱面绕基准轴线 A 做无轴向移动的回转运动时，在任一垂直于基准轴线的横截面内的径向跳动量均不得大于公差值 $0.05mm$。

（2）轴向圆跳动公差　公差带是在与基准轴线同轴的任一半径的圆柱截面上，间距等于公差值 t 的两圆所限定的圆柱面区域。如图 4-47 所示，当零件绕基准轴线 A 做无轴向移动的回转运动时，提取左端面上任一测量半径处的轴向跳动量均不得大于公差值 $0.05mm$。

（3）斜向圆跳动公差　斜向圆跳动公差用于限制被测提取圆锥面或其他回转表面的圆

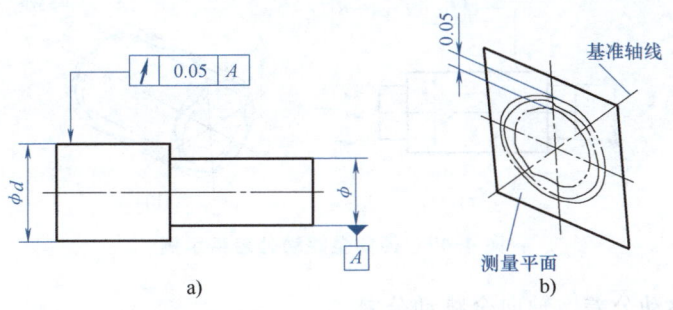

图 4-46 径向圆跳动公差带示例

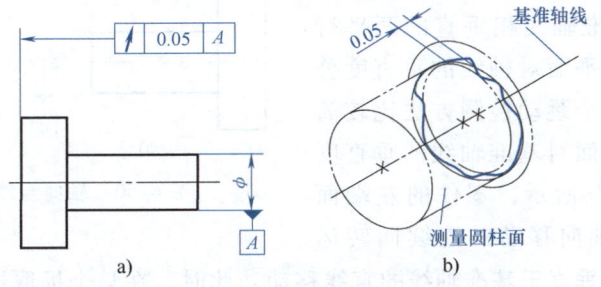

图 4-47 轴向圆跳动公差带示例

度误差及其与轴线的同轴度误差。公差带是在与基准轴线同轴的某一圆锥截面上,间距等于公差值 t 的两圆所限定的圆锥面区域。如图 4-48 所示,被测提取(实际)圆锥面绕基准轴线 A 做无轴向移动的回转运动时,在任一测量圆锥面上的跳动量均不得大于 0.05mm。

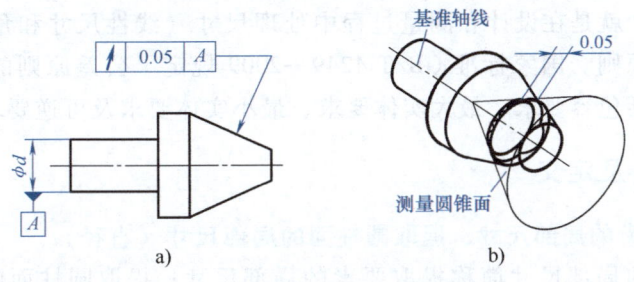

图 4-48 斜向圆跳动公差带示例

2. 全跳动公差

全跳动公差是指被测提取(实际)要素绕基准轴线连续回转时,指示表的测量头相对于被测提取(实际)表面在给定方向上直线移动,在整个测量面上所允许的最大跳动量。

(1)径向全跳动公差 径向全跳动公差用于限制被测提取圆柱面的圆度误差、圆柱度误差及其基准轴线的同轴度误差。其公差带是半径差等于公差值 t,与基准轴线同轴的两圆柱面之间的区域。如图 4-49 所示,ϕd 圆柱表面绕基准轴线 A—B 做无轴向移动的连续回转运动,同时,指示表做平行于基准轴线的直线移动,ϕd 圆柱整个提取表面上的跳动量不大于公差值 0.2mm。

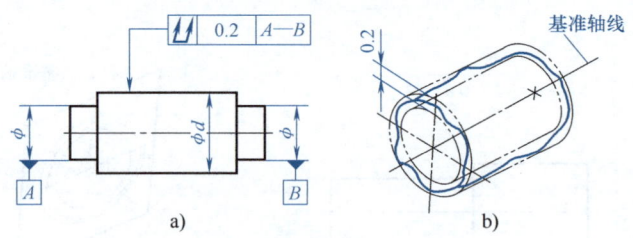

图 4-49 径向全跳动公差带示例

（2）轴向全跳动公差 轴向全跳动公差用于限制被测提取端面的平面度误差、端面对基准轴线的垂直度误差。其公差带是间距等于公差值 t，与基准轴线相垂直的两平行平面之间的区域，与平面对轴线的垂直度公差带完全相同。轴向全跳动检测方法比较简便，检测时可代替端面对基准轴线的垂直度误差检测。如图 4-50 所示，零件的左端面绕基准轴线 A 做无轴向移动的连续回转运

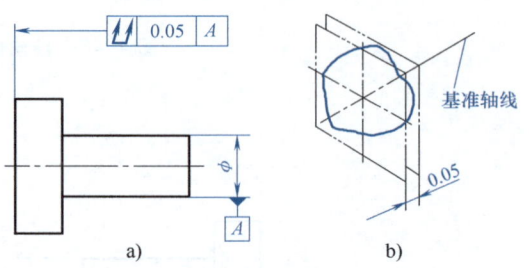

图 4-50 轴向全跳动公差带示例

动，同时，指示表做垂直于基准轴线的直线移动，此时，在整个提取端面上的跳动量不得大于 $0.05\mathrm{mm}$。

跳动误差的测量方法见表 4-3。

4.4 公差原则

所谓公差原则，就是在设计和测量过程中处理尺寸（线性尺寸和角度尺寸）公差和几何公差之间关系的原则。国家标准 GB/T 4249—2009 规定了公差原则的独立原则和相关要求；相关要求又包括包容要求、最大实体要求、最小实体要求及可逆要求。

4.4.1 相关术语及定义

1. 提取组成要素的局部尺寸、提取圆柱面的局部尺寸（直径）

提取组成要素的局部尺寸简称提取要素的局部尺寸；提取圆柱面的局部尺寸（直径）是指要素上两对应点之间的距离，其中两对应点之间的连线通过拟合圆圆心；横截面垂直于由提取表面得到的拟合圆柱面的轴线。

2. 作用尺寸

（1）体外作用尺寸（D_{fe}、d_{fe}） 在被测提取要素的给定长度上，与提取内表面（孔）体外相接的最大理想面，或与提取外表面（轴）体外相接的最小理想面的直径或宽度。如图 4-51a、b 所示。

（2）体内作用尺寸（D_{fi}、d_{fi}） 在被测提取要素的给定长度上，与提取内表面（孔）体内相接的最小理想面，或与提取外表面（轴）体内相接的最大理想面的直径或宽度。如图 4-51c、d 所示。

单一要素的作用尺寸是实际（组成）要素尺寸和形状误差的综合结果；关联要素的体外作用尺寸必须与基准要素保持图样上给定的几何关系，是实际（组成）要素尺寸与方向或位置误差的综合结果，如图 4-52 所示。

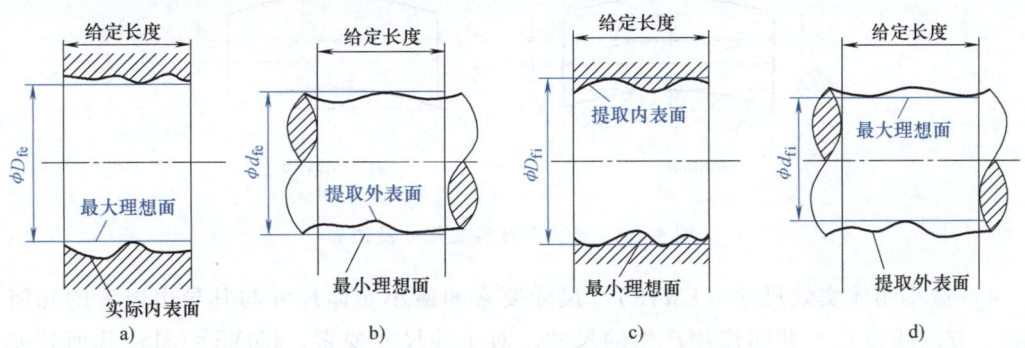

图 4-51　体外作用尺寸和体内作用尺寸

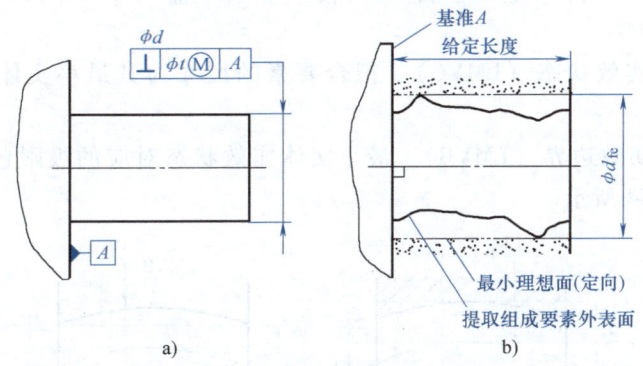

图 4-52　关联要素的体外作用尺寸

3. 实体状态、实体尺寸、实体边界

最大实体状态（MMC）、最大实体尺寸（MMS）、最小实体状态（LMC）和最小实体尺寸（LMS）的介绍见第 2 章。孔、轴的最大、最小实体尺寸分别用 D_M、d_M、D_L、d_L 代号表示，有 $D_M=D_{min}$，$d_M=d_{max}$，$D_L=D_{max}$，$d_L=d_{min}$。

最大实体边界（MMB）指最大实体状态的理想形状的极限包容面。

最小实体边界（LMB）指最小实体状态的理想形状的极限包容面。

4. 实体实效尺寸、实体实效状态、边界

（1）最大实体实效尺寸（MMVS）　尺寸要素的最大实体尺寸与其导出要素的几何公差（形状、方向或位置）共同作用产生的尺寸。对于外尺寸要素，MMVS=MMS+几何公差；对于内尺寸要素，MMVS=MMS-几何公差。内尺寸要素、外尺寸要素的最大实体实效尺寸分别用 D_{MV} 和 d_{MV} 表示，即 $D_{MV}=D_M-t=D_{min}-t$，$d_{MV}=d_M+t=d_{max}+t$（t 为几何公差值），如图 4-53 所示。

（2）最大实体实效状态（MMVC）　拟合要素的尺寸为其最大实体实效尺寸（MMVS）时的状态。

（3）最大实体实效边界（MMVB）　最大实体实效状态对应的极限包容面称为最大实体

实效边界，如图 4-53 所示。

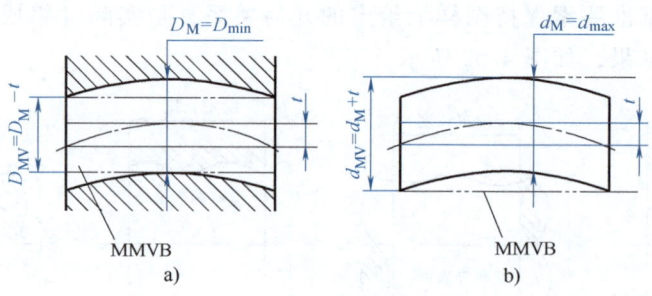

图 4-53 最大实体实效尺寸及边界

（4）最小实体实效尺寸（LMVS） 尺寸要素的最小实体尺寸与其导出要素的几何公差（形状、方向或位置）共同作用产生的尺寸。对于外尺寸要素，LMVS=LMS-几何公差；对于内尺寸要素，LMVS=LMS+几何公差。内尺寸要素、外尺寸要素的最小实体实效尺寸分别用 D_{LV} 和 d_{LV} 表示，即 $D_{LV}=D_L+t=D_{max}+t$，$d_{LV}=d_L-t=d_{min}-t$（t 为几何公差值），如图 4-54 所示。

（5）最小实体实效状态（LMVC） 拟合要素的尺寸为其最小实体实效尺寸（LMVS）时的状态。

（6）最小实体实效边界（LMVB） 最小实体实效状态对应的极限包容面称为最小实体实效边界，如图 4-54 所示。

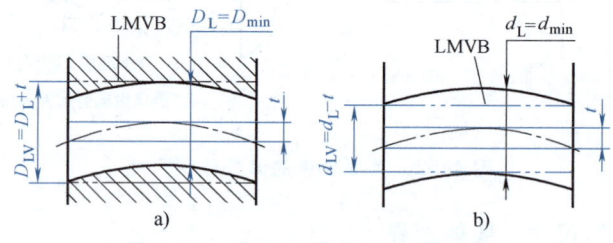

图 4-54 最小实体实效尺寸及边界

当几何公差是方向公差或位置公差时，其最大（最小）实体实效状态和最大（最小）实体实效边界受其方向或位置约束。

4.4.2 独立原则

图样上给定的每一个尺寸和几何（形状、方向、位置）要求均是独立的，应分别满足要求。采用独立原则时，在图样上不附加任何标记。图 4-55 所示为按独立原则标注的示例，表示提取圆柱面的局部直径应在 $\phi 29.967 \sim \phi 30$mm 之间，销轴素线的直线度误差应在直线度公差 0.012mm 之内。即不论提取圆柱面的局部直径如何，销轴素线的直线度误差均不得超过 0.012mm。

独立原则是应用最广泛的公差设计原则，被定为基本原则。有配合要求，或虽无配合要求，但有功能要求的几何要素都可采用。例如印刷机的滚筒，为了保证印刷清晰，对圆柱度要求较高，因此按独立原则给出圆柱度公差要求，而其尺寸公差按未注公差处理。

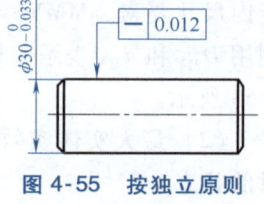

图 4-55 按独立原则标注示例

4.4.3 相关要求

相关要求是指图样上给定的尺寸公差和几何公差相互有关的公差原则。这里仅介绍包容要求和最大实体要求。

1. 包容要求

适用于圆柱表面或两平行对应面。国标规定：包容要求表示提取组成要素不得超越其最大实体边界（MMB），其局部尺寸不得超出最小实体尺寸（LMS）的一种尺寸要素要求。也就是说，实际（组成）要素的体外作用尺寸不得超越最大实体边界尺寸，且提取组成要素的局部尺寸不得超出最小实体尺寸。采用包容要求的尺寸要素，应在其尺寸极限偏差或公差带代号之后加注符号Ⓔ。

对于内表面（孔）：$D_{fe} \geq D_M = D_{min}$ 且 $D_a \leq D_L = D_{max}$

对于外表面（轴）：$d_{fe} \leq d_M = d_{max}$ 且 $d_a \geq d_L = d_{min}$

包容要求主要用于单一要素。如图 4-56 所示，销轴的尺寸公差 $\phi 150_{-0.04}^{0}$ mm 和轴线直线度之间遵守包容要求。销轴的提取圆柱面应在最大实体边界（MMB）之内，提取圆柱面的局部直径应在 $\phi 149.96 \sim \phi 150$ mm 之间，如图 4-56b 所示。即当销轴的提取圆柱面的局部直径为最大实体尺寸 $\phi 150$ mm 时，轴线直线度误差为 0mm，如图 4-56e 所示；只有当销轴的提取圆柱面的局部直径偏离最大实体边界，才允许有直线度误差，销轴的提取圆柱面的局部直径从 $\phi 150$ mm 减小到 $\phi 149.96$ mm，允许轴线直线度误差从 0mm 增加到最大公差值 0.04mm，如图 4-56c、d 所示。由此可见，允许直线度误差的增量取决于销轴提取圆柱面的局部直径偏离销轴最大实体尺寸的量值（如销轴的提取圆柱面的局部直径为 $\phi 149.97$ mm 时，轴线的直线度误差最大允许值为 0.03mm），但销轴提取圆柱面的局部直径不得小于最小实体尺寸 $\phi 149.96$ mm。

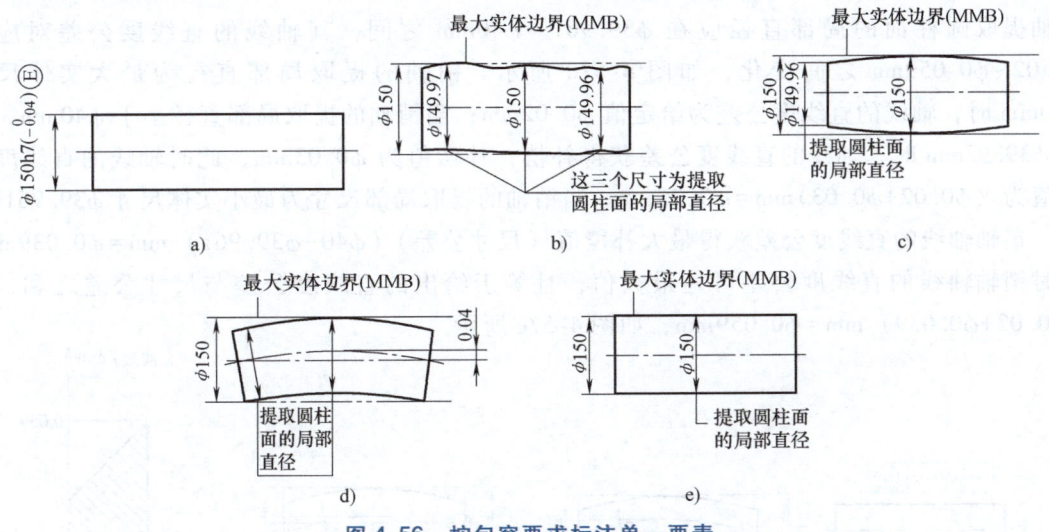

图 4-56 按包容要求标注单一要素

假如按图 4-56a 所示的图样要求加工销轴，实测得其提取圆柱面的局部直径为 $\phi 149.98$ mm，提取轴线直线度误差为 $\phi 0.03$ mm，计算得：$d_{fe} = \phi 149.98$ mm + $\phi 0.03$ mm = $\phi 150.01$ mm，$d_a = 149.98$ mm > $d_L = 149.96$ mm，但 $d_{fe} > d_M$（150mm），所以不合格。

包容要求主要用于配合性质要求严格的配合表面，特别是有相对运动的配合面，利用最大实体尺寸作边界保证必要的最小间隙，如回转轴的轴颈与滑动轴承配合，滑动块与槽配合，泵的柱塞和套管配合等。

2. 最大实体要求

尺寸要素的非理想要素不得违反其最大实体实效状态（MMVC）的一种尺寸要素要求，也即尺寸要素的非理想要素不得超越其最大实体实效边界（MMVB）的一种尺寸要素要求。一般在图样上导出要素的公差框格中的几何公差值后加注Ⓜ符号或在基准字母之后加注Ⓜ符号。

按最大实体要求，图样上标注的几何公差值是在注有公差的要素或基准要素处在最大实体状态时给定的。当注有公差的要素偏离其最大实体尺寸时，几何公差获得一个补偿值，其补偿值是最大实体尺寸与提取组成要素的局部尺寸之差。

（1）最大实体要求用于注有公差的要素　国标规定：注有公差的要素的提取局部尺寸要满足外尺寸要素（内尺寸要素）要不大于（不小于）最大实体尺寸且不小于（不大于）最小实体尺寸；提取组成要素不得违反其最大实体实效状态或其最大实体实效边界。关联要素的最大实体实效状态或最大实体实效边界要与各自基准的理论正确方向或位置相一致。也就是说，其体外作用尺寸不应超出最大实体实效尺寸，且提取组成要素的局部尺寸在最大实体尺寸与最小实体尺寸之间。即：

对于内表面（孔）　　$D_{fe} \geq D_{MV} = D_M - t$　且　$D_M = D_{min} \leq D_a \leq D_{max} = D_L$

对于外表面（轴）　　$d_{fe} \leq d_{MV} = d_M + t$　且　$d_M = d_{max} \geq d_a \geq d_{min} = d_L$

如图 4-57a 所示，最大实体要求用于单一要素，表示销轴提取轴线的直线度公差 $\phi 0.02$mm 是该轴为最大实体状态时给定的，销轴的提取组成要素不得违反其最大实体实效边界，最大实体实效尺寸为 $d_{MV} = d_M + t = \phi 40$mm $+ \phi 0.02$mm $= \phi 40.02$mm，如图 4-57b 所示。销轴提取圆柱面的局部直径应在 $\phi 39.961 \sim \phi 40$mm 之间，其轴线的直线度公差对应在 $\phi 0.02 \sim \phi 0.059$mm 之间变化，如图 4-57d 所示。销轴的提取局部直径为最大实体尺寸 $\phi 40$mm 时，轴线的直线度公差为给定值 $\phi 0.02$mm；当销轴的提取局部直径小于 $\phi 40$mm，如为 $\phi 39.97$mm 时，轴线的直线度公差获得补偿，补偿值为 $\phi 0.03$mm，此时轴线的直线度公差值为（$\phi 0.02 + \phi 0.03$）mm $= \phi 0.05$mm；当销轴的提取局部尺寸为最小实体尺寸 $\phi 39.961$mm 时，销轴轴线的直线度公差获得最大补偿值（尺寸公差）（$\phi 40 - \phi 39.961$）mm $= \phi 0.039$mm，这时销轴轴线的直线度公差可达最大值，且等于给出的直线度公差与尺寸公差之和，为（$\phi 0.02 + \phi 0.039$）mm $= \phi 0.059$mm，如图 4-57c 所示。

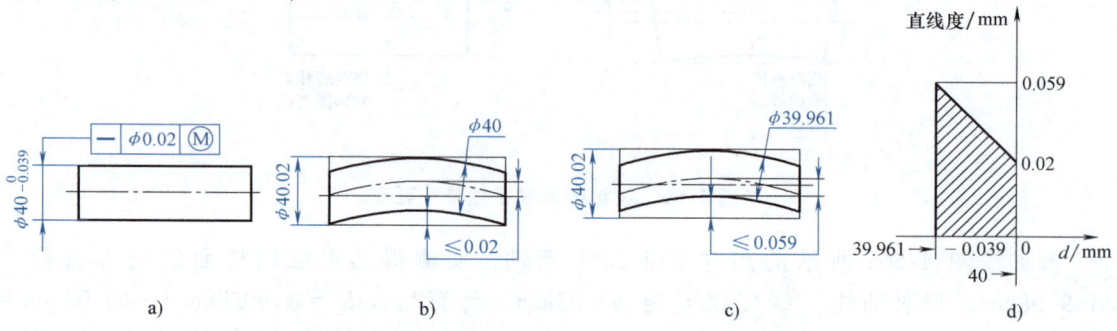

图 4-57　最大实体要求用于注有公差的单一要素

假如按图 4-57a 所示的图样要求加工销轴，实测得其提取圆柱面的局部直径为 $\Phi 39.98$ mm，提取轴线直线度误差为 $\Phi 0.03$mm，计算得：$d_{fe} = \phi 39.98\text{mm} + \phi 0.03\text{mm} = \phi 40.01\text{mm}$，而 $d_{MV} = \phi 40.02\text{mm}$，$d_{fe} < d_{MV}$；且 d_M（$\phi 40$mm）$> d_a$（$\phi 39.98$mm）$> d_{min}$（$\phi 39.961$mm），所以合格。

如图 4-58a 所示，最大实体要求用于关联要素，表示孔轴线的垂直度公差 $\phi 0.03$mm 是该孔为最大实体状态时给定的，要求该孔的提取组成要素不得违反其最大实体实效边界，最大实体实效尺寸为 $D_{MV} = D_M - t = \phi 25\text{mm} - \phi 0.03\text{mm} = \phi 24.97\text{mm}$，如图 4-58b 所示。孔的提取圆柱面的局部直径应在 $\phi 25\text{mm} \sim \phi 25.021\text{mm}$ 之间，其轴线的垂直度公差对应在 $\phi 0.03 \sim \phi 0.051\text{mm}$ 之间变化，如图 4-58e 所示。孔的提取局部直径为最大实体尺寸 $\phi 25$mm 时，轴线的垂直度公差为给定值 $\phi 0.03$mm；当孔的提取局部直径大于 $\phi 25$mm，如为 $\phi 25.02$mm 时，轴线的垂直度公差获得补偿，补偿值为 $\phi 0.02$mm，此时轴线的垂直度公差值为（$\phi 0.02 + \phi 0.03$）mm = $\phi 0.05$mm，如图 4-58c 所示；当孔的提取局部尺寸为最小实体尺寸 $\phi 25.021$mm 时，孔轴线的垂直度公差获得最大补偿值（尺寸公差）（$\phi 25.021 - \phi 25$）mm = $\phi 0.021$mm，这时孔轴线的垂直度公差可达最大值，且等于给出的垂直度公差与尺寸公差之和，为（$\phi 0.021 + \phi 0.03$）mm = $\phi 0.051$mm，如图 4-56d 所示。

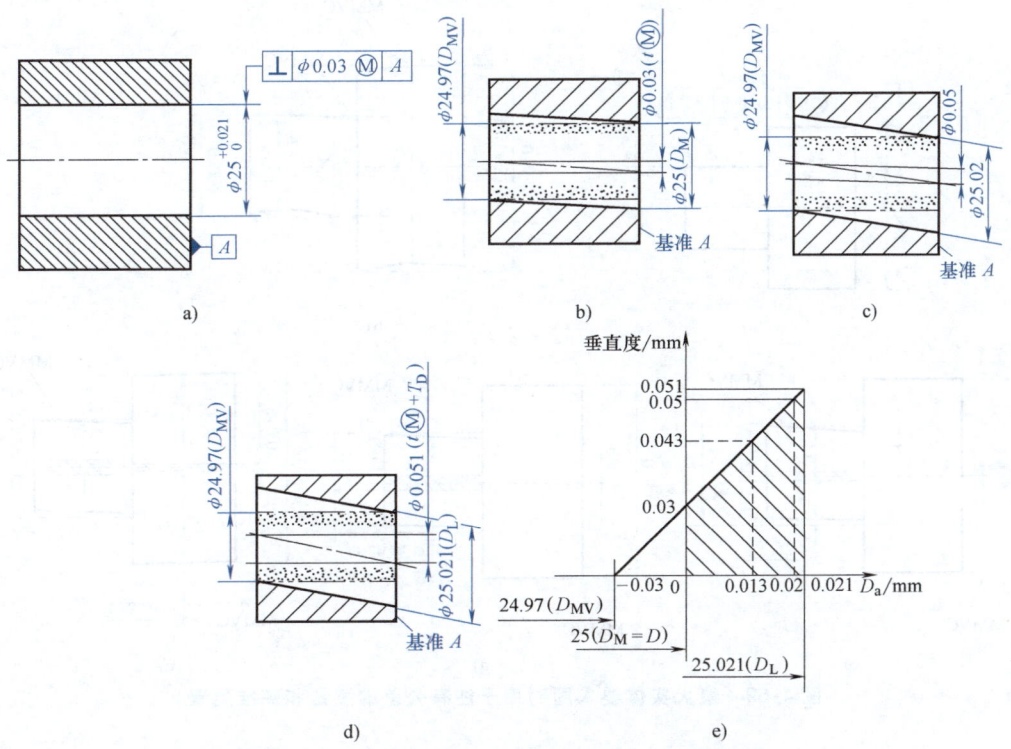

图 4-58 最大实体要求用于注有公差的关联要素

（2）最大实体要求应用于基准要素 基准要素的提取组成要素不得违反其最大实体实效边界。有以下两种情况：①当基准要素的导出要素没有标注几何公差要求，或者注有几何公差但其后没有符号Ⓜ时，基准要素的最大实体实效尺寸为最大实体尺寸；②当基准要素的导出要素注有形状公差，且其后有符号Ⓜ时，基准要素的最大实体实效尺寸由最大实体尺寸加上（对外部要素）或减去（对内部要素）该形状公差值。

如图 4-59a 所示，最大实体要求同时用于注有公差的要素和基准要素。注有公差的要素的同轴度公差 $\phi 0.01\text{mm}$ 是在基准轴与被测提取轴均处于最大实体状态时给定的，如图 4-59c 所示。被测提取轴必须位于最大实体实效边界（最大实体实效尺寸 $d_{MV} = \phi 25\text{mm} + \phi 0.01\text{mm} = \phi 25.01\text{mm}$）内，基准轴必须位于最大实体边界（最大实体尺寸 $d_M = \phi 50\text{mm}$）内，如图 4-59b 所示；当被测提取轴的提取局部直径偏离最大实体尺寸 $\phi 25\text{mm}$ 时，且基准轴仍为最大实体状态时，被测提取轴的同轴度公差可获得补偿，同轴度公差增大，最大可达（$\phi 0.01 + \phi 0.021$）mm = 0.031mm，如图 4-59d 所示。当基准轴的提取局部直径偏离最大实体尺寸 $\phi 50\text{mm}$ 时，可使其轴线相对于理论正确位置有一些浮动；当基准轴的提取局部直径为最小实体尺寸 $\phi 49.984\text{mm}$ 时，基准线浮动范围达到最大值 $\phi 0.016\text{mm}$，如图 4-59e 所示，此时，若被测提取轴也为最小实体状态，从而使被测提取轴线与基准要素轴线的同轴度误差进一步增大，可能会超过公差 $\phi 0.047\text{mm}$（是给定的同轴度公差、被测提取轴的尺寸公差与基准轴的尺寸公差三者之和），同轴度误差的最大值可以根据零件具体的结构尺寸近似估算。

最大实体要求常用于对零件配合性质要求不严、能顺利保证可装配性的场合。如用于螺栓联接的法兰盘中孔的位置度要求，螺栓杆部和头部的同轴度要求等。

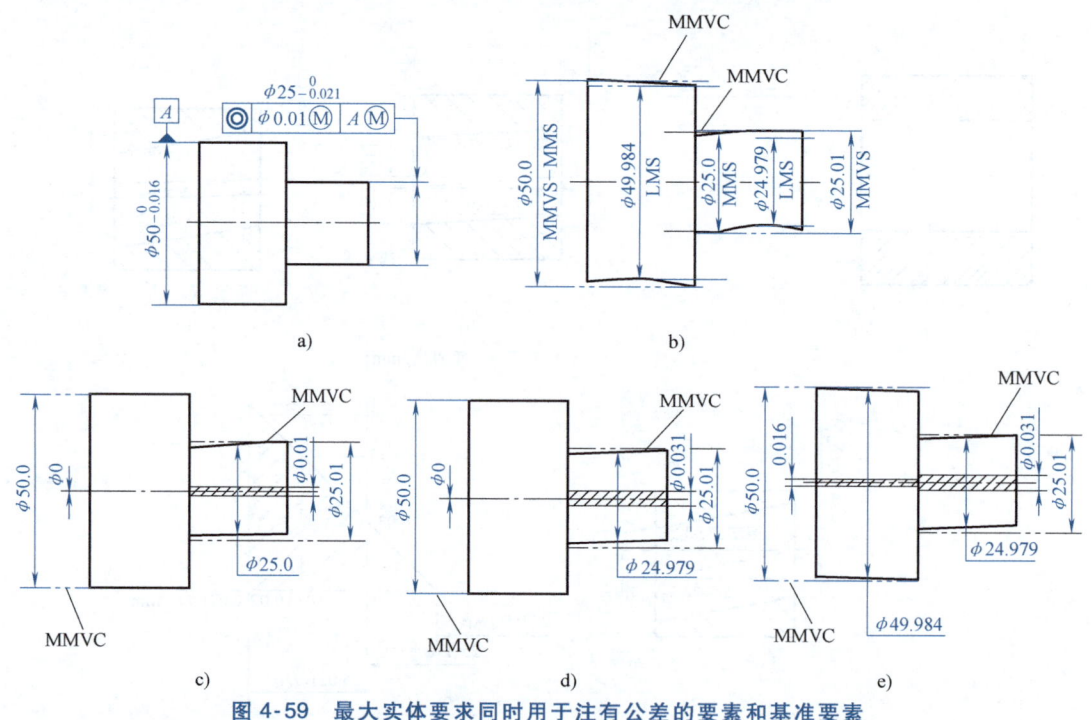

图 4-59 最大实体要求同时用于注有公差的要素和基准要素

4.5 几何公差的选用

几何公差的选用主要包含几何公差项目的选择，基准要素的选择，几何公差值的确定等方面。

4.5.1 几何公差项目的选择

几何公差项目一般是根据零件几何特征、在机器中所处的地位和作用、经济性等因素综合考虑确定的。在保证零件功能要求的前提下，应尽量使几何公差项目少、检测方法简单并能获得较好的经济效益。选择几何公差项目时需考虑以下几点因素：

1. 零件的几何结构特征

零件的几何结构特征是选择被测要素公差项目的基本依据。例如，轴类零件的外圆可选择圆度、圆柱度；零件平面要素可选择平面度；阶梯轴（孔）可选择同轴度；凸轮类零件可选择轮廓度等。

2. 零件的功能使用要求

从要素的几何误差对零件在机器中所处的地位和作用的影响角度考虑，选择所需的几何公差项目。例如，对导轨面提出直线度公差要求是为了保证机床工作台或刀架运动轨迹的精度；对柱塞与柱塞套、阀芯与阀体配合中的圆柱面提出圆柱度要求是为了综合控制圆度、素线直线度和轴线直线度。

3. 检测的方便性

选择几何公差项目时要考虑检测的可行性和经济性。在同样能满足零件使用要求的前提下，应选择检测简便的项目。例如，对轴类零件，可用径向圆跳动（或径向全跳动）代替圆度、圆柱度以及同轴度公差，跳动公差检测方便，具有较好的综合性能。

4.5.2 基准要素的选择

基准要素的选择包括基准部位、基准数量和基准顺序的选择，力求使设计、工艺和检测三者的基准一致。合理选择基准要素能提高零件的精度。

4.5.3 几何公差值的选择

图样中几何公差值的标注有两种形式：注出公差值和未注公差值。

1. 注出公差值的选择

注出几何公差要求的几何精度的高低是用公差等级数字的大小来表示的。国家标准GB/T 1184—1996 对除线、面轮廓及位置度之外的几何公差项目规定了公差等级。一般划分为 12 级，即 1~12 级，1 级精度最高，12 级精度最低；圆度、圆柱度则划分为 13 级，最高级为 0 级。各项目的注出公差值见表 4-5~表 4-8；对于位置度，国家标准只规定了公差值数系，没有划分公差等级，见表 4-9。

几何公差值（公差等级）的选用原则是：在保证零件功能的前提下，尽可能选取较低的公差等级。几何公差等级的确定方法有计算法与类比法。计算法是将机器性能的要求折算到零件要素上，从而确定其公差值；类比法是参考有关资料手册和现有产品零件的几何公差数值，通过类比确定公差值。表 4-10~表 4-13 为各种几何公差等级应用示例，可供类比时参考。

在选择几何公差值时，还要遵循下述原则：

（1）兼顾加工的可能性与经济性　对于刚性较差的细长的孔、轴类零件，和某些跨距较大的轴或孔，以及宽度较大（一般大于 1/2 长度）的零件表面，因其加工时易产生较大的几何误差，加工难度大，应选择较正常情况低 1~2 级的几何公差等级。

（2）协调几何公差值与尺寸公差值之间的关系　同一要素的形状公差值应小于位置公差值，例如要求两个平行的平面，其平面度公差值应小于平行度公差值，经验数据为 1∶2 左右；圆柱形零件的形状公差值（轴线的直线度除外）应小于同一要素的尺寸公差值，经验数据为 1∶4 左右。几何公差值与同一要素的尺寸公差值一般遵循原则：$t_{形状} < t_{位置} < T_{尺寸}$。

表 4-5 直线度、平面度公差值　　　　　　　　　　　　（单位：μm）

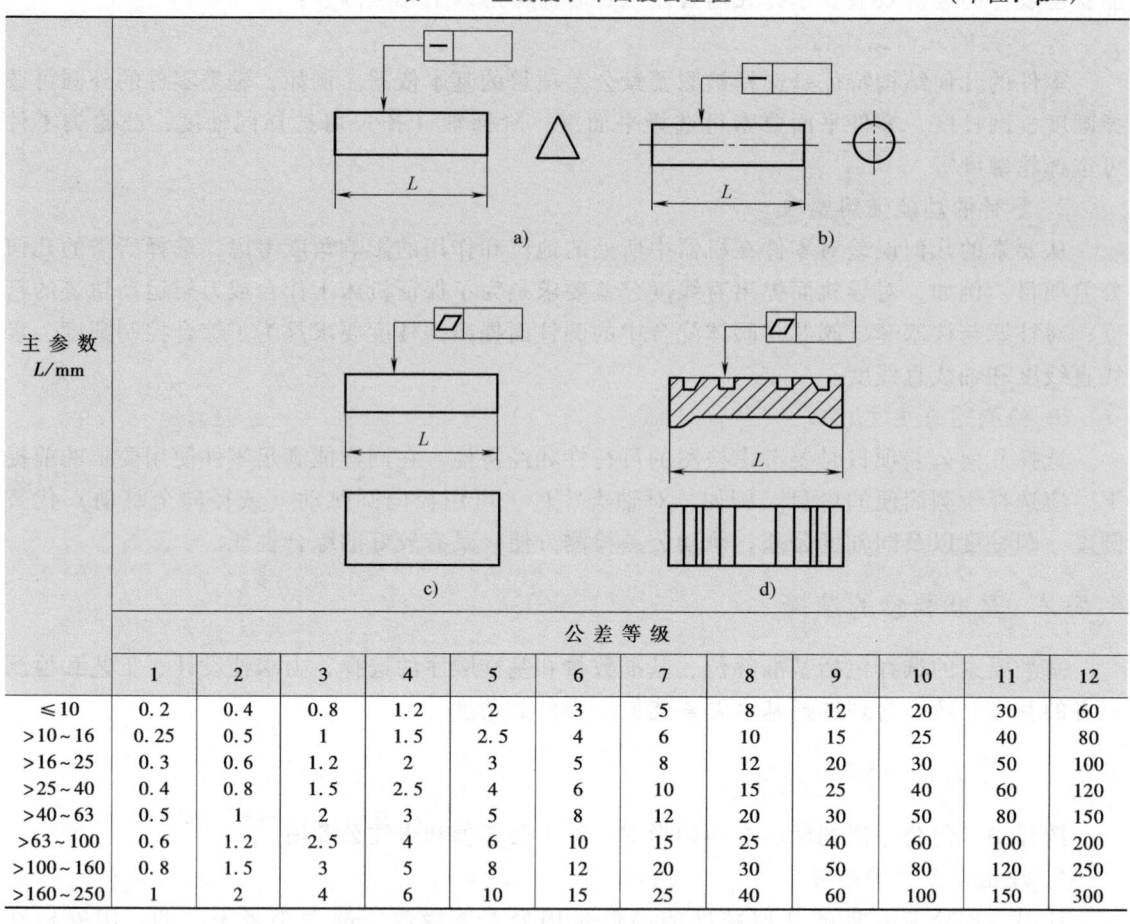

主参数 L/mm	公差等级											
	1	2	3	4	5	6	7	8	9	10	11	12
≤10	0.2	0.4	0.8	1.2	2	3	5	8	12	20	30	60
>10~16	0.25	0.5	1	1.5	2.5	4	6	10	15	25	40	80
>16~25	0.3	0.6	1.2	2	3	5	8	12	20	30	50	100
>25~40	0.4	0.8	1.5	2.5	4	6	10	15	25	40	60	120
>40~63	0.5	1	2	3	5	8	12	20	30	50	80	150
>63~100	0.6	1.2	2.5	4	6	10	15	25	40	60	100	200
>100~160	0.8	1.5	3	5	8	12	20	30	50	80	120	250
>160~250	1	2	4	6	10	15	25	40	60	100	150	300

表 4-6 圆度、圆柱度公差值　　　　　　　　　　　　（单位：μm）

主参数 d(D)/mm	公差等级												
	0	1	2	3	4	5	6	7	8	9	10	11	12
≤3	0.1	0.2	0.3	0.5	0.8	1.2	2	3	4	6	10	14	25
>3~6	0.1	0.2	0.4	0.6	1	1.5	2.5	4	5	8	12	18	30
>6~10	0.12	0.25	0.4	0.6	1	1.5	2.5	4	6	9	15	22	36
>10~18	0.15	0.25	0.5	0.8	1.2	2	3	5	8	11	18	27	43
>18~30	0.2	0.3	0.6	1	1.5	2.5	4	6	9	13	21	33	52
>30~50	0.25	0.4	0.6	1	1.5	2.5	4	7	11	16	25	39	62
>50~80	0.3	0.5	0.8	1.2	2	3	5	8	13	19	30	46	74
>80~120	0.4	0.6	1	1.5	2.5	4	6	10	15	22	35	54	87

表 4-7 平行度、垂直度、倾斜度公差值　　　　（单位：μm）

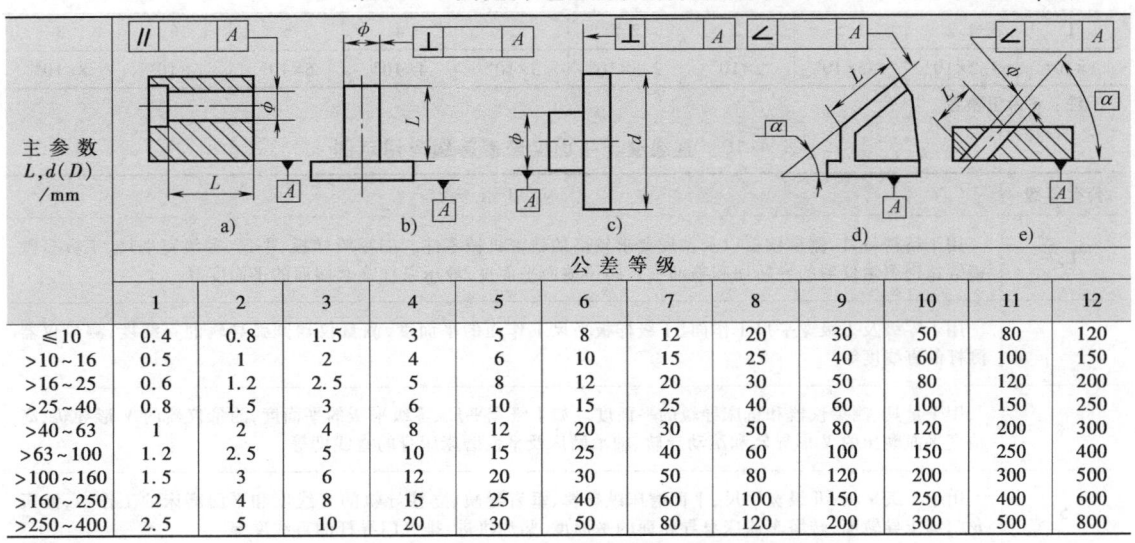

主参数 $L, d(D)$ /mm	公差等级											
	1	2	3	4	5	6	7	8	9	10	11	12
≤10	0.4	0.8	1.5	3	5	8	12	20	30	50	80	120
>10~16	0.5	1	2	4	6	10	15	25	40	60	100	150
>16~25	0.6	1.2	2.5	5	8	12	20	30	50	80	120	200
>25~40	0.8	1.5	3	6	10	15	25	40	60	100	150	250
>40~63	1	2	4	8	12	20	30	50	80	120	200	300
>63~100	1.2	2.5	5	10	15	25	40	60	100	150	250	400
>100~160	1.5	3	6	12	20	30	50	80	120	200	300	500
>160~250	2	4	8	15	25	40	60	100	150	250	400	600
>250~400	2.5	5	10	20	30	50	80	120	200	300	500	800

表 4-8 同轴度、对称度、圆跳动、全跳动公差值　　　　（单位：μm）

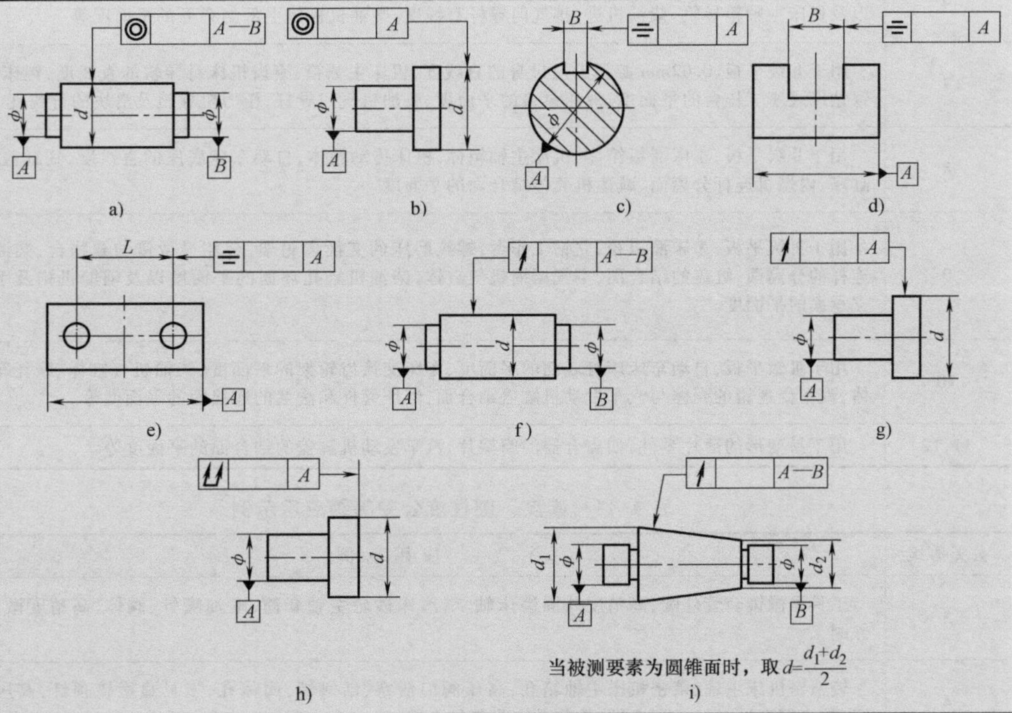

主参数 $d(D)$, B, L/mm	公差等级											
	1	2	3	4	5	6	7	8	9	10	11	12
≤1	0.4	0.6	1	1.5	2.5	4	6	10	15	25	40	60
>1~3	0.4	0.6	1	1.5	2.5	4	6	10	20	40	60	120
>3~6	0.5	0.8	1.2	2	3	5	8	12	25	50	80	150
>6~10	0.6	1	1.5	2.5	4	6	10	15	30	60	100	200
>10~18	0.8	1.2	2	3	5	8	12	20	40	80	120	250
>18~30	1	1.5	2.5	4	6	10	15	25	50	100	150	300
>30~50	1.2	2	3	5	8	12	20	30	60	120	200	400
>50~120	1.5	2.5	4	6	10	15	25	40	80	150	250	500
>120~250	2	3	5	8	12	20	30	50	100	200	300	600
>250~500	2.5	4	6	10	15	25	40	60	120	250	400	800

表 4-9 位置度公差值数系　　　　　　　　　　　（单位：μm）

1	1.2	1.5	2	2.5	3	4	5	6	8
1×10^n	1.2×10^n	1.5×10^n	2×10^n	2.5×10^n	3×10^n	4×10^n	5×10^n	6×10^n	8×10^n

注：n 为正整数

表 4-10 直线度、平面度公差等级应用示例

公差等级	应用示例
1,2	用于精密量具、测量仪器以及精度要求较高的精密机械零件。如零级样板、平尺、零级宽平尺、工具显微镜等精密测量仪器的导轨面和喷油嘴针阀体端面平面度,液压泵柱塞套端面的平面度等
3	用于零级及Ⅰ级宽平尺工作面、Ⅰ级样板平尺工作面的平面度,测量仪器圆弧导轨的直线度,测量仪器测杆的直线度等
4	用于量具、测量仪器和机床导轨的平面度。如Ⅰ级宽平尺、零级平板的平面度,测量仪器的V形导轨、高精度平面磨床的V形导轨和滚动导轨、轴承磨床及平面磨床床身的直线度等
5	用于Ⅰ级平板,Ⅱ级宽平尺,平面磨床纵导轨、垂直导轨、立柱导轨的直线度和平面磨床的工作台,液压龙门刨床导轨面,转塔车床床身导轨面的平面度、柴油机进、排气门导杆的直线度等
6	用于Ⅰ级平板、卧式车床、龙门刨床、滚齿机、自动车床等的床身导轨、立柱导轨,卧式镗床、铣床工作台以及机床主轴箱导轨,柴油机进、排气门导杆直线度,柴油机机体上部结合面的平面度等
7	用于Ⅱ级平板,0.02mm 游标卡尺尺身的直线度,机床主轴箱、滚齿机床身导轨的直线度,镗床工作台、摇臂钻床底座工作台的平面度、液压泵盖的平面度、柴油机气门导杆,压力机导轨及滑块的直线度
8	用于Ⅱ级平板,车床溜板箱体、机床主轴箱体,机床传动箱体,自动车床底座的直线度,气缸盖结合面,气缸座、内燃机连杆分离面,减速机壳体结合面的平面度
9	用于Ⅲ级平板,车床溜板箱,立钻工作台,螺纹磨床的交换齿轮架,金相显微镜的载物台,柴油机气缸体连杆的分离面,缸盖的结合面,空气压缩机气缸体,柴油机缸孔环面的平面度以及辅助机构及手动机械的支承面的平面度
10	用于Ⅲ级平板,自动车床床身底面的平面度,车床交换齿轮架的平面度,柴油机气缸体、摩托车的曲轴箱体,汽车变速箱的壳体与汽车发动机缸盖结合面,液压管件和法兰的连接面的平面度等
11,12	用于易变形的薄片零件,如离合器的摩擦片,汽车发动机缸盖的结合面的平面度等

表 4-11 圆度、圆柱度公差等级应用示例

公差等级	应 用 示 例
3	工具显微镜套管外圆,高精度外圆磨床轴承,磨床砂轮主轴套筒,喷油嘴针、阀体,高精度微型轴承内、外圈
4	较精密机床主轴、精密机床主轴箱孔,高压阀门活塞、活塞销,阀体孔,工具显微镜顶针,高压液压泵柱塞,较高精度滚动轴承配合轴,铣削动力头箱体孔等
5	一般量仪主轴,测杆外圆,陀螺仪轴颈,一般机床主轴,较精密机床主轴及主轴箱孔,柴油机、汽油机活塞、活塞销孔,铣削动力头轴承箱座孔,较低精度滚动轴承配合等
6	仪表端盖外圆,一般机床主轴及箱体孔,中等压力下液压装置工作面(包括泵、压缩机的活塞和气缸),汽车发动机凸轮轴,纺织锭子,通用减速器轴颈,拖拉机曲轴主轴颈
7	大功率低速柴油机曲轴、活塞、活塞销、连杆和气缸,高速柴油机箱体孔,千斤顶或液压缸活塞,液压传动系统的分配机构,机车传动轴,水泵及一般减速器轴颈

（续）

公差等级	应用示例
8	低速发动机、减速器和大功率曲柄轴轴颈,压气机连杆盖和缸体,拖拉机气缸体和活塞,炼胶机冷铸轴辊,印刷机传墨辊,内燃机曲轴,柴油机机体孔和凸轮轴,拖拉机和小型船用柴油机气缸套
9	空气压缩机缸体,液压传动缸筒,通用机械杠杆与拉杆用套筒销子,拖拉机活塞环和套筒孔
10	印染机导布辊、绞车、吊车和起重机滑动轴承轴颈等

表 4-12　平行度、垂直度、倾斜度公差等级应用示例

公差等级	应用示例	
	平 行 度	垂 直 度
4,5	普通机床、测量仪器、量具及模具的基准面和工作面,高精度轴承座圈、端盖和挡圈的端面,机床主轴孔对基准面要求,重要轴承孔对基准面要求,床头箱体重要孔间要求,一般减速器壳体孔、齿轮泵的轴孔端面等	普通机床导轨,精密机床重要零件,机床重要支承面,普通机床主轴偏摆,发动机轴和离合器的凸缘,气缸的支承端面,装 4、5 级轴承的箱体的凸肩
6,7,8	一般机床零件的工作面或基准,压力机和锻锤的工作面,中等精度钻模的工作面,一般刀、量、模具机床,一般轴承孔对基准面的要求,主轴箱一般孔间要求,液压缸轴线,变速器箱体孔,主轴花键对定心直径,重型机械轴承盖的端面,卷扬机、手动传动装置中的传动轴	低精度机床主要基准面和工作面,回转工作台端面,一般导轨,主轴体孔,刀架、砂轮架及工作台回转中心,机床轴肩、气缸配合面对其轴线,活塞销孔对活塞中心线的垂直度,滚动轴承内、外圈端面对轴线的垂直度等
9,10	低精度零件,重型机械滚动轴承端盖、柴油机和煤气发动机的曲轴孔、轴颈等	花键轴轴肩端面,传动带、运输机、法兰盘等端面对轴线的垂直度,手动卷扬机及传动装置中轴承端面,减速器壳体平面等

表 4-13　同轴度、对称度、圆跳动和全跳动公差等级应用示例

公差等级	应用示例
1,2,3,4	用于同轴度或旋转精度要求很高的零件,尺寸公差等级 6 级或高于 6 级制造的零件。如 1、2 级用于精密测量仪器的主轴和顶尖,柴油机喷油嘴针阀等;3、4 级用于机床主轴轴颈,砂轮轴轴颈,汽轮机主轴,测量仪器的小齿轮轴,高精度滚动轴承内、外圈等
5,6,7	用于精度要求比较高、尺寸公差等级低于 6 级的零件。如 5 级常用在机床轴颈,计量仪器的测量杆,汽轮机主轴,柱塞液压泵转子,高精度滚动轴承外圈,一般精度滚动轴承内圈;6、7 级用在内燃机曲轴和凸轮轴轴颈、水泵轴和齿轮轴,汽车后桥输出轴,电动机转子,0 级精度滚动轴承内圈,印刷机传墨辊轴颈等

2. 未注公差值的选择

未注公差值是各类工厂常用设备能保证的一般制造精度。零件大部分要素的几何公差值均应遵循未注公差值的要求,不必注出。由于功能要求需对某个要素提出更高的公差要求时,应按规定在图样上直接标注,更低的公差要求只有对工厂有经济效益时才需注出。

国家标准 GB/T 1184—1996 对未注直线度和平面度、垂直度、对称度和圆跳动各规定了 H、K、L 三个公差等级,公差值见表 4-14～表 4-17。采用标准规定的未注公差值,应在标

题栏附近或技术要求中注出标准号及公差等级代号，如 GB/T 1184—H。

表 4-14　直线度和平面度的未注公差值　　　　　　　　　　（单位：mm）

公差等级	基本长度范围					
	≤10	>10~30	>30~100	>100~300	>300~1000	>1000~3000
H	0.02	0.05	0.1	0.2	0.3	0.4
K	0.05	0.1	0.2	0.4	0.6	0.8
L	0.1	0.2	0.4	0.8	1.2	1.6

表 4-15　垂直度的未注公差值　　　　　　　　　　（单位：mm）

公差等级	基本长度范围			
	≤100	>100~300	>300~1000	>1000~3000
H	0.2	0.3	0.4	0.5
K	0.4	0.6	0.8	1
L	0.6	1	1.5	2

表 4-16　对称度的未注公差值　　　　　　　　　　（单位：mm）

公差等级	基本长度范围			
	≤100	>100~300	>300~1000	>1000~3000
H	0.5			
K	0.6		0.8	1
L	0.6	1	1.5	2

表 4-17　圆跳动的未注公差值　　　　　　　　　　（单位：mm）

公差等级	圆跳动的公差值
H	0.1
K	0.2
L	0.5

4.5.4　几何公差的标注及解释示例

例 4-2　按下列要求标注图 4-60 所示曲轴的几何公差。

1）曲轴 ϕd_4 圆柱面的提取导出轴线对两个支承轴颈 ϕd_2 和 ϕd_3 的公共轴线 $A—B$ 在任意方向上的平行度公差值为 $\phi 0.02\text{mm}$；同时 ϕd_4 提取圆柱面的圆柱度公差值为 0.01mm。

2）曲轴左端提取圆锥面对两个支承轴颈 ϕd_2 和 ϕd_3 的公共轴线 $A—B$ 的斜向圆跳动公差值为 0.025mm。

3）曲轴左端尺寸为 b 的键槽提取中心平面对 ϕd_1 基准轴线 F 的对称度公差值为 0.025mm。

4）曲轴右端 ϕd_3 提取圆柱面对曲轴两端中心孔的公共轴线 $C—D$ 的径向圆跳动公差值为 0.025mm，同时 ϕd_3 提取圆柱面的圆柱度公差值为 0.006mm。

解　按要求标注的曲轴几何公差如图 4-60 所示：

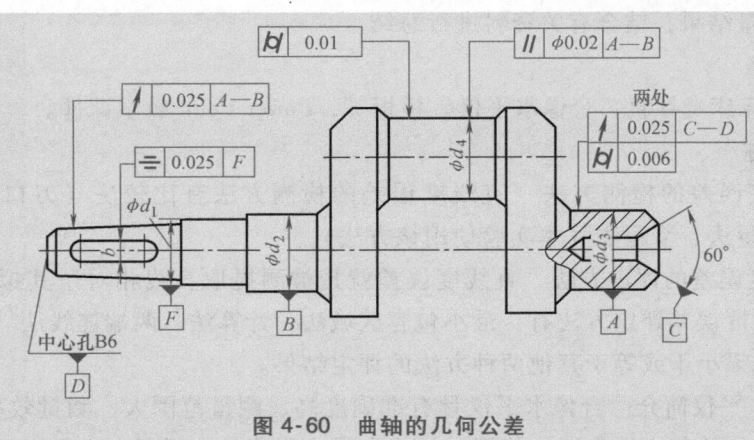

图 4-60 曲轴的几何公差

例 4-3 说明图 4-61 中几何公差代号标注的含义（按几何公差读法及公差带含义分别说明）。

解 1) φ60f7 提取圆柱面的圆柱度公差值为 0.013mm。表示 φ60f7 的提取（实际）圆柱面必须限定在半径差等于公差值 0.013mm 的两同轴圆柱面之间。

2) 整个零件提取左端面的平面度公差值为 0.012mm。表示提取（实际）左端面必须限定在间距等于公差值 0.012mm 的两平行平面之间。

3) φ36h6 圆柱表面上任一素线的直线度公差值为 0.008mm。表示 φ36h6 的提取（实际）圆柱表面上任一素线必须限定在轴向平面内、间距等于公差值 0.008mm 的两平行直线之间。

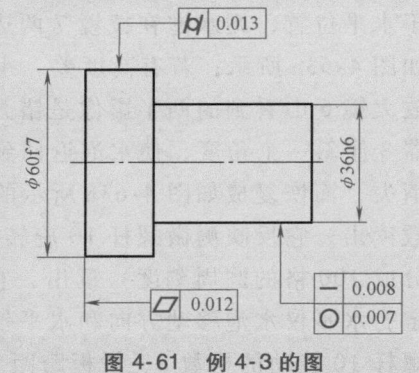

图 4-61 例 4-3 的图

4) φ36h6 提取圆柱表面任一正截面的圆度公差值为 0.007mm。表示在垂直于 φ36h6 圆柱轴线的任一正截面上，提取（实际）圆必须限定在半径差等于公差值 0.007mm 的两同心圆之间。

项目学习——用合像水平仪测量导轨直线度误差

1. 项目任务

1) 掌握合像水平仪测量导轨直线度误差的方法。
2) 掌握直线度误差的数据处理方法。

2. 项目计划

1) 了解直线度误差各种检测方法和检测原理。
2) 了解合像水平仪的结构与原理。
3) 熟悉检测步骤。
4) 填写实验报告单，解答项目思考题。
5) 项目评价。

6) 分析测量结果，结合有关资料进行总结。

3. 项目准备

CA6140 车床床身导轨、合像水平仪、桥板等，Power Point 教学课件。

4. 项目实施

（1）直线度误差的检测方法　直线度误差的检测方法有比较法（刀口尺模拟拟合直线）、指示表测量法、节距法（本实验使用该方法）。

（2）直线度误差的评定方法　直线度误差就是被测提取直线相对于其拟合直线的变动量。常用的直线度误差评定方法有：最小包容区域法、计算法、两端连线法。其中最小包容区域法的评定结果小于或等于其他两种方法的评定结果。

（3）合像水平仪简介　合像水平仪具有准确度高、测量范围大、测量效率高、价格低、携带方便等优点，故其应用广泛。使用时，将合像水平仪放在桥板上，再把桥板放在被测工件上，逐点依次测量。

合像水平仪结构如图 4-62 所示。测量时，水准器 8 中水泡两端经棱镜 7 反射的两半影像可从放大镜 6 中观察到。当桥板两端相对于自然水平面无高度差时，水准器 8 处于水平位置，则水泡在棱镜 7 两边是对称的，因此从放大镜 6 中看到的两半影像重合，如图 4-63a 所示；若有高度差，水平仪则倾斜一个角度，水泡不在水准器 8 的中央，从放大镜 6 中看到的两半影像是错开的，如图 4-63b 所示。这时转动测微螺杆 10 把水准器 8 倾斜一个角度，使水泡返回到对称于棱镜 7 两边的位置。这样，两半影像的偏移便消失，而恢复成如图 4-63a 所示的重合两半影像。偏移量先从放大镜 11 中由刻度尺读数读出，它反映测微螺杆 10 旋转的整圈数；再从微分筒 9 的刻度盘读数（该盘上有等分成 100 格的圆周刻度）读出，它是测微螺杆 10 旋转不足一圈的细分读数。习惯上规定，水平仪水泡移动方向和水平仪移动方向相同时读数为"+"，相反时为"-"。测微螺杆 10 转动的格数 a、桥板跨距 L（单位为 mm）与桥板两端相对于自然水平面的高度差 h（单位为 μm）之间的关系为 $h = 0.01aL$。

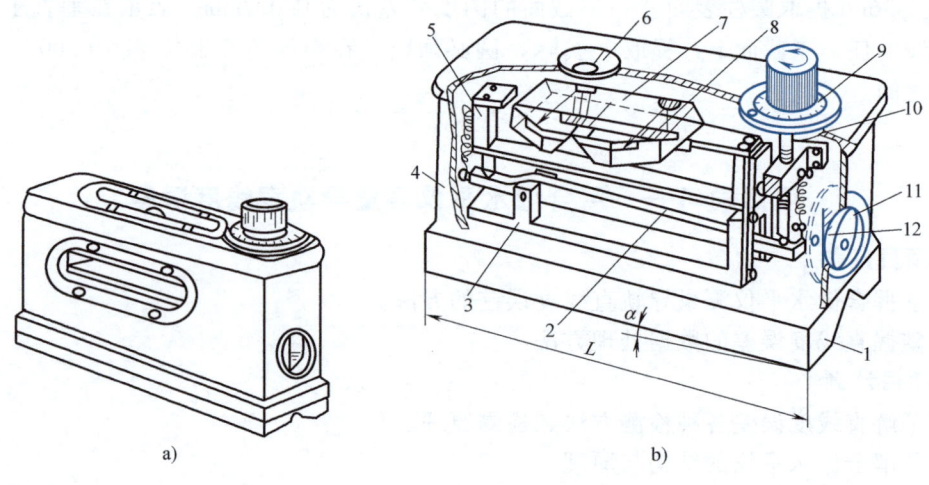

图 4-62　合像水平仪结构简图

1—底板　2—杠杆　3—支承　4—壳体　5—支承架　6、11—放大镜　7—棱镜
8—水准器　9—微分筒　10—测微螺杆　12—刻度尺

(4) 实验步骤　本实验所用合像水平仪的分度值为 0.01mm/m。

1) 将被测导轨表面及合像水平仪底部擦干净。

2) 以 200mm 长等分 CA6140 车床床身导轨成若干段。

3) 如图 4-64 所示，将合像水平仪 2 放置在桥板 1 上，因实验用桥板长 $L=200$mm，所以分度值 $i = \left(0.01 \times \dfrac{1}{1000} \times 200\right)$ mm $= 0.002$mm。

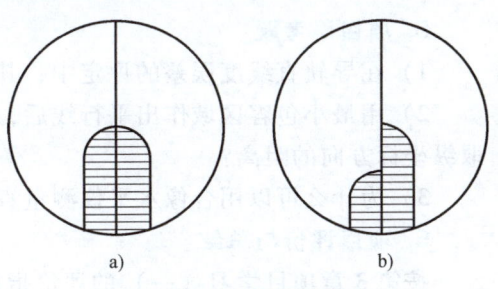

图 4-63　水泡的两半影像

a) 影像重合　b) 影像错开

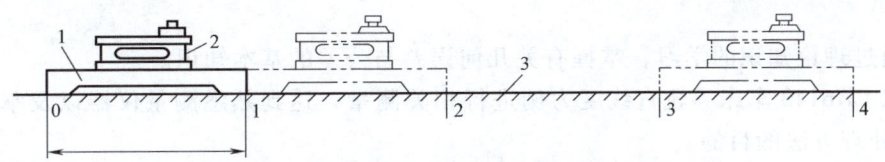

图 4-64　用合像水平仪测量导轨直线度误差

1—桥板　2—合像水平仪　3—导轨

4) 自导轨左（右）端开始，依次将桥板与水平仪安置在导轨各段上测量，记录读数，顺测（从起点到终点）、回测（从终点到起点）各一次。回测时注意桥板不能调头。各测点两次读数的平均值作为该点的测量数值，将所测数据记录在实验报告中。

5) 将测量结果进行数据处理，然后分析评定。

6) 整理现场，完成实验报告。通过对仪器的使用后处理，同学们应了解仪器的保养方法，为以后走上工作岗位打下基础。

项目学习实验报告　用合像水平仪测量导轨直线度误差

被测零件名称				直线度公差/μm		
量仪	名称	分度值/(mm/m)		线分度值/(μm/格)		桥板跨距 L/mm
测定点	0~1	1~2	2~3	3~4	4~5	5~6	6~7	7~8
顺测读数/格								
回测读数/格								
平均值 a_i/格								
相对差 $a_i - a$/格								
累积值/格								
测量示意图								
直线度误差/μm	合格性判断			审阅		成绩		

5. 项目思考题

1) 在导轨直线度误差的评定中，其拟合直线是怎样确定的？
2) 用最小包容区域作出平行线后，为什么不用平行线的间距作为直线度误差值，而是取纵坐标方向的距离？
3) 为什么可以用合像水平仪测量直线度误差？还可用什么仪器来测量直线度误差？

6. 项目评价与总结

按第 3 章项目学习（一）的评价指标对此项目进行评价和总结。

小结：

1) 通过理论知识的学习，掌握有关几何误差与公差的基本知识。
2) 以 CA6140 车床导轨直线度为例进行相关测量，达到熟悉测量仪器以及掌握基本测量和数据处理方法的目的。

思考与练习

4-1 国家标准规定的几何公差项目有多少项？请写出各项目的名称和符号。

4-2 什么是零件的几何要素？零件的几何要素是怎样分类的？

4-3 选择几何公差项目具体应考虑哪些因素？

4-4 国家标准规定了哪些公差要求（原则）？它们的含义是什么？

4-5 将下列技术要求标注在图 4-65 上。

1) 大端圆柱面的尺寸要求为 $\phi 45_{-0.025}^{\ 0}$ mm，并采用包容要求。
2) 小端圆柱面的提取轴线对大端圆柱面基准轴线的同轴度公差为 $\phi 0.025$ mm。
3) 小端圆柱面的尺寸要求为（$\phi 25 \pm 0.016$）mm，素线直线度公差为 0.01mm，并采用包容要求。

4-6 将下列技术要求标注在图 4-66 上。

1) 轮毂键槽提取中心平面对 $\phi 20H7$ 孔基准轴线的对称度公差为 0.02mm。
2) $\phi 20H7$ 孔遵守包容要求，圆柱度公差为 0.009mm。
3) 左、右两凸台提取端面对 $\phi 20H7$ 孔基准轴线的轴向圆跳动公差均为 0.025mm。
4) $\phi 60h8$ 圆度公差为 0.013mm。

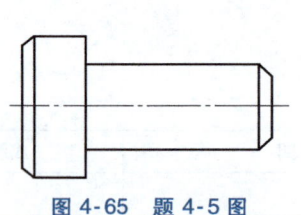

图 4-65 题 4-5 图

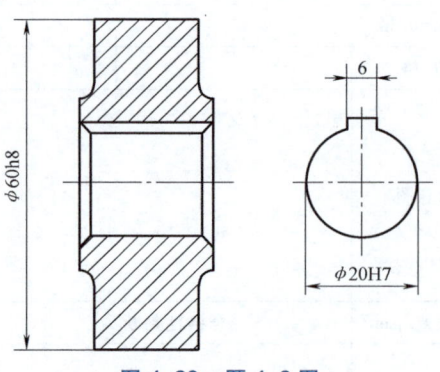

图 4-66 题 4-6 图

4-7　图 4-67 所示为轴套的两种标注，试分析说明二者所表示的要求有何不同（包括采用的公差要求、实效边界尺寸、所允许的垂直度误差）。

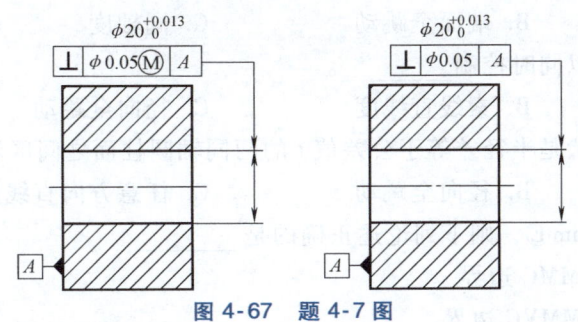

图 4-67　题 4-7 图

4-8　解释图 4-68 中各项几何公差的含义。

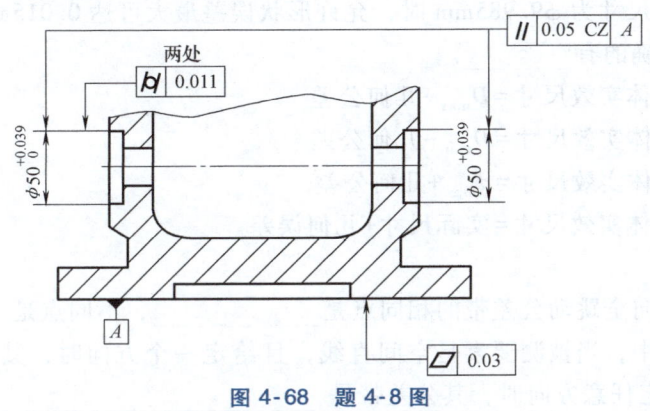

图 4-68　题 4-8 图

自我测验题

一、判断题（正确的打√，错误的打×）

1. 某圆柱面的圆柱度公差为 0.03mm，那么该提取圆柱面相对于基准轴线的径向全跳动公差不小于 0.03mm。　　　　　　　　　　　　　　　　　　　　　　　　　　　　（　　）

2. 对同一要素既有位置公差要求，又有形状公差要求时，形状公差值应大于位置公差值。
　　　　　　　　　　　　　　　　　　　　　　　　　　　　　　　　　　（　　）

3. 被测要素处于最小实体尺寸和几何误差为给定公差值时的综合状态，称为最小实体实效状态。　　　　　　　　　　　　　　　　　　　　　　　　　　　　　　（　　）

4. 当最大实体要求应用于被测要素时，被测要素的尺寸公差可补偿给几何误差，几何误差的最大允许值应小于给定的公差值。　　　　　　　　　　　　　　　　　（　　）

5. 最小条件是指被测提取要素相对于基准要素的最大变动量为最小。　　　（　　）

6. 包容要求是要求提取（实际）要素处处不超越最小实体边界的一种公差要求。（　　）

7. 基准要素为导出要素时，基准代号中的基准三角形应该与该要素的组成要素尺寸线错开。　　　　　　　　　　　　　　　　　　　　　　　　　　　　　　　（　　）

8. 几何公差的研究对象是零件的几何要素。　　　　　　　　　　　　　　（　　）

二、选择题（将下列题目中所有正确的论述选择出来）

1. 属于位置公差的有_____。
   A. 位置度　　　B. 端面全跳动　　　C. 同轴度　　　D. 对称度

2. 圆柱度公差可以同时控制_____。
   A. 圆度　　　B. 素线直线度　　　C. 径向全跳动　　　D. 同轴度

3. 几何公差带形状是半径差等于公差值 t 的两同轴圆柱面之间区域的有_____。
   A. 同轴度　　　B. 径向全跳动　　　C. 任意方向直线度　　　D. 圆柱度

4. 某轴 $\phi 10_{-0.015}^{0}$ mm Ⓔ，则下列论述正确的是_____。
   A. 被测要素遵守 MMC 边界
   B. 被测要素遵守 MMVC 边界
   C. 当被测要素尺寸为 $\phi 10$ mm 时，允许形状误差最大可达 0.015 mm
   D. 当被测要素尺寸为 $\phi 9.985$ mm 时，允许形状误差最大可达 0.015 mm

5. 下列论述正确的有_____。
   A. 孔的最大实体实效尺寸 = $D_{\max}$ - 几何公差
   B. 孔的最大实体实效尺寸 = $D_{\min}$ - 几何公差
   C. 轴的最大实体实效尺寸 = $d_{\max}$ + 几何公差
   D. 轴的最大实体实效尺寸 = 实际尺寸 + 几何误差

三、填空题

1. 圆柱度和径向全跳动公差带的相同点是_____，不同点是_____。

2. 在形状公差中，当被测要素是空间直线，且给定一个方向时，其公差带是_____之间的区域；若给定任意方向时，其公差带是_____区域。

3. 当图样上未附加任何表示相互关系的符号或说明时，则表示遵守_____。

4. 某孔尺寸为 $\phi 60_{+0.030}^{+0.076}$ mm Ⓔ，实测得提取圆柱面的局部直径尺寸为 $\phi 60.06$ mm，则其允许的形状误差数值是_____mm，当孔的尺寸是_____mm 时，允许达到的形状误差数值为最大。

5. 某轴尺寸为 $\phi 40_{+0.034}^{+0.045}$ mm，轴线直线度公差为 $\phi 0.005$ mm，实测提取圆柱面的局部直径尺寸为 $\phi 40.035$ mm，提取轴线直线度误差为 $\phi 0.003$ mm，则轴的最大实体尺寸是_____mm，最大实体实效尺寸是_____mm，体外作用尺寸是_____mm。

四、综合题

1. 指出图 4-69 中几何公差的标注错误，并加以改正（不变更几何公差项目）。

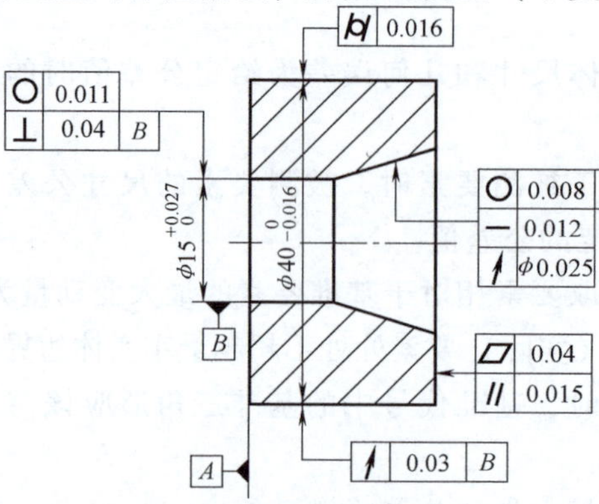

图 4-69　题 1 图

2. 采用图 4-70 所示的方法测量一导轨的直线度误差，指示表示值见下表。试按最小条件求解直线度误差。

测点序号	0	1	2	3	4	5	6	7
示值/μm	0	−10	+20	+30	+40	+20	−20	0

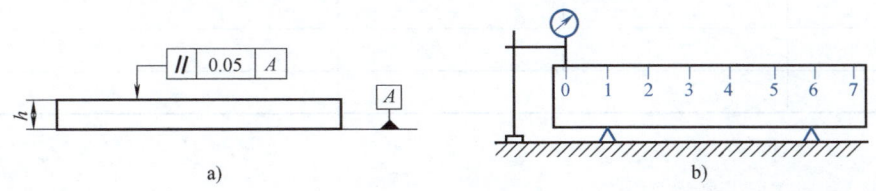

图 4-70　题 2 图

3. 测量如图 4-71 所示零件的对称度误差，得 Δ = 0.03mm，如图 4-71b 所示。请问对称度误差是否超差？为什么？

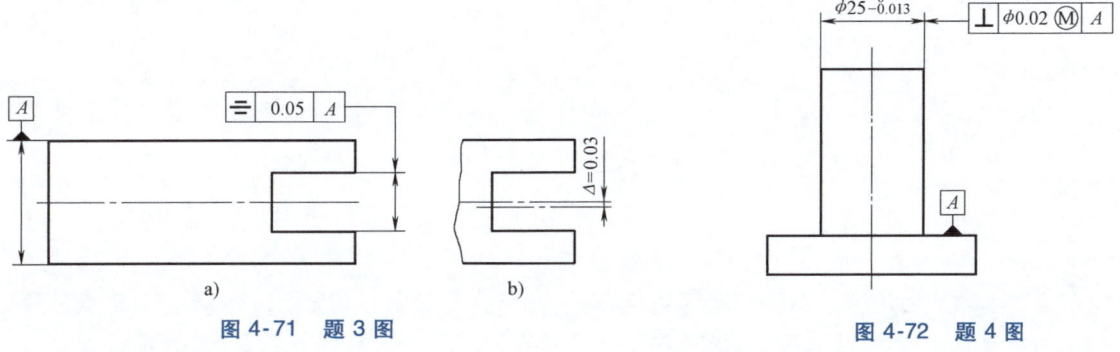

图 4-71　题 3 图　　　　　　　图 4-72　题 4 图

4. 假如按如图 4-72 示的加工的阶梯轴，实测得其提取圆柱面的局部直径 ϕ24.99mm，提取轴线对基准 A 的垂直度误差为 ϕ0.09mm，请判断被测轴线垂直度的合格性，并说明理由。

5. 分析图 4-73 中的几何公差要求，并填入下表中。

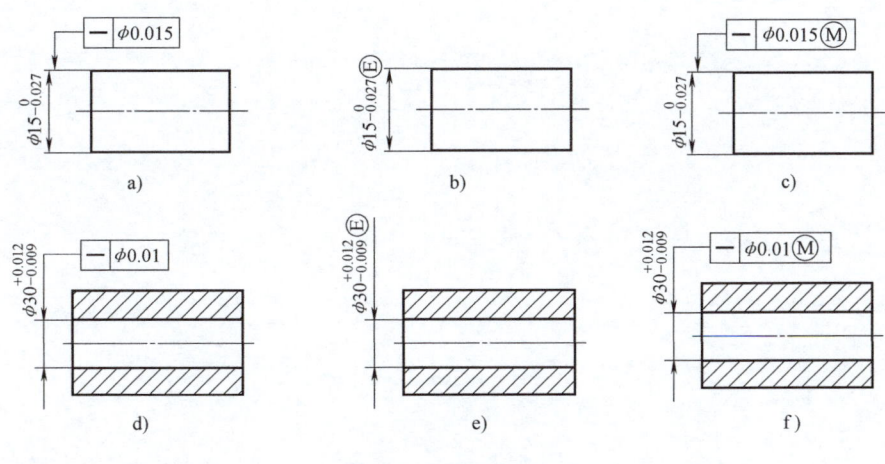

图 4-73　题 5 图

分图号	采用的公差原则	理想边界名称及边界尺寸/mm	最大实体状态时的几何公差值/mm	最小实体状态时的几何公差值/mm
a)				
b)				
c)				
d)				
e)				
f)				

第 5 章

表面粗糙度及检测

【学习任务】

1. 了解表面粗糙度基本概念及其对机械零件使用性能的影响,掌握表面粗糙度的符号、代号及标注。
2. 熟悉表面粗糙度国家标准,掌握幅度评定参数及表面粗糙度数值选择原则;能正确理解表面粗糙度代号的技术意义。
3. 熟悉表面粗糙度的常用测量方法及原理,并能进行实际检测。

5.1 概述

5.1.1 表面粗糙度的概念

经过机械加工或用其他方法获得的零件表面,总是存在着一定程度的宏观和微观几何形状误差。微观几何形状误差,即加工表面上微小的峰谷高低程度及其间距状况称为表面粗糙度。它主要是由切削加工过程中刀具和被加工工件间的相对运动,以及刀具和被加工工件表面间的摩擦、切削过程中切屑分离时表层金属材料的塑性变形,还有机床—刀具—工件—夹具组成的工艺系统的高频振动等原因形成的。它不同于主要由机床、夹具、刀具几何精度以及定位夹紧方面的误差等因素引起的宏观几何形状误差,也不同于工艺系统的振动、发热等因素造成的介于宏观和微观几何形状误差之间的表面波度误差。宏观几何形状误差、表面波度误差、表面粗糙度三者之间的区分,目前还没有统一的标准,通常按波距(λ)与波幅(h)之比来划分,如图5-1所示。一般波距与波幅的比值小于40者属于表面粗糙度,大于1000者属于宏观几何形状误差,介于两者之间者属于表面波度误差。

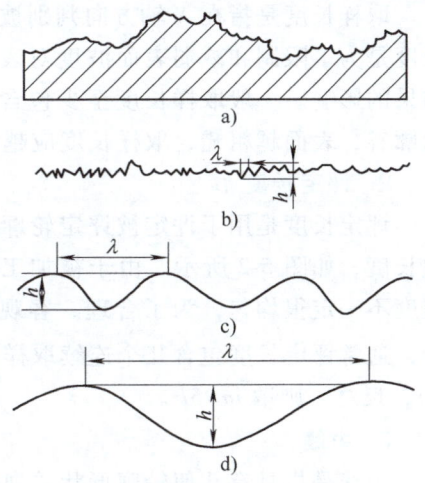

图 5-1 表面误差示意图
a) 表面实际轮廓 b) 表面粗糙度
c) 表面波度误差 d) 宏观几何形状误差

5.1.2 表面粗糙度对零件使用性能的影响

1. 对耐磨性的影响

由于凹凸不平,相互接触的表面只能在轮廓峰顶处接触,实际有效接触面积减小,单位面积上压力增大,相对滑动时,表面磨损加剧。

2. 对配合性质的影响

对于间隙配合,配合表面越粗糙,微观峰顶在工作时磨损得越快,导致间隙增大;对于过盈配合,装配时零件表面的峰顶会被挤平,实际有效过盈量减小,降低连接强度。

3. 对腐蚀性的影响

表面越粗糙,越容易使腐蚀性气体或液体附着于表面的微观凹谷,并渗入到金属内层,使腐蚀加剧。

4. 对疲劳强度的影响

表面越粗糙,表面微观不平的凹谷一般越深,对应力集中越敏感,零件表面在交变载荷作用下,疲劳损坏的可能性就越大,疲劳强度就越低。

此外,表面粗糙度对零件结合面接触刚度、密封性和零件的外观质量等都有影响,因此,表面粗糙度是评定产品质量的重要指标。在保证零件尺寸精度、几何公差的同时,必须控制表面粗糙度。

5.2 表面粗糙度的评定

在测量和评定表面粗糙度时,要规定取样长度、评定长度、轮廓中线和评定参数。

5.2.1 主要术语及定义

1. 取样长度 lr

取样长度是指在 X 轴方向判别被评定轮廓不规则特征的长度。如图 5-2 所示。规定取样长度是为了限制和减弱表面波度对表面粗糙度测量结果的影响。一般取样长度至少包含 5 组轮廓峰和轮廓谷,表面越粗糙,取样长度应越大。

2. 评定长度 ln

评定长度是用于评定被评定轮廓的 X 轴方向上的长度,如图 5-2 所示。由于被加工表面的表面粗糙度不一定很均匀,为了合理、客观地反映表面质

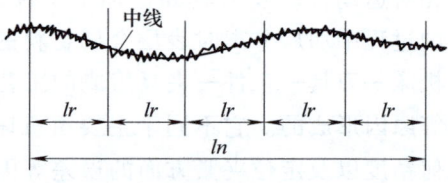

图 5-2 取样长度和评定长度

量,通常评定长度包含几个连续取样长度,一般 $ln = 5lr$。如果加工表面比较均匀,可取 $ln < 5lr$;反之,则取 $ln > 5lr$。

3. 中线

中线是指具有几何轮廓形状并划分轮廓的基准线。下面介绍两种确定中线的方法:

(1)最小二乘中线 最小二乘中线具有几何轮廓形状并划分轮廓,如图 5-3 所示。在取样长度内,轮廓上各点至该线距离的平方和为最小,即 $\int_0^{lr} z_i^2 \mathrm{d}x =$ 最小值。

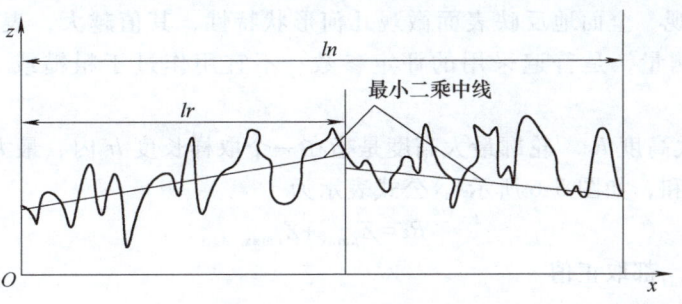

图 5-3 最小二乘中线

（2）算术平均中线 算术平均中线具有几何轮廓形状，且在取样长度内与轮廓走向一致。如图 5-4 所示，该线划分轮廓，并使上、下两部分的面积相等，即 $\sum_{i=1}^{n} F_i = \sum_{i=1}^{n} F_i'$。

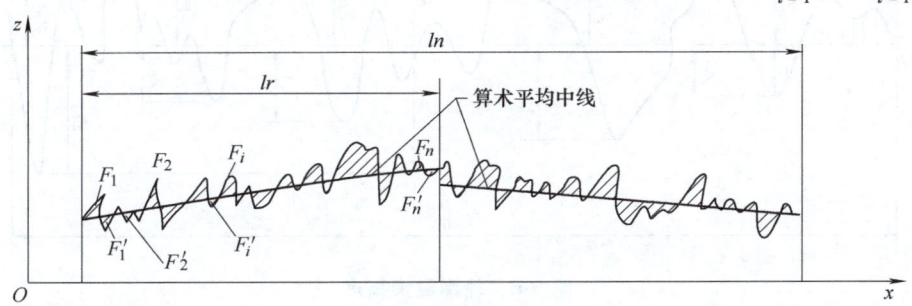

图 5-4 算术平均中线

采用最小二乘方法确定的中线是唯一的，但操作比较困难。在实际生产中常用算术平均中线替代最小二乘中线，二者相差不大。

5.2.2 表面粗糙度的评定参数

国家标准 GB/T 3505—2009 从表面粗糙度轮廓的幅度、间距、形状等方面规定了相应的评定参数。

1. 幅度参数

（1）算术平均偏差 Ra 算术平均偏差是指在一个取样长度 lr 内，纵坐标值 $Z(x)$ 绝对值的算术平均值，如图 5-5 所示。

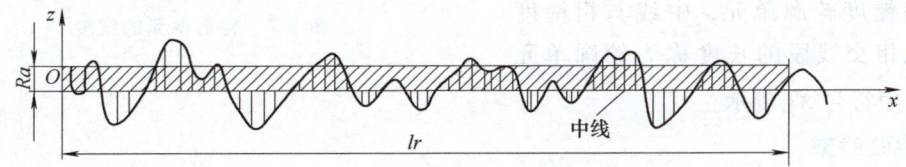

图 5-5 算术平均偏差

公式表示为

$$Ra = \frac{1}{lr}\int_0^{lr} |Z(x)|\,dx \tag{5-1}$$

或近似为

$$Ra = \frac{1}{n}\sum_{i=1}^{n} |Z(x_i)| \tag{5-2}$$

Ra 参数能客观、全面地反映表面微观几何形状特性,其值越大,表面越粗糙。一般用电动轮廓仪进行测量,是普遍采用的评定参数。不宜用作过于粗糙或太光滑表面的评定参数。

(2) 轮廓最大高度 Rz 轮廓最大高度是指在一个取样长度 lr 内,最大轮廓峰高 Z_p 和最大轮廓谷深 Z_v 之和,如图 5-6 所示。公式表示为

$$Rz = Z_{p\max} + Z_{v\max} \tag{5-3}$$

式中,$Z_{p\max}$ 和 $Z_{v\max}$ 都取正值。

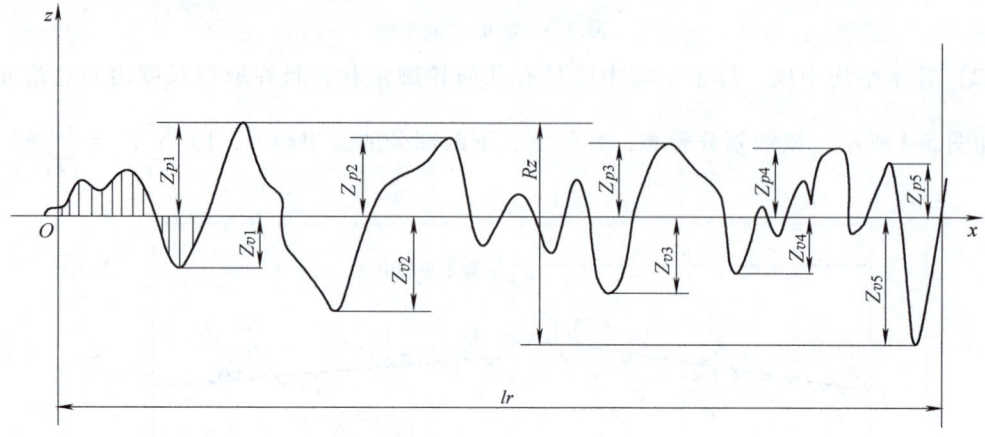

图 5-6 轮廓最大高度

Rz 用于控制不允许出现较深加工痕迹的表面,如受交变应力作用的齿廓工作表面。Ra、Rz 是标准规定必须标注的参数(二者只需取其一),故又称为基本参数。

2. 间距参数

轮廓单元的平均宽度 Rsm 轮廓单元的平均宽度是指在一个取样长度 lr 内,所有轮廓单元宽度 Xs 的平均值,如图 5-7 所示。公式表示为

$$Rsm = \frac{1}{m}\sum_{i=1}^{m} Xs_i \tag{5-4}$$

粗糙度轮廓峰与粗糙度轮廓谷的组合称为粗糙度轮廓单元,中线与粗糙度轮廓单元相交线段的长度称为轮廓单元的宽度,用符号 Xs_i 表示。

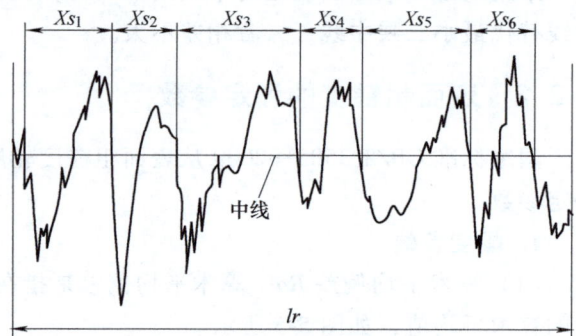

图 5-7 轮廓单元的宽度

3. 混合参数

轮廓支承长度率 $Rmr(c)$ 轮廓支承长度率是指在给定水平截面高度 c 上,轮廓的实体材料长度 $Ml(c)$ 与评定长度的比率,如图 5-8 所示。公式表示为

$$Rmr(c) = \frac{Ml(c)}{ln} = \frac{1}{ln}\sum_{i=1}^{n} b_i \tag{5-5}$$

水平截面高度 c 上轮廓的实体材料长度 $Ml(c)$ 是指评定长度内,在水平截面高度 c 上用一条平行于 x 轴的直线从峰顶向下移动水平截距 c 时,与轮廓单元相截所得的各段截线长度

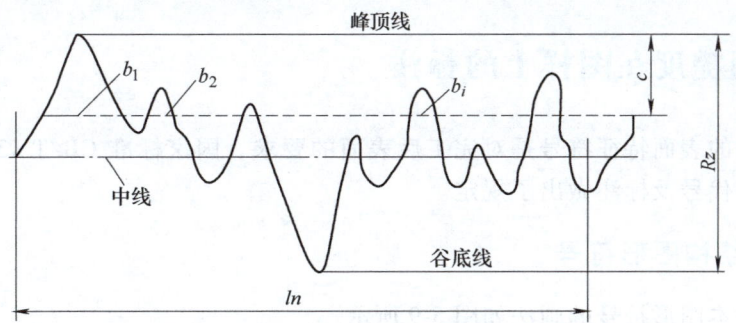

图 5-8 轮廓支承长度率

之和。

不同的水平截距 c 对应着不同的 $Rmr(c)$ 值，c 值可用微米（μm）或 Rz 的百分数表示。

轮廓单元的平均宽度 Rsm 和轮廓支承长度率 $Rmr(c)$ 相对于幅度参数而言称为附加参数，只有在零件表面有特殊要求时才选用。

5.2.3 表面粗糙度国家标准

表面粗糙度的评定参数值已经标准化，设计时应根据国家标准规定的参数系列选取。国家标准 GB/T 1031—2009 对表面粗糙度参数值的规定分为基本系列和补充系列，见表 5-1、表 5-2，要求优先选用基本系列值。

表 5-1 轮廓算术平均偏差 Ra 的数值　　　　　　　　　　　　　　（单位：μm）

基本系列	补充系列	基本系列	补充系列	基本系列	补充系列	基本系列	补充系列
	0.008						
	0.010						
0.012			0.125		1.25	12.5	
	0.016		0.160	1.6			16.0
	0.020	0.20			2.0		20
0.025			0.25		2.5	25	
	0.032		0.32	3.2			32
	0.040	0.40			4.0		40
0.050			0.50		5.0	50	
	0.063		0.63	6.3			63
	0.080	0.80			8.0		80
0.100			1.00		10.0	100	

表 5-2 轮廓最大高度 Rz 的数值　　　　　　　　　　　　　　（单位：μm）

基本系列	补充系列	基本系列	补充系列	基本系列	补充系列	基本系列	补充系列	基本系列	补充系列
			0.125		1.25	12.5			125
			0.160	1.6			16.0		160
		0.20			2.0		20	200	
0.025			0.25		2.5	25			250
	0.032		0.32	3.2			32		320
	0.040	0.40			4.0		40	400	
0.050			0.50		5.0	50			500
	0.063		0.63	6.3			63		630
	0.080	0.80			8.0		80	800	
0.100			1.0		10.0	100			1000
									1250
								1600	

5.3 表面粗糙度在图样上的标注

图样上标注的表面特征符号是对完工后表面的要求。国家标准 GB/T 131—2006 对表面结构图形符号、代号及标注做出了规定。

5.3.1 表面结构图形符号

表面结构基本图形符号的画法如图 5-9 所示。

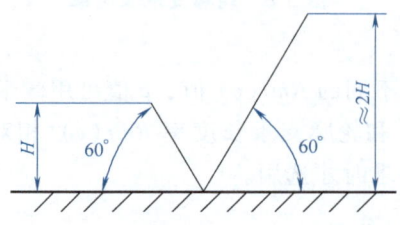

图 5-9 表面结构基本图形符号

表面结构图形符号及意义见表 5-3。

表 5-3 表面结构图形符号及意义（摘自 GB/T 131—2006）

符 号	意 义
 ∨	基本图形符号，表示表面可用任何方法获得。当不加注表面结构参数值或有关说明（例如：表面处理、局部热处理状况等）时，仅适用于简化代号标注
 ∨ (加短横)	扩展图形符号，在基本图形符号上加一短横，表示指定表面是用去除材料的方法获得。例如车、铣、钻、磨、剪切、抛光、腐蚀、电火花加工、气割等
 ∨ (加圆圈)	扩展图形符号，在基本图形符号上加一个圆圈，表示指定表面用不去除材料方法获得。例如铸、锻、冲压变形、热轧、粉末冶金，或者是用于保持原供应状况的表面（包括保持上道工序的状况）
 三种加横线符号	完整图形符号，在上述三个图形符号的长边上加一横线使其成为完整图形符号后，才可用于图样标注，可以标注评定参数与数值、取样长度等相关参数和说明
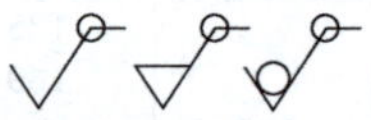 三种加圆圈符号	在上述三个图形符号的长边上加一个圆圈，表示图样某个视图上构成封闭轮廓的各表面有相同的表面结构要求

5.3.2 表面结构完整图形符号及标注示例

表面结构图形符号及其他表面特征要求的标注组成了表面结构完整图形符号。表面特征各项规定在结构图形符号中的注写位置如图 5-10 所示。

图 5-10 中各位置的注写内容为：

a——注写表面结构的单一要求（表面结构参数代号、极限值和传输带或取样长度）；
b——和位置 a 一起注写两个或多个表面结构要求；
c——注写加工方法；
d——注写表面纹理和方向；
e——注写加工余量（mm）。

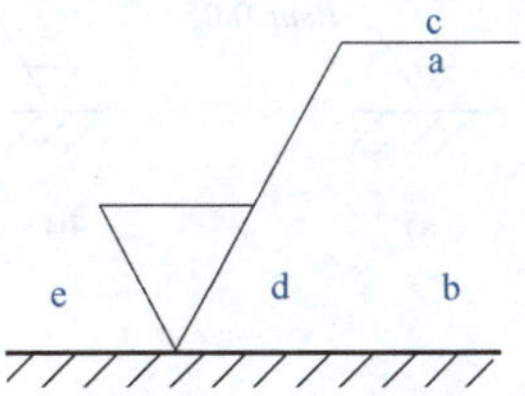

图 5-10　表面结构完整图形符号

1. 幅度参数的标注

表面粗糙度幅度参数是基本参数，当选用幅度参数时，在参数代号和极限值间应插入空格，参数值和参数代号均应标出。其中，参数代号前的 U 和 L 为上限值与下限值代号。表面粗糙度幅度参数的各种标注方法及其意义见表 5-4。

表 5-4　表面粗糙度幅度（高度）参数的标注（摘自 GB/T 131—2006）

代　号	意　义	代　号	意　义
Ra 3.2	用任何方法获得的表面，Ra 的上限值为 3.2μm	Ra max 3.2	用任何方法获得的表面，Ra 的最大值为 3.2μm
Ra 3.2	用去除材料方法获得的表面，Ra 的上限值为 3.2μm	Ra max 3.2	用去除材料方法获得的表面，Ra 的最大值为 3.2μm
Ra 3.2	用不去除材料方法获得的表面，Ra 的上限值为 3.2μm	Ra max 3.2	用不去除材料方法获得的表面，Ra 的最大值为 3.2μm
U Ra 3.2 L Ra 1.6	用去除材料方法获得的表面，Ra 的上限值为 3.2μm，Ra 的下限值为 1.6μm	Ra max 3.2 Rz min 1.6	用去除材料方法获得的表面，Ra 的最大值为 3.2μm，Rz 的最小值为 1.6μm
Rz 3.2	用任何方法获得的表面，Rz 的上限值为 3.2μm	Rz max 3.2 Rz min 1.6	用去除材料方法获得的表面，Rz 的最大值为 3.2μm，Rz 的最小值为 1.6μm
Ra 3.2 Rz 12.5	用去除材料方法获得的表面，Ra 的上限值为 3.2μm，Rz 的上限值为 12.5μm	Ra max 3.2 Rz max 12.5	用去除材料方法获得的表面，Ra 的最大值为 3.2μm，Rz 的最大值为 12.5μm

注：表面粗糙度参数的"上限值"（或"下限值"）和"最大值"（或"最小值"）的含义是不同的。"上限值"（或"下限值"）表示表面粗糙度参数的所有实测值中允许 16% 测得值超过规定值，"最大值"（或"最小值"）表示所有实测值不得超过规定值。

2. 表面粗糙度附加参数的标注

表面粗糙度的间距参数和混合特性参数称为附加参数，在幅度参数未标注时，附加参数不能单独标注。若需要标注 Rsm 或 Rmr（c）时，应标注在符号长边的横线下面，数值写在相应代号的后面。图 5-11a 为 Rsm 上限值的标注示例；图 5-11b 为 Rsm 最大值的标注示例；图 5-11c 为 Rmr（c）的标注示例，表示水平位置 c 在 Rz 的 50% 位置上，$Rmr(c)$ 下限值为 70%；图 5-11d 为 Rmr（c）最小值的标注示例。

3. 表面粗糙度其他项目的标注

1）若按国家标准推荐值选取取样长度时，在图样上可省略标注，否则应标注在长边的横线下方参数代号的前面，并用斜线"/"隔开，如图 5-12a 所示，取样长度为 0.8mm。

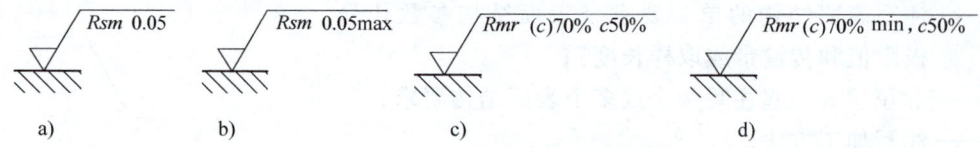

图 5-11　表面粗糙度附加参数标注

2）若某表面的表面结构要求由指定的加工方法（如铣削）获得时，可用文字标注在符号长边的横线上面，如图 5-12b 所示。

3）若需要标注加工余量，可在规定之处加注余量值，如图 5-12c 所示。

4）若需要控制表面加工纹理方向时，可在符号的右边加注加工纹理方向符号，如图 5-12d 所示。国家标准规定了加工纹理方向符号，常见的加工纹理方向符号见表 5-5。

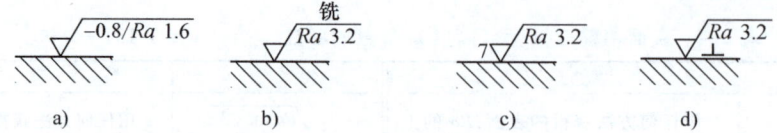

图 5-12　表面粗糙度其他要求标注

表 5-5　常见的加工纹理方向的符号（摘自 GB/T 131—2006）

符号	示意图	符号	示意图
=	纹理平行于标注代号的视图投影面	×	纹理呈两相交的方向
⊥	纹理垂直于标注代号的视图投影面	C	纹理呈近似同心圆

5.3.3　表面结构要求在图样上的标注示例

图样上表面结构要求一般标注在可见轮廓线、尺寸线、引出线或它们的延长线上，也可标注在几何公差框格的上方。符号的尖端必须从材料外面指向并接触被注表面，数字及符号的注写与读取方向与尺寸的注写与读取方向一致。当零件大部分表面具有相同的表面结构要求时，其表面结构要求可统一标注在图样的标题栏附近，通常在右下角的位置。此时，在表面结构要求符号后面的圆括号内应给出无任何其他标注的基本符号或不同的表面结构要求。表面结构要求标注示例如图 5-13 和图 5-14 所示。

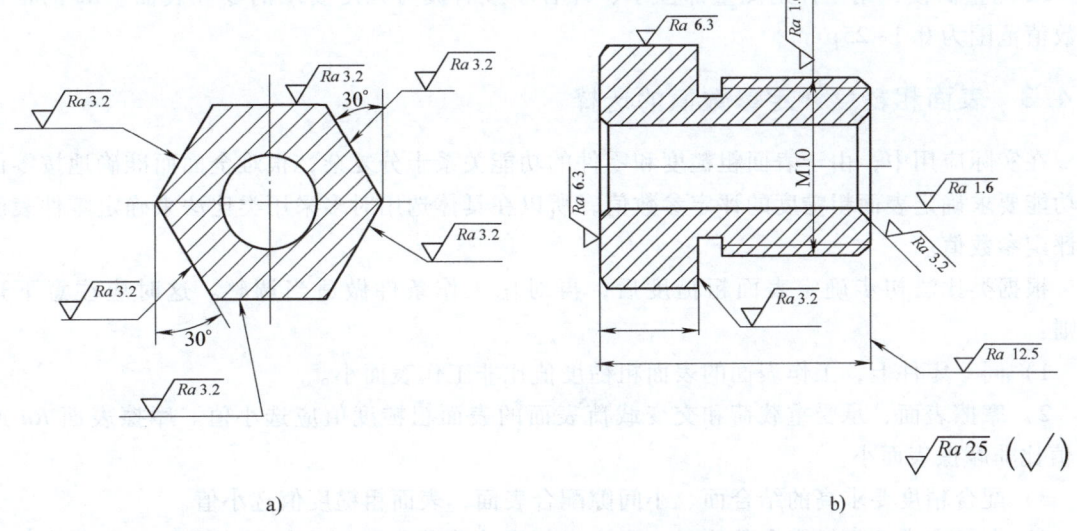

图 5-13 表面结构要求标注示例

a）不同方向的表面结构要求标注 b）螺纹、内孔的表面结构要求标注

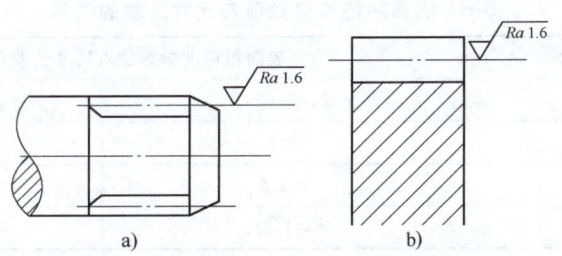

图 5-14 花键、齿轮表面结构要求标注

5.4 表面粗糙度的选用

5.4.1 表面粗糙度选用原则

表面粗糙度不仅对零件使用性能的影响是多方面的，而且也直接关系到零件的加工工艺和制造成本。因此，选择表面粗糙度参数总的原则是：既要满足零件使用功能要求，又要兼顾工艺性和经济性。也就是说在满足使用要求的前提下，尽可能选用较大的表面粗糙度值。

5.4.2 表面粗糙度评定参数的选择

选择的表面粗糙度评定参数应能够充分合理地反映表面微观几何形状的真实情况。在机械零件精度设计中，一般只给出幅度参数 Ra 或 Rz 及其允许值，对于有特殊要求零件的重要表面可附加选用间距参数或其他评定参数及相应的允许值。

评定参数 Ra 能较客观地反映表面微观几何形状的特征，而且所用测量仪器（轮廓仪）的测量操作简单，能连续测量，测量效率高。因此，选择表面粗糙度评定参数时，国家标准推荐优先选用 Ra，Ra 的常用参数值范围为 $0.025 \sim 6.3 \mu m$。

Rz 测量简便，用于评定测量部位小、峰谷小或有疲劳强度要求的零件表面。Rz 的常用参数值范围为 $0.1\sim25\mu m$。

5.4.3 表面粗糙度评定参数值的选择

在实际应用中，由于表面粗糙度和零件的功能关系十分复杂，很难全面而准确地按零件的功能要求确定表面粗糙度的评定参数值，所以在具体选用时多采用类比法来确定零件表面的评定参数值。

根据类比法初步确定表面粗糙度后，再对比工作条件做适当调整。这时应注意下述原则：

1）同一零件上，工作表面的表面粗糙度值比非工作表面小。

2）摩擦表面、承受重载荷和交变载荷表面的表面粗糙度值应选小值。摩擦表面 Ra 或 Rz 值比非摩擦表面小。

3）配合精度要求高的结合面、小间隙配合表面，表面粗糙度值选小值。

4）在确定表面粗糙度参数值时，应注意与尺寸公差和几何公差要协调。通常尺寸公差值和几何公差值越小，表面粗糙度值应越小。设计时可参考表 5-6。

表 5-6 表面粗糙度参数值与尺寸公差的关系

几何公差 t 占尺寸公差 T 的百分比 t/T（%）	表面粗糙度参数值占尺寸公差 T 的百分比	
	Ra/T（%）	Rz/T（%）
约 60	≤5	≤20
约 40	≤2.5	≤10
约 25	≤1.25	≤5

5）要求防腐蚀、密封性能好或外表美观的表面的表面粗糙度值应较小。

6）有关标准已对表面粗糙度要求作出规定的（如轴承、量规等），应按相应标准确定表面粗糙度值。

有关轴和孔的表面粗糙度参数推荐值参见表 5-7。

表 5-7 轴和孔的表面粗糙度参数推荐值

表面特征			$Ra/\mu m$ 不大于	
	公差等级	表面	公称尺寸/mm	
			≤50	50~500
经常装拆零件的配合表面（如交换齿轮、滚刀等）	IT5	轴	0.2	0.4
		孔	0.4	0.8
	IT6	轴	0.4	0.8
		孔	0.4~0.8	0.8~1.6
	IT7	轴	0.4~0.8	0.8~1.6
		孔	0.8	1.6
	IT8	轴	0.8	1.6
		孔	0.8~1.6	1.6~3.2

(续)

表面特征				$Ra/\mu m$ 不大于		
	公差等级	表面		公称尺寸/mm		
				≤50	50~120	120~500
过盈配合的配合表面	a) 按机械压入法	IT5	轴	0.1~0.2	0.4	0.4
			孔	0.2~0.4	0.8	0.8
		IT6~IT7	轴	0.4	0.8	1.6
			孔	0.8	1.6	1.6
		IT8	轴	0.8	0.8~1.6	1.6~3.2
			孔	1.6	1.6~3.2	1.6~3.2
	b) 按热装法	—	轴	1.6		
			孔	1.6~3.2		

表面特征							
精密定心用配合的零件表面	表面	径向圆跳动公差/μm					
		2.5	4	6	10	16	25
		$Ra/\mu m$ 不大于					
	轴	0.05	0.1	0.1	0.2	0.4	0.8
	孔	0.1	0.2	0.2	0.4	0.8	1.6

表面特征				
滑动轴承的配合表面	表面	公差等级		液体湿摩擦条件
		IT6~IT9	IT10~IT12	
		$Ra/\mu m$ 不大于		
	轴	0.4~0.8	0.8~3.2	0.1~0.4
	孔	0.8~1.6	1.6~3.2	0.2~0.8

5.5 表面粗糙度的测量

目前常用的表面粗糙度的测量方法有比较法、光切法、针描法、干涉法等。

1. 比较法

比较法是将被测表面与已知其评定参数值的表面粗糙度样板通过视觉、触觉或其他方法进行比较,对被测表面的表面粗糙度作出判断的一种方法。比较样板的选择应使其材料、形状和加工方法与被测表面尽量一致。

比较法简单实用,适合于车间生产检验。其缺点是评定结果的可靠性很大程度上取决于检测人员的经验,精度较低,只能做定性分析。

2. 光切法

光切法是利用"光切原理"测量表面粗糙度的一种方法。常用的仪器是光切显微镜,又称双管显微镜,如图 5-15 所示。该仪器适宜测量车、铣、刨等加工方法所加工的金属零件的平面或外圆表面。光切法的基本原理如图 5-16 所示。

光切法主要用于测定 Rz 值,测量范围一般为 $0.8~50\mu m$。

图 5-16a 所示的被测表面为阶梯面，其阶梯高度为 h。由光源发出的光线经狭缝后形成一个光带，此光带以与被测表面夹角为 45°的方向 A 与被测表面相截，被测表面的轮廓影像沿 B 向反射后可由显微镜中观察得到图 5-16b 的图形。其光路系统如图 5-16c 所示，光源 1 通过聚光镜 2、狭缝 3 和物镜 5，以 45°角的方向投射到工件表面 4 上，形成一窄细光带。光带边缘的形状即光束与工件表面的交线，也就是工件在 45°截面上的轮廓形状，此轮廓曲线的波峰在 S_1 点反射，波谷在 S_2 点反射，通过物镜 5，在分划板 6 上分别成像 S_1''点和 S_2''点，其峰、谷影像高度差为 h''。只要通过测微目镜 7 测出 h'' 值，就可以根据放大关系算出 h 值。

根据光学系统原理可得出被测表面的微观不平度高度值 h：

$$h = h'\cos 45° = \frac{h''\cos 45°}{N} \tag{5-6}$$

式中 N——物镜放大倍数。

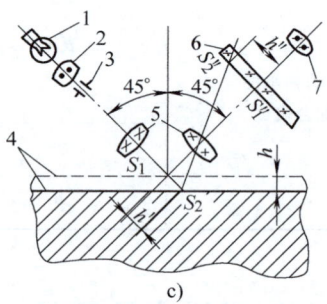

图 5-15 光切显微镜

1—底座 2—粗调螺母 3—微调手轮 4—锁紧螺钉 5—立柱 6—光源 7—照相机插座 8—目镜 9—测微鼓轮 10—物镜组 11—工作台

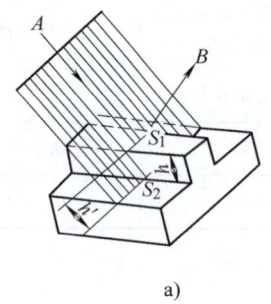 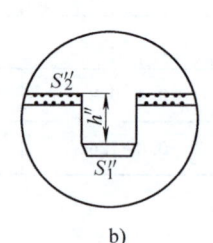

a) b) c)

图 5-16 光切法测量原理示意图

1—光源 2—聚光镜 3—狭缝 4—工件表面 5—物镜 6—分划板 7—测微目镜

3. 针描法

使仪器的触针在被测表面上轻轻划过，被测表面的微观不平度将使触针做垂直方向的位移，再通过传感器将位移量转换成电量，经信号放大后送入计算机，在显示器上显示出被测表面粗糙度的评定参数值的方法为针描法。也可由记录器绘制出被测表面轮廓的误差图形，其工作原理如图 5-17 所示。

按针描法原理设计制造的表面粗糙度测量仪器通常称为轮廓仪。根据转换原理的不同，可以分为电感式轮

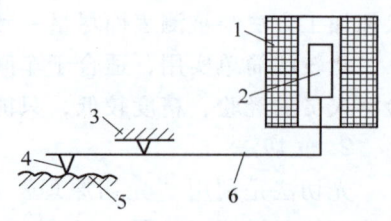

图 5-17 针描法测量原理示意图

1—电感线圈 2—铁心 3—支点 4—触针 5—被测表面 6—杠杆

廓仪、电容式轮廓仪、压电式轮廓仪等。轮廓仪可测量 Ra、Rz、Rsm 及 $Rmr(c)$ 等多个参数。

除上述轮廓仪外,还有光学触针轮廓仪,它适用于非接触测量,以防止划伤零件表面,这种仪器通常直接显示 Ra 值,其测量范围为 $0.02 \sim 5 \mu m$。

4. 干涉法

干涉法是利用光波干涉原理测量表面粗糙度的一种方法。常用的仪器为干涉显微镜,干涉显微镜主要用于测量 Rz 值,测量范围为 $0.025 \sim 0.8 \mu m$,适于测量表面粗糙度要求较高的表面。

项目学习——用光切显微镜测量表面粗糙度

1. 项目任务

1)了解光切显微镜测量表面粗糙度的基本原理,熟悉仪器的使用和调整方法。
2)掌握用轮廓最大高度参数 Rz 来评定表面粗糙度。

2. 项目计划

1)了解表面粗糙度常用测量方法的原理及应用场合。
2)熟悉光切显微镜测量被测零件表面粗糙度误差的步骤及数据处理方法。
3)填写实验报告单,解答项目思考题。
4)项目评价。
5)分析测量结果,结合有关资料进行总结。

3. 项目准备

光切显微镜、表面比较光滑的零件等,PowerPoint 教学课件。

4. 项目实施

(1)表面粗糙度的常用测量方法　表面粗糙度的常用测量方法有比较法、光切法、针描法、干涉法等。

(2)表面粗糙度的评定方法　根据不同的表面功能要求,国标规定使用幅度参数、间距参数、混合参数进行评定。

(3)光切显微镜简介(见第 5.5 节)

(4)实验步骤

1)根据被测零件的表面粗糙度要求,参照下表选择合适的物镜,装在观察光管的下端。

可换物镜放大倍数	物镜组放大倍数 N	视场直径 /mm	物镜工作距离 /mm	测量范围 $Rz/\mu m$
7×	3.9	2.5	17.8	10~80
14×	7.9	1.3	6.8	3.2~10
30×	17.3	0.6	1.6	1.6~6.3
60×	31.3	0.3	0.65	0.8~3.2

2）接通电源。

3）清洁被测零件表面，把它放在工作台上，并使被测表面的切削痕迹方向和光带方向垂直。

4）先粗调，从目镜中观察到被测表面轮廓的光带后再细调，直到轮廓影像最清晰且位于视场中央（注：调节时，应防止物镜和工件表面接触）。

5）松开目镜上的紧固螺钉，转动目镜，使目镜十字线中的一根线与光带轮廓中心线大致平行，再将紧固螺钉拧紧。

6）旋转目镜测微套筒，在取样长度内，使目镜十字线分别与最高波峰的最高点和最低波谷的最低点相切，记下读数 $Z_{p\max}$ 和 $Z_{v\max}$，并求出 Rz，即

$$Rz = Z_{p\max} + Z_{v\max}$$

7）在评定长度内，取 5 个取样长度测出 5 个 Rz 值，取其平均值作为零件的 Rz_0，即

$$Rz_0 = \frac{1}{5}\sum_{i=1}^{5} Rz_i$$

8）根据计算结果，评定被测表面的表面粗糙度。

9）整理现场，填写实验报告。通过对仪器的使用后处理，同学们应了解仪器的保养方法，为以后走上工作岗位打下基础。

项目学习实验报告　用光切显微镜测量表面粗糙度

被测零件	名称		$Rz/\mu m$		取样长度		评定长度	
计量器具	名称与型号		测量范围		物镜放大倍数		套筒分度值/格	

测量记录及其数据处理										
lr	lr_1		lr_2		lr_3		lr_4		lr_5	
	Ⅰ组读数/格		Ⅱ组读数/格		Ⅲ组读数/格		Ⅳ组读数/格		Ⅴ组读数/格	
次序	Z_p	Z_v	Z_p	Z_v	Z_p	Z_v	Z_p	Z_v	Z_p	Z_v
1										
2										
3										
4										
5										
$Rz = Z_{p\max} + Z_{v\max}$										

测得值 $Rz_0 =$

合格性判断			
审核		成绩	

5. 项目思考题
1) 测量前，为什么要使加工纹路方向与光带方向垂直？
2) 通过对测量数据的比较，探讨进一步提高加工质量的手段。
6. 项目评价与总结
按第 3 章项目学习（一）的评价指标对此项目进行评价和总结。

小结：

1) 通过理论知识的学习，掌握有关表面粗糙度的基本知识。
2) 通过进行相关测量，达到熟悉测量仪器以及掌握基本测量方法的目的。

思考与练习

5-1 表面粗糙度对零件的使用性能有哪些影响？
5-2 评定表面粗糙度时，为什么要规定取样长度？有了取样长度，为何还要规定评定长度？
5-3 国家标准中规定了哪些表面粗糙度的评定参数？哪些是幅度参数？
5-4 选择表面粗糙度时应考虑哪些原则？
5-5 解释图 5-18 所示零件上标出的各表面粗糙度要求的含义。

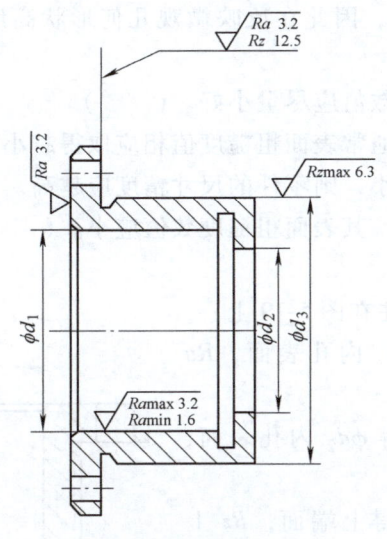

图 5-18　题 5-5 图

自我测验题

一、选择题（将下列题目中所有正确的论述选择出来）
1. 选择表面粗糙度评定参数值时，下列论述正确的有____。
　A. 同一零件上工作表面的表面粗糙度应比非工作的数值大

  B. 摩擦表面的表面粗糙度应比非摩擦表面的数值小

  C. 配合质量要求高，参数值应小

  D. 尺寸精度要求高，参数值应小

 2. 下列论述正确的有_____。

  A. 表面粗糙度属于表面微观性质的形状误差

  B. 表面粗糙度属于表面宏观性质的形状误差

  C. 表面粗糙度属于表面波纹度误差

  D. 磨削加工所得表面的表面粗糙度比车削加工所得表面的数值大

 3. 表面结构要求在图样上应标注在_____。

  A. 可见轮廓线上   B. 尺寸界线上

  C. 符号尖端从材料外指向被标注表面   D. 符号尖端从材料内指向被标注表面

二、填空题

1. 表面粗糙度是指_____。

2. 国家标准规定表面粗糙度评定参数幅度的参数有_____、_____两项。

3. 评定长度是指_____。

4. 测量表面粗糙度时，规定取样长度的目的在于_____。

三、判断题（正确的打√，错误的打×）

1. 评定表面轮廓粗糙度所必需的一段长度称取样长度，它可以包含几个评定长度。（　　）

2. Rz 参数由于测量点不多，因此在反映微观几何形状高度方面的特性不如 Ra 参数充分。（　　）

3. 选择表面粗糙度评定参数值应尽量小好。（　　）

4. 零件的尺寸精度越高，通常表面粗糙度值相应取得越小。（　　）

5. 零件的表面粗糙度值越小，则零件的尺寸精度应越高。（　　）

6. 要求配合精度高的零件，其表面粗糙度数值应小。（　　）

四、综合题

将以下表面粗糙度要求标注在图 5-19 上：

1) 可用任何方法加工 ϕd_1 内孔表面，Ra 最大允许值为 3.2μm。

2) 用去除材料的方法获得 ϕd_2 内孔表面，Ra 最大允许值为 6.3μm。

3) 用去除材料的方法获得上端面，Rz 上限值为 12.5μm。

4) 螺纹工作表面的表面粗糙度 Ra 最大值为 3.2μm，最小值为 1.6μm。

5) 其余表面用去除材料的方法获得，Ra 的上限值均为 25μm。

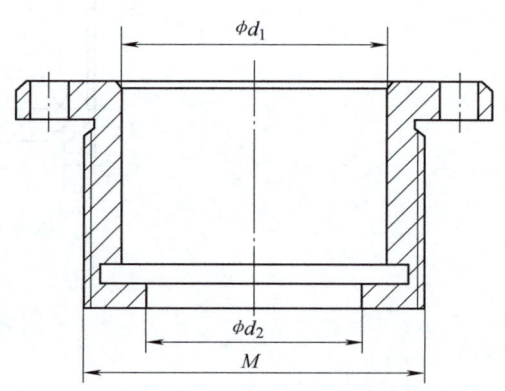

图 5-19　综合题图

第 6 章

光滑极限量规

【学习任务】

1. 掌握检验孔、轴所用量规的选择及检验工件合格的标志。
2. 了解光滑极限量规的设计原则及其结构类型、技术要求。
3. 熟悉工作量规的设计步骤。

6.1 概述

光滑极限量规是具有以孔或轴的最大极限尺寸和最小极限尺寸为公称尺寸的标准测量面，能反映、控制被检孔或轴边界条件的无刻线长度测量器具，简称量规。尤其在大批量生产时，为了提高产品质量和检验效率常采用量规进行检验，量规结构简单、使用方便，并能保证互换性。因此，量规在机械制造中得到了广泛的应用。

6.1.1 量规的作用

量规是一种无刻度定值专用量具，用它来检验工件时，只能判断工件是否在允许的极限尺寸范围内，而不能测量出工件的实际尺寸。当图样上被测单一要素的孔和轴采用包容要求标注时，则可使用量规来检验，把尺寸误差和形状误差都控制在尺寸公差范围内。量规的形状与被检测工件的形状相反，检验孔用的量规称为塞规，如图 6-1a 所示；检验轴用的量规称为环规（或卡规），如图 6-1b 所示。孔用塞规和轴用环规（或卡规）均由通端量规（通

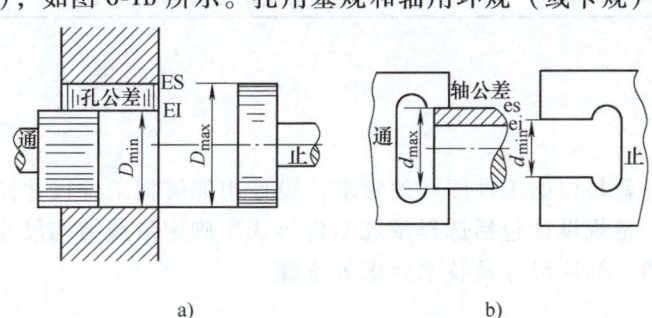

图 6-1 光滑极限量规
a）塞规　b）环规

规)和止端量规(止规)成对组成。

塞规的通规按被检验孔的最大实体尺寸(D_{min})制造,塞规的止规按被检验孔的最小实体尺寸(D_{max})制造。卡规的通规按被检验轴的最大实体尺寸(d_{max})制造,卡规的止规按被检验轴的最小实体尺寸(d_{min})制造。检验工件时,当通规通过被检验的孔或轴而止规不能通过时,说明被检验的孔或轴的尺寸误差和形状误差都在极限尺寸范围内,被检验的孔或轴是合格的。

总之,量规的通规用于控制工件的体外作用尺寸,止规用于控制工件的实际尺寸。用量规检验工件时,其合格标志是通规能通过,止规不能通过;反之即为不合格。因此,用量规检验工件时,通规和止规必须成对使用,才能判断被测孔或轴是否在规定的极限尺寸范围内。

6.1.2 量规的种类

量规按其用途不同分为工作量规、验收量规和校对量规三种。

1. 工作量规

工作量规是操作者在生产过程中检验工件时所使用的量规。通规用代号"T"表示,止规用代号"Z"表示。

2. 验收量规

验收量规是验收工件时,检验人员或用户代表所使用的量规。验收量规一般不需要另行制造,它是从磨损较多、但未超过磨损极限的工作量规的通规中挑选出来的,验收量规的止规应接近工件的最小实体尺寸。这样,由操作者用工作量规自检合格的工件,当检验员用验收量规验收时也一定合格。

3. 校对量规

校对量规是检验工作量规的量规。因为孔用工作量规便于用精密仪器测量,故国标未规定孔用校对量规,国标只对轴用量规规定了校对量规。

校对量规有三种,其名称、代号、用途等见表6-1。

表6-1 校对量规

形状	检验对象		名称	代号	用途	判断合格的标志
塞规	轴用工作量规	通规	校通—通	TT	防止通规制造时尺寸过小	通过
		止规	校止—通	ZT	防止止规制造时尺寸过小	通过
		通规	校通—损	TS	防止通规使用中磨损过大	不通过

6.2 量规设计

工作量规的设计就是根据工件图样的要求,设计出能够把工件尺寸控制在允许的公差范围内的适用的量具。量规设计包括选择量规结构形式、确定量规结构尺寸、计算量规工作尺寸、绘制量规工作图、标注尺寸及技术要求等步骤。

6.2.1 量规设计原则及其结构

设计量规应遵守泰勒原则(极限尺寸判断原则)。泰勒原则是指遵守包容要求的单一要素（孔或轴）的实际尺寸和几何误差综合形成的体外作用尺寸不允许超越最大实体尺寸，在孔或轴的任何位置上的实际（组成）要素尺寸不允许超越最小实体尺寸。

对符合泰勒原则的量规要求如下：

1. 量规的尺寸要求

通规的公称尺寸应等于被测孔或轴的最大实体尺寸，止规的公称尺寸应等于被测孔或轴的最小实体尺寸。

2. 量规的形状要求

通规用来控制被测孔或轴的体外作用尺寸，它的测量面应是与孔或轴形状相对应的完整表面（即全形量规），且测量长度等于配合长度。止规用来控制被测孔或轴的实际尺寸，它的测量面应是不完整表面（即不全形量规），且测量长度尽可能短些，止规表面与被测孔或轴是点接触。

如图 6-2 所示，孔的实际轮廓已超出尺寸公差带，应为不合格品。用全形通规检验时不能通过；而用不全形（两点状）止规检验，虽然沿 x 方向不能通过，但沿 y 方向却能通过。于是，该孔被正确地判断为不合格品。反之，若用不全形（两点状）通规检验，则可能沿 y 轴方向能通过，用全形止规检验，则不能通过。这样，由于量规的测量面形状不符合泰勒原则，可能导致把该孔误判为合格。

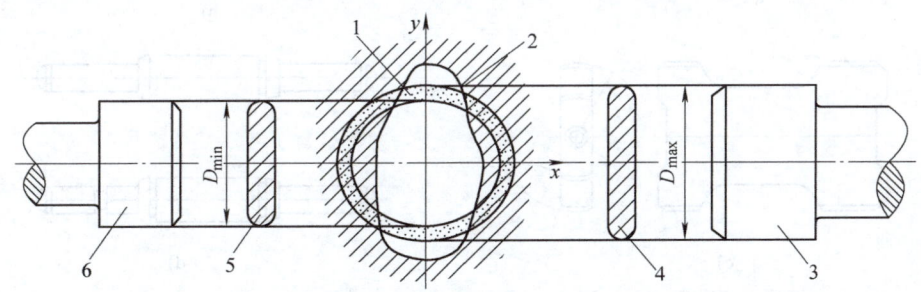

图 6-2　量规形状对检验结果的影响

1—孔公差带　2—工件实际轮廓　3—全形塞规的止规　4—不全形塞规的止规
5—不全形塞规的通规　6—全形塞规的通规

在量规的实际应用中，由于量规制造和使用方面的原因，要求量规形状完全符合泰勒原则是有一定困难的，有时甚至不能实现，因而允许量规形状在一定条件下偏离泰勒原则。例如，对于尺寸大于 100mm 的孔，为了不让量规过于笨重，通规很少制成全形圆柱轮廓；同样，为了提高检验效率，检验大尺寸轴的通规也很少制成全形环规。当采用不符合泰勒原则的量规检验工件时，应在工件的多个方位上做多次检验，并从工艺上采取措施以限制工件的形状误差。

国家标准推荐了量规型式的应用尺寸范围和使用顺序。量规的结构型式可参见 GB/T 10920—2008《螺纹量规和光滑极限量规　型式与尺寸》及有关资料。光滑极限量规的结构型式很多，图 6-3、图 6-4 分别给出了几种常用的轴用和孔用量规的结构型式及适用的公称尺寸范围，供设计时选用。

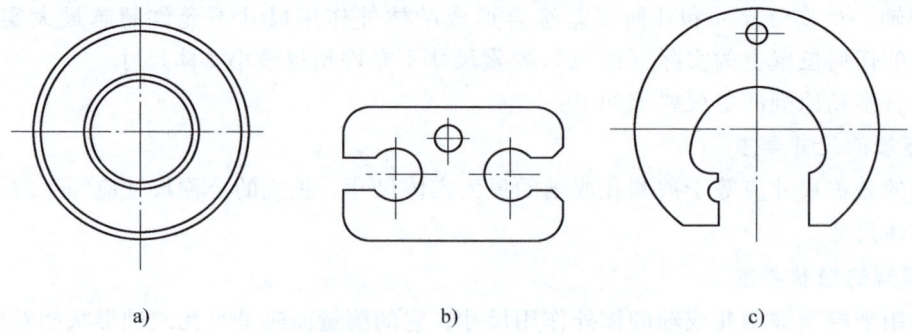

图 6-3 轴用量规的结构形式及公称尺寸范围
a) 环规（1~100mm） b) 双头卡规（3~10mm） c) 单头双极限卡规（1~260mm）

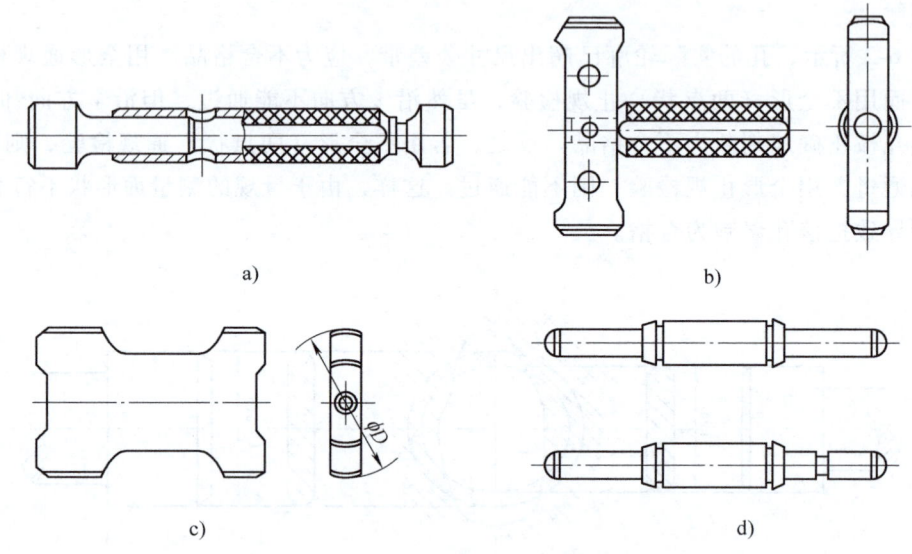

图 6-4 孔用量规的结构形式及公称尺寸范围
a) 锥柄圆柱塞规（1~50mm） b) 单头不全形塞规（80~180mm）
c) 片形塞规（18~315mm） d) 球端杆规（120~500mm）

6.2.2 量规公差带

量规是一种制造精度比被检验工件的精度要求更高的精密检验工具，但在制造过程中也不可避免地会产生误差，因此对量规也必须规定制造公差。

由于通规在使用过程中经常通过工件而逐渐磨损，为了使通规具有一定的使用寿命，应留出适当的磨损储备量，因此对通规应规定磨损极限，即将通规公差带从最大实体尺寸向工件公差带内缩一定的距离；而止规通常不通过工件，所以不需要留磨损储备量，故将止规公差带规定在工件公差带内紧靠最小实体尺寸处。校对量规也不需要留磨损储备量。

1. 工作量规公差带

国家标准 GB/T 1957—2006 规定量规的公差带不得超越工件的公差带，这样有利于防止误收，保证产品质量与互换性。工作量规的公差带分布如图 6-5 所示。图 6-5 中 T_1 为量规制造公差，Z_1 为位置要素（即通规制造公差带中心到工件最大实体尺寸之间的距离），T_1、

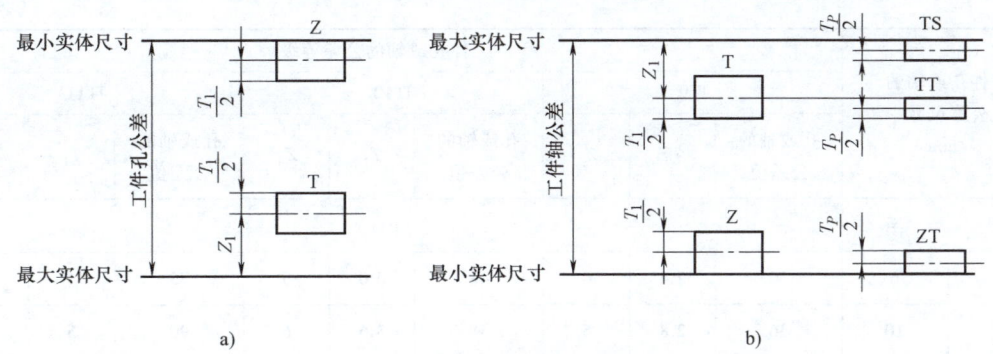

图 6-5 工作量规的公差带

a) 孔用量规的公差带　b) 轴用量规的公差带

Z_1 值取决于工件公差的大小。

国标规定常用的 T_1 值和 Z_1 值见表 6-2。通规的磨损极限尺寸等于工件的最大实体尺寸。

表 6-2 工作量规常用的制造公差 T_1 和位置要素 Z_1 值（摘自 GB/T 1957—2006）

工件孔或轴的公称尺寸/mm		工件孔或轴的公差等级								
		IT6			IT7			IT8		
大于	至	孔或轴的公差值	T_1	Z_1	孔或轴的公差值	T_1	Z_1	孔或轴的公差值	T_1	Z_1
		μm								
—	3	6	1.0	1.0	10	1.2	1.6	14	1.6	2.0
3	6	8	1.2	1.4	12	1.4	2.0	18	2.0	2.6
6	10	9	1.4	1.6	15	1.8	2.4	22	2.4	3.2
10	18	11	1.6	2.0	18	2.0	2.8	27	2.8	4.0
18	30	13	2.0	2.4	21	2.4	3.4	33	3.4	5.0
30	50	16	2.4	2.8	25	3.0	4.0	39	4.0	6.0
50	80	19	2.8	3.4	30	3.6	4.6	46	4.6	7.0
80	120	22	3.2	3.8	3.5	4.2	5.4	54	5.4	8.0
120	180	25	3.8	4.4	40	4.8	6.0	63	6.0	9.0
180	250	29	4.4	5.0	46	5.4	7.0	72	7.0	10.0
250	315	32	4.8	5.6	52	6.0	8.0	81	8.0	11.0
315	400	36	5.4	6.2	57	7.0	9.0	89	9.0	12.0
400	500	40	6.0	7.0	63	8.0	10.0	97	10.0	14.0
工件孔或轴的公称尺寸/mm		工件孔或轴的公差等级								
		IT9			IT10			IT11		
大于	至	孔或轴的公差值	T_1	Z_1	孔或轴的公差值	T_1	Z_1	孔或轴的公差值	T_1	Z_1
		μm								
—	3	25	2.0	3	40	2.4	4	60	3	6

(续)

工件孔或轴的公称尺寸 /mm		工件孔或轴的公差等级								
		IT9			IT10			IT11		
		孔或轴的公差值	T_1	Z_1	孔或轴的公差值	T_1	Z_1	孔或轴的公差值	T_1	Z_1
大于	至	μm								
3	6	30	2.4	4	48	3.0	5	75	4	8
6	10	36	2.8	5	58	3.6	6	90	5	9
10	18	43	3.4	6	70	4.0	8	110	6	11
18	30	52	4.0	7	84	5.0	9	130	7	13
30	50	62	5.0	8	100	6.0	11	160	8	16
50	80	74	6.0	9	120	7.0	13	190	9	19
80	120	87	7.0	10	140	8.0	15	220	10	22
120	180	100	8.0	12	160	9.0	18	250	12	25
180	250	115	9.0	14	185	10.5	20	290	14	29
250	315	130	10.0	16	210	12.0	22	320	16	32
315	400	140	11.0	18	230	14.0	25	360	18	36
400	500	155	12.0	20	250	16.0	28	400	20	40

2. 校对量规公差带

如前所述，只有轴用量规才有校对量规，校对量规的尺寸公差为被校对轴用量规制造公差的 50%。由于校对量规精度高，制造困难，因此在实际生产中通常用量块或其他计量器具代替校对量规，在此不做介绍。

6.2.3 量规的技术要求

1. 量规材料

量规测量面通常用合金工具钢（如 CrMn、CrMnW、CrMoV）、碳素工具钢（如 T10A、T12A）、渗碳钢（如 15 钢、20 钢）及其他耐磨材料（如硬质合金）制造。钢制量规测量面的硬度，不应小于 700HV（或 60HRC）并应经过稳定性处理。

2. 几何公差

国家标准规定工作部位的几何公差应控制在尺寸公差的 50% 内。考虑到制造和测量的困难，当量规的尺寸公差小于或等于 0.002mm 时，其几何公差仍取 0.001mm。

3. 表面粗糙度

量规测量表面不应有锈蚀、毛刺、黑斑、划痕等明显影响外观和使用质量的缺陷。量规测量面的面粗糙度 Ra 值参见表 6-3。

表6-3 量规测量面的表面粗糙度 Ra 值（摘自 GB/T 1957—2006）

工作量规	工作量规的公称尺寸/mm		
	≤120	>120~315	>315~500
	工作量规测量面的表面粗糙度 Ra 值/μm		
IT6 级孔用工作塞规	≤0.05	≤0.10	≤0.20
IT7~IT9 级孔用工作塞规	≤0.10	≤0.20	≤0.40
IT10~IT12 级孔用工作塞规	≤0.20	≤0.40	≤0.80
IT13~IT16 级孔用工作塞规	≤0.40	≤0.80	≤0.80
IT6~IT9 级轴用工作环规	≤0.10	≤0.20	≤0.40
IT10~IT12 级轴用工作环规	≤0.20	≤0.40	≤0.80
IT13~IT16 级轴用工作环规	≤0.40	≤0.80	≤0.80

6.2.4 量规工作尺寸的计算

1）查出被检验工件的极限偏差。
2）查出工作量规的制造公差 T_1 和位置要素 Z_1 值，并确定量规的几何公差。
3）画出工件和量规的公差带图。
4）计算量规的极限偏差。

6.2.5 量规设计应用举例

例 6-1 设计检验 ϕ30H8 孔用的工作量规。

解

1）查表 2-1 得 ϕ30H8 孔的极限偏差为：ES = +0.033mm，EI = 0mm。
2）由表 6-2 查出工作量规塞规制造公差 T_1 和位置要素 Z_1 值，并确定几何公差为：$T_1 = 0.0034$mm，$Z_1 = 0.005$mm，$T_1/2 = 0.0017$mm。
3）画出工件和量规的公差带图，如图 6-6 所示。

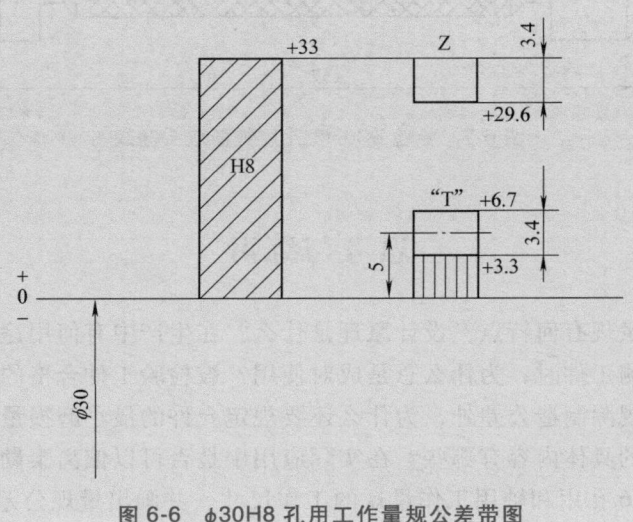

图 6-6 ϕ30H8 孔用工作量规公差带图

4）计算量规的极限偏差。

通规（T）：

上极限偏差 $= EI + Z_1 + T_1/2 = (0 + 0.005 + 0.0017)\text{mm} = +0.0067\text{mm}$

下极限偏差 $= EI + Z_1 - T_1/2 = (0 + 0.005 - 0.0017)\text{mm} = +0.0033\text{mm}$

磨损极限偏差 $= EI = 0\text{mm}$

止规（Z）：

上极限偏差 $= ES = +0.033\text{mm}$

下极限偏差 $= ES - T_1 = (+0.033 - 0.0034)\text{mm} = +0.0296\text{mm}$

5）计算量规的极限尺寸和磨损极限尺寸。

通规（T）：

上极限尺寸 $= \phi(30 + 0.0067)\text{mm} = \phi 30.0067\text{mm}$

下极限尺寸 $= \phi(30 + 0.0033)\text{mm} = \phi 30.0033\text{mm}$

磨损极限尺寸 $= \phi 30\text{mm}$

所以塞规的通规尺寸为 $\phi 30^{+0.0067}_{+0.0033}\text{mm}$，一般在图样上按工艺尺寸标注为 $\phi 30.0067^{0}_{-0.0034}\text{mm}$。

止规（Z）：

上极限尺寸 $= (30 + 0.0330)\text{mm} = \phi 30.0330\text{mm}$

下极限尺寸 $= (30 + 0.0296)\text{mm} = \phi 30.0296\text{mm}$

所以塞规的止规尺寸为 $\phi 30^{+0.0330}_{+0.0296}\text{mm}$，同理，按工艺尺寸标注为 $\phi 30.033^{0}_{-0.0034}\text{mm}$。

6）塞规结构尺寸如图6-7所示。

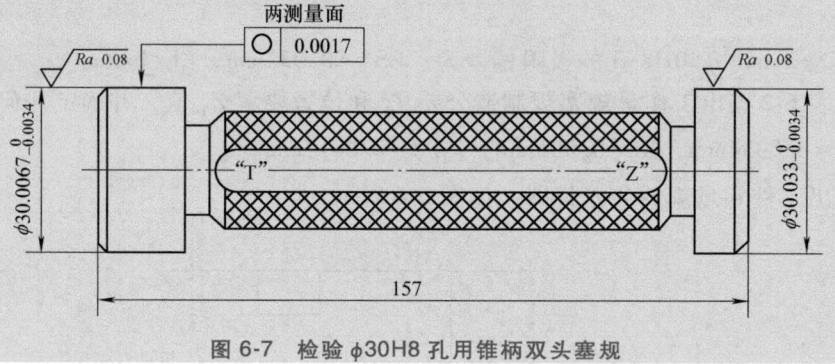

图 6-7　检验 $\phi 30H8$ 孔用锥柄双头塞规

思考与练习

6-1　光滑极限量规有何特点？设计原理是什么？在生产中有何用途？

6-2　用量规检测工件时，为什么总是成对使用？被检验工件合格的标志是什么？

6-3　量规的通规除制造公差外，为什么还要规定允许的最小磨损量与磨损极限？

6-4　泰勒原则的具体内容有哪些？在实际应用中是否可以偏离泰勒原则？

6-5　计算 G7/h6 孔用和轴用工作量规的工作尺寸，并画出量规公差带图。

自我测验题

一、填空题

1. 通规的公称尺寸等于_____，止规的公称尺寸等于_____。
2. 光滑极限量规按用途可分为_____、_____、_____三种。
3. 根据泰勒原则，量规通规的工作面应是_____表面，止规的工作面应是_____表面。
4. 量规通规规定位置要素 Z_1 是为了_____。
5. 量规通规的磨损极限即为工件的_____尺寸。
6. 测量 $\phi 60^{+0.074}_{0}$ mm Ⓔ 孔用工作量规通规的上极限尺寸为_____mm，止规的下极限尺寸为_____mm（已知量规制造公差 $T_1 = 6\mu m$，位置要素 $Z_1 = 9\mu m$）。

二、选择题（将下列题目中所有正确的论述选择出来）

1. 下列论述正确的有_____。
   A. 量规通规的测量长度应等于配合长度
   B. 量规止规的测量长度应比通规短
   C. 量规的结构必须完全符合泰勒原则
   D. 轴用量规做成环规或卡规都属于全形量规

2. 下列论述正确的有_____。
   A. 验收量规是用来验收工作量规的
   B. 验收量规一般不单独制造，而用同一形式且已磨损较多但未超过磨损极限的工作量规代替
   C. 用户代表在用量规验收工件时，通规应接近工件的最大实体尺寸
   D. 量规尺寸公差带采用"内缩工件极限"时，不利于被检工件的互换性，因为它实际上缩小了被检验工件的尺寸公差

3. 下列论述正确的有_____。
   A. 量规通规磨损超过磨损极限时，将产生误收
   B. 量规止规磨损超过磨损极限时，将产生误收
   C. 量规通规实际尺寸小于通规的上极限尺寸时，该通规即不能使用
   D. 孔用量规止规实际尺寸若小于其下极限尺寸时，将产生误废

4. 对检验 $\phi 30P7$ Ⓔ 孔用量规，下列说法正确的有_____。
   A. 该量规称通规   B. 该量规称卡规
   C. 该量规属校对量规   D. 该量规属工作量规

5. 按极限尺寸判断原则，某孔 $\phi 32^{+0.240}_{+0.080}$ mm Ⓔ 轴线的实测直线度误差为 0.05mm 时，其实际尺寸合格的有_____。
   A. 32.080mm   B. 32.200mm   C. 32.120mm   D. 32.150mm

三、综合题

1. 计算检验 $\phi30f7$ 轴用工作量规的工作尺寸,并画出量规的公差带图。

2. 已知某轴 $\phi50f8\left(^{-0.025}_{-0.064}\right)$ Ⓔ 的实测轴径为 $\phi49.966\text{mm}$,轴线直线度误差为 $\phi0.01\text{mm}$,试判断该零件的合格性。采用什么测量器具检验合格性较方便?

3. 用立式光学比较仪测得 $\phi32D11$ 塞规直径为:通规 $\phi32.1\text{mm}$,止规 $\phi32.242\text{mm}$,试判断该塞规是否合格(该测量仪器的分度值为 0.001mm)。

第 7 章

常用联接件的公差与检测

【学习任务】

1. 了解键联接和花键联接的用途,了解采用小径定心的优点。
2. 掌握平键联接和花键联接的特点、结构参数;能根据轴径和使用场合,选用平键联接的规格参数和联接类型,确定键槽尺寸公差、几何公差和表面粗糙度,并能够在图样上正确标注。
3. 熟悉内、外花键和花键副在图样上的标注,能根据标准规定选用花键联接的配合精度和配合种类。
4. 熟悉普通螺纹的主要几何参数;了解螺纹几何参数误差对互换性的影响,掌握螺纹中径合格性判断原则。
5. 掌握普通螺纹公差与配合的选用,能正确理解螺纹标记的技术含义,并能在图样上正确标注。
6. 熟悉普通型平键、花键及普通螺纹的测量方法及合格性评定。

7.1 键联接的公差与检测

键和花键广泛用于轴和轴上传动件(如齿轮、带轮等)之间的可拆卸联接,实现周向固定以传递转矩。也可用作轴上传动件的导向,如变速箱中变速齿轮花键孔与花键轴的联接。

键又称单键,按其结构形式不同分为平键、半圆键、切向键和楔键等几种。平键又分为普通型平键、导向型平键,花键按键齿形状分为矩形花键、渐开线花键等。其中普通型平键和矩形花键应用比较广泛。本章只讨论普通型平键和矩形花键的公差与检测。

7.1.1 普通型平键联接的公差与检测

普通型平键联接由键、轴槽和轮毂槽三部分组成,是靠键的侧面与轴槽、轮毂槽的相互接触来传递运动和转矩的,键的上表面和轮毂槽底面留有一定的间隙,以便装配。普通型平键联接的剖面尺寸如图 7-1 所示,键和键槽的宽度 b 是平键联接的主要配合尺寸。

1. 平键联接的尺寸公差与配合

由于平键是标准件,所以平键与键槽的配合采用基轴制配合。键的尺寸大小是根据轴的直径选取的。国家标准 GB/T 1095—2003《平键 键槽的剖面尺寸》规定键槽宽度对应三种

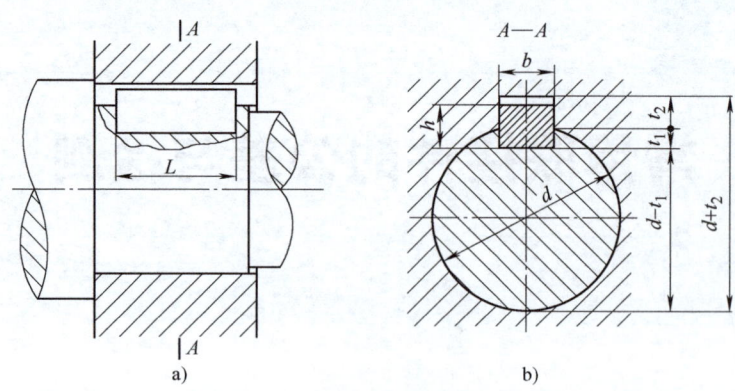

图 7-1 平键联接的剖面尺寸

联接类型,即松联接、正常联接和紧密联接,对轴和轮毂的键槽宽各规定了三种公差带;而国家标准 GB/T 1096—2003《普通型 平键》对键宽规定了一种公差带 h8,这样就构成三种不同性质的配合,以满足各种不同用途的需要。平键联接的公差带图如图 7-2 所示。

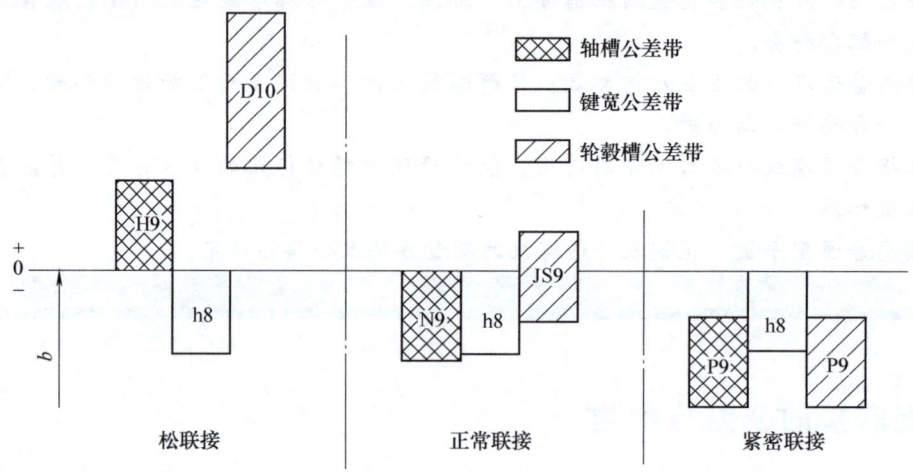

图 7-2 平键联接的公差带图

平键联接的三种配合及应用见表 7-1。常用的普通平键键槽的尺寸及极限偏差见表 7-2。

表 7-1 平键联接的三种配合及应用

配合种类	宽度 b 的公差带			应 用
	键	轴槽	轮毂槽	
松联接	h8	H9	D10	键在轴上及轮毂中均能滑动,主要用于导向型平键;轮毂可在轴上做轴向移动
正常联接	h8	N9	JS9	键在轴槽中和轮毂槽中均固定,用于载荷不大的场合
紧密联接	h8	P9	P9	键在轴槽中和轮毂槽中均牢固地固定,比正常联接配合更紧。用于载荷较大、有冲击和双向传递转矩的场合

2. 平键联接的几何公差和表面粗糙度

1) 为保证键与键槽侧面之间有足够的接触面积和避免装配困难,应分别规定轴槽对轴线和轮毂槽对孔的轴线的对称度公差。对称度公差等级可按国家标准 GB/T 1184—1996《形状和位置公差 未注公差值》确定，一般取 7~9 级。

2）轴槽和轮毂槽两工作侧面为配合表面，其表面粗糙度值一般取 $Ra1.6 \sim 3.2 \mu m$；槽底面等为非配合表面，其表面粗糙度一般取 $Ra6.3 \mu m$。

3. 键槽的图样标注

键槽的图样标注示例如图 7-3 所示。

表 7-2　常用的普通平键键槽的尺寸及极限偏差（摘自 GB/T 1095—2003）

（单位：mm）

轴	键	键 槽									
			宽度 b					深 度			
公称直径 d	键尺寸 b×h	键宽 b	极 限 偏 差					轴槽深 t_1		毂槽深 t_2	
			松联接		正常联接		紧密联接				
			轴 H9	毂 D10	轴 N9	毂 JS9	轴和毂 P9	公称尺寸	极限偏差	公称尺寸	极限偏差
≤6~8	2×2	2	+0.025 0	+0.060 +0.020	-0.004 -0.029	±0.0125	-0.006 -0.031	1.2	+0.1 0	1.0	+0.1 0
>8~10	3×3	3						1.8		1.4	
>10~12	4×4	4	+0.030 0	+0.078 +0.030	0 -0.030	±0.015	-0.012 -0.042	2.5		1.8	
>12~17	5×5	5						3.0		2.3	
>17~22	6×6	6						3.5		2.8	
>22~30	8×7	8	+0.036 0	+0.098 +0.040	0 -0.036	±0.018	-0.015 -0.051	4.0	+0.2 0	3.3	+0.2 0
>30~38	10×8	10						5.0		3.3	
>38~44	12×8	12	+0.043 0	+0.120 +0.050	0 -0.043	±0.0215	-0.018 -0.061	5.0		3.3	
>44~50	14×9	14						5.5		3.8	
>50~58	16×10	16						6.0		4.3	
>58~65	18×11	18						7.0		4.4	

注：在 2003 年的标准文件中，已取消对轴的公称直径 d 的规定，此处给出仅作参考。

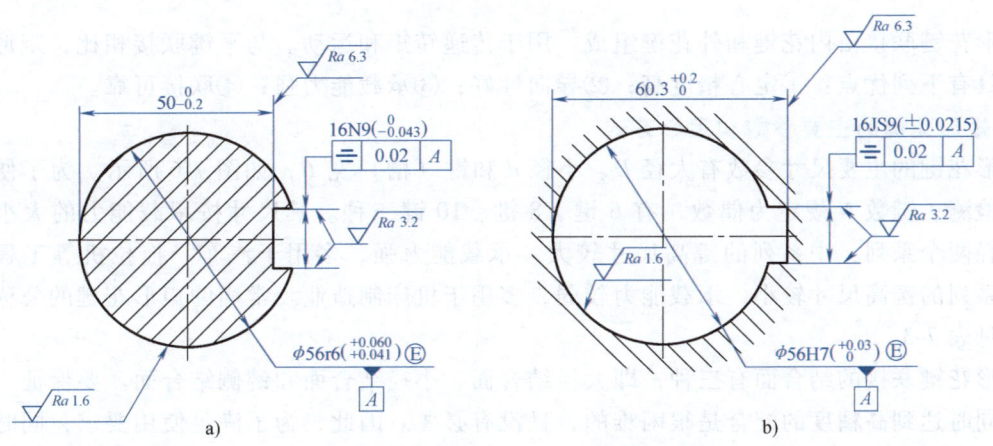

图 7-3　键槽尺寸与几何公差标注示例

a）轴键槽　b）轮毂键槽

4. 平键及键槽的检测

键和键槽尺寸的检测比较简单，在单件、小批量生产中，键的宽度、高度和键槽的宽度、深度等尺寸一般用游标卡尺、千分尺等通用计量器具来测量。在大批量生产中，可用极限量规检测，如图 7-4 所示。

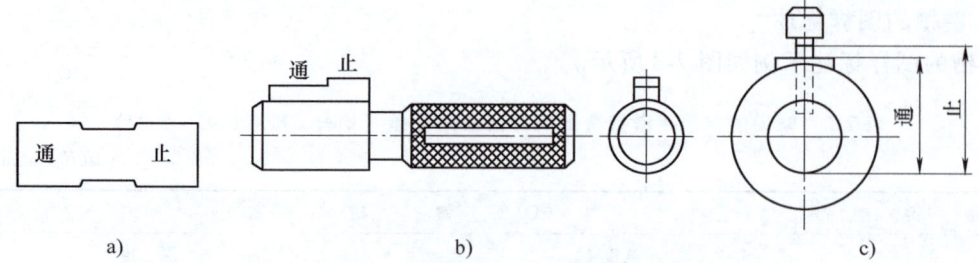

图 7-4　检测键槽尺寸的极限量规

a）检验键槽宽量规　b）检验轮毂槽深量规　c）检验轴槽深量规

例如，若轮毂键槽对称度公差与键槽宽度的尺寸公差，及基准孔孔径的尺寸公差皆遵守最大实体要求，如图 7-5a 所示；这时，键槽对称度误差可用图 7-5b 所示的键槽对称度量规检验。该量规以圆柱面作为定位表面模拟体现基准轴线，来检验键槽对称度误差，若它能够同时自由通过轮毂的基准孔和被测键槽，则表示合格。

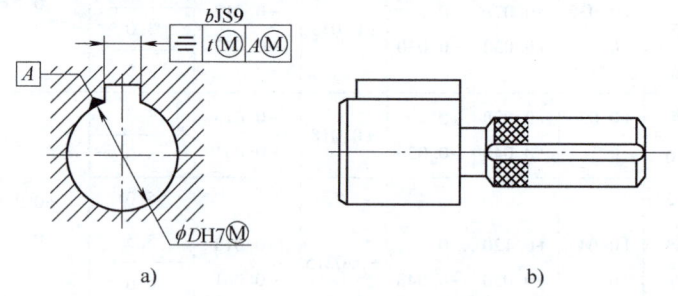

图 7-5　轮毂键槽对称度量规

7.1.2　矩形花键联接的公差与检测

矩形花键联接由内花键和外花键组成，用于传递转矩和运动。与平键联接相比，矩形花键联接具有下列优点：①定心精度高；②导向性好；③承载能力强；④联接可靠。

1. 矩形花键的主要参数和定心方式

矩形花键的主要尺寸参数有大径 D、小径 d 和键（槽）宽 B，如图 7-6 所示。为了便于加工和检测，键数 N 规定为偶数，有 6 键、8 键、10 键三种。其尺寸按承载能力的大小分为中、轻两个系列：中系列的键高尺寸较大，承载能力强，多用于汽车、拖拉机等工程机械；轻系列的键高尺寸较小，承载能力较弱，多用于机床制造业。常用的矩形花键的公称尺寸系列见表 7-3。

矩形花键联接的结合面有三种，即大径结合面、小径结合面和键侧结合面。要保证三种结合面同时达到高精度的配合是很困难的，且没有必要。因此，为了满足使用要求，同时便于加工，只选择其中一种结合面作为主要配合面，并对其按较高的精度制造，以确定内、外花键的配合性质和定心精度。该表面称为定心表面。

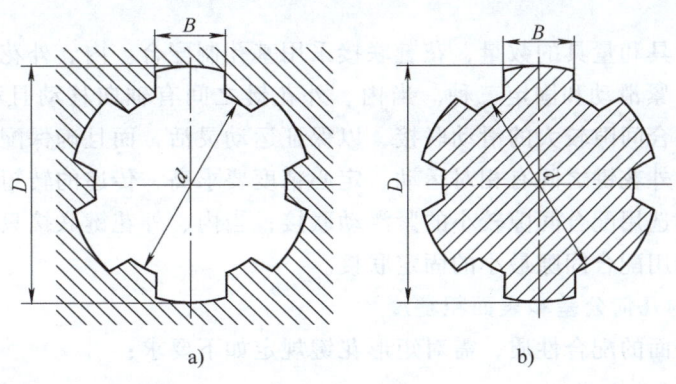

图 7-6　矩形花键的主要尺寸
a) 内花键　b) 外花键

表 7-3　常用的矩形花键的公称尺寸系列（摘自 GB/T 1144—2001）　（单位：mm）

小径 d	轻系列				中系列			
	规格 $N×d×D×B$	键数 N	大径 D	键宽 B	规格 $N×d×D×B$	键数 N	大径 D	键宽 B
23	6×23×26×6	6	26	6	6×23×28×6	6	28	6
26	6×26×30×6	6	30	6	6×26×32×6	6	32	6
28	6×28×32×7	6	32	7	6×28×34×7	6	34	7
32	6×32×36×6	6	36	6	8×32×38×6	8	38	6
36	8×36×40×7	8	40	7	8×36×42×7	8	42	7
42	8×42×46×8	8	46	8	8×42×48×8	8	48	8
46	8×46×50×9	8	50	9	8×46×54×9	8	54	9
52	8×52×58×10	8	58	10	8×52×60×10	8	60	10
56	8×56×62×10	8	62	10	8×56×65×10	8	65	10
62	8×62×68×12	8	68	12	8×62×72×12	8	72	12
72	10×72×78×12	10	78	12	10×72×82×12	10	82	12

每种结合面都可作为定心表面，所以花键有三种定心方式：大径定心、小径定心和键（槽）宽定心。GB/T 1144—2001 规定适用于以小径定心的矩形花键。定心直径 d 有较高的公差等级，非定心直径 D 的公差等级较低，且有较大的间隙。但对非定心的键（槽）宽 B 要求有足够的精度，一般比非定心直径 D 要求严格，以传递转矩和起导向作用。这样利于定心稳定、使用寿命的延长和产品质量的提高。

2. 矩形花键联接的公差与配合

矩形花键的公差与配合按其使用要求分为一般用途和精密传动两类。精密级用于机床变速箱中，其定心精度要求高、传递转矩较大；一般等级适用于汽车、拖拉机的变速箱中。矩形内、外花键的尺寸公差带和装配形式见表 7-4。

从表 7-4 可以看出：定心直径 d 的公差带，在一般情况下，内、外花键取相同的公差等级，且比相应的大径 D 和键（槽）宽 B 的公差等级都高。但在有些情况下（如矩形花键用来作齿轮的基准孔），内花键允许与高一级的外花键配合。如公差带为 H7 的内花键可以与公差带为 f6、g6、h6 的外花键配合，公差带为 H6 的内花键可以与公差带为 f5、g5、h5 的外花键配合。

为减少专用刀具和量具的数量，花键联接采用基孔制配合。内、外花键的装配形式（即配合）分为滑动、紧滑动和固定三种。当内、外花键之间有轴向移动且移动频繁、移动距离长时，应选用配合间隙较大的滑动联接，以保证运动灵活，而且确保配合面间有足够的润滑油层；对于内、外花键之间有相对运动、定心精度要求高、传递的转矩大、运转中需经常反转的联接，则应选用配合间隙较小的紧滑动联接；当内、外花键联接只传递转矩而无相对轴向移动时，应选用配合间隙最小的固定联接。

3. 矩形花键的几何公差和表面粗糙度

为保证定心表面的配合性质，需对矩形花键规定如下要求：

表 7-4　矩形内、外花键的尺寸公差带（摘自 GB/T 1144—2001）

内花键				外花键			装配形式
d	D	\multicolumn{2}{c}{B}	d	D	B	
		拉削后不热处理	拉削后热处理				
\multicolumn{7}{c}{一　般　用　途}	
H7	H10	H9	H11	f7	d10	滑动
				g7	a11	f9	紧滑动
				h7		h10	固定
\multicolumn{7}{c}{精　密　传　动　用}	
H5	H10	H7、H9		f5	d8	滑动
				g5		f7	紧滑动
				h5	a11	h8	固定
H6				f6		d8	滑动
				g6		f7	紧滑动
				h6		h8	固定

注：1. 精密传动用的内花键，当需要控制键侧配合间隙时，槽宽可选用 H7，一般情况可选用 H9。
　　2. 当内花键公差带为 H6 和 H7 时，允许与高一级的外花键配合。

1）为保证装配性能要求，小径定心表面的形状公差和尺寸公差的关系遵守包容要求。

2）对于花键的分度误差，一般用位置度公差来控制，如图 7-7 所示，并采用最大实体要求。位置度公差规定见表 7-5。

表 7-5　矩形花键的位置度公差（摘自 GB/T 1144—2001）　　（单位：mm）

键槽宽或键宽 B		3	3.5~6	7~10	12~18
位置度公差 t_1	键槽宽	0.010	0.015	0.020	0.025
	键宽 滑动、固定	0.010	0.015	0.020	0.025
	紧滑动	0.006	0.010	0.013	0.016

3）单件小批量生产时，应规定键（槽）的中心平面相对于定心表面轴线的对称度和花键等分度公差，如图 7-8 所示，并遵守独立原则。对称度公差值见表 7-6，键（槽）宽的等分度公差值等于其对称度公差值。

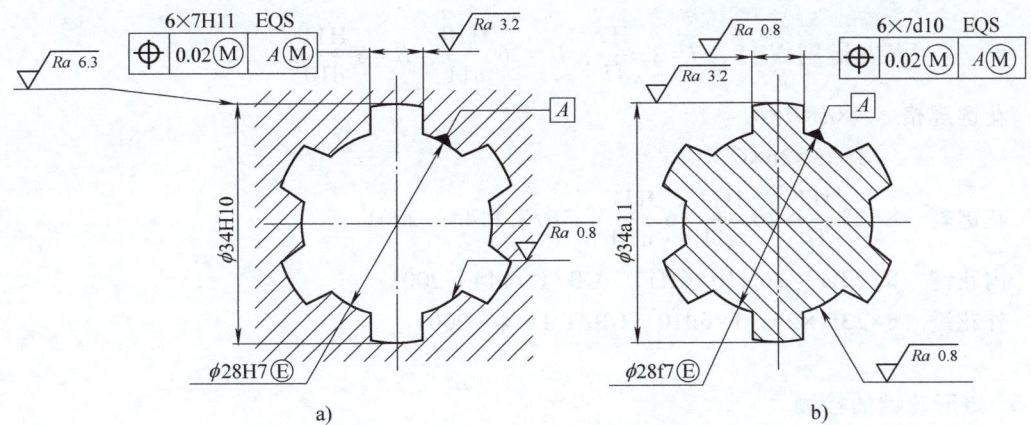

图 7-7 矩形花键位置度公差标注
a) 内花键　b) 外花键

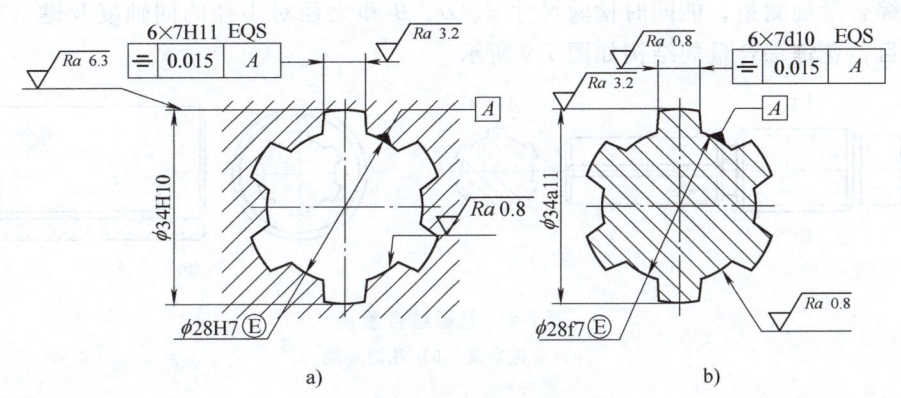

图 7-8 矩形花键对称度公差标注
a) 内花键　b) 外花键

表 7-6 矩形花键的对称度公差（摘自 GB/T 1144—2001）　　（单位：mm）

键槽宽或键宽 B		3	3.5~6	7~10	12~18
对称度公差 t_2	一般用途	0.010	0.012	0.015	0.018
	精密传动用	0.006	0.008	0.009	0.011

4) 对于较长的花键，可根据产品性能自行规定各键槽侧面对定心表面轴线的平行度公差。

5) 矩形花键表面粗糙度值的上限值推荐如下：

① 内花键：小径表面不大于 $Ra1.6\mu m$，键槽侧面不大于 $Ra3.2\mu m$，大径表面不大于 $Ra6.3\mu m$。

② 外花键：小径表面不大于 $Ra0.8\mu m$，键槽侧面不大于 $Ra1.6\mu m$，大径表面不大于 $Ra3.2\mu m$。

4. 矩形花键的标注

矩形花键在图样上标注的项目和顺序是：键数 $N \times$ 小径 $d \times$ 大径 $D \times$ 键（槽）宽 B，其各自的公差带代号或配合代号标注于各公称尺寸之后。

例 7-1 某花键副 $N=8$, $d=23\dfrac{H7}{f7}$, $D=26\dfrac{H10}{a11}$, $B=6\dfrac{H11}{d10}$。

花键规格　$N×d×D×B$
　　　　　$8×23×26×6$

花键副　$8×23\dfrac{H7}{f7}×26\dfrac{H11}{a11}×6\dfrac{H11}{d10}$　GB/T 1144—2001

内花键　$8×23H7×26H10×6H11$　GB/T 1144—2001

外花键　$8×23f7×26a11×6d10$　GB/T 1144—2001

5. 矩形花键的检测

在单件小批量生产中，花键可用通用量具按独立原则分别对 d、D、B 尺寸误差进行单项测量，对键及键槽的对称度误差及等分度误差分别进行测量。对于大批量生产的内、外花键可采用综合量规测量，能同时检验尺寸 d、D、B 和大径对小径的同轴度及键（槽）的位置度等项目，花键综合量规结构如图 7-9 所示。

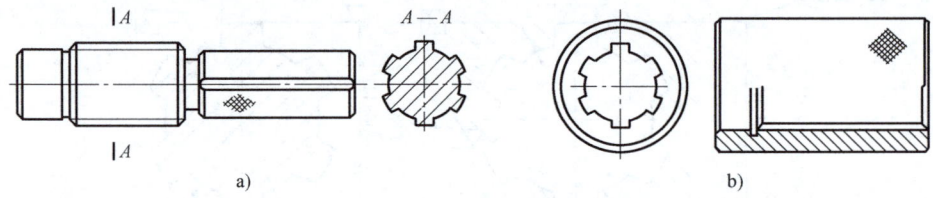

图 7-9　花键综合量规
a）花键塞规　b）花键环规

7.2　普通螺纹的公差与检测

螺纹件在机电产品和仪器中应用很广。按其用途可分为联接螺纹和传动螺纹。联接螺纹又称紧固螺纹，主要用于紧固和联接零件；传动螺纹主要用于传递动力或精确位移，要求具有足够的强度和保证精确的位移。螺纹按牙型分为三角形螺纹、梯形螺纹、矩形螺纹和锯齿形螺纹等。普通螺纹的牙型是三角形，属于联接螺纹。本节主要介绍使用最广泛的普通螺纹的公差、配合及其应用。

7.2.1　普通螺纹的主要几何参数

根据国家标准 GB/T 192—2003，普通螺纹的基本牙型是指在螺纹轴向剖面内，截去原始三角形的顶部和底部后形成的螺纹牙型，如图 7-10 所示。

普通螺纹的几何参数是在过螺纹轴线的剖面上沿径向或轴向计值的。如图 7-11 所示，普通螺纹主要参数（小写字母为外螺纹的几何参数，大写字母为内螺纹的几何参数）如下：

（1）大径 d（D）　大径是指与外螺纹牙顶或内螺纹牙底相切的假想圆柱体的直径，是螺纹的最大直径。国家标准规定：普通螺纹大径的公称尺寸作为螺纹的公称直径，见表 7-7。

（2）小径 d_1（D_1）　小径是指与外螺纹牙底或内螺纹牙顶相切的假想圆柱体的直径，

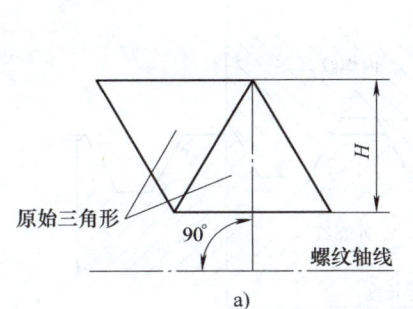
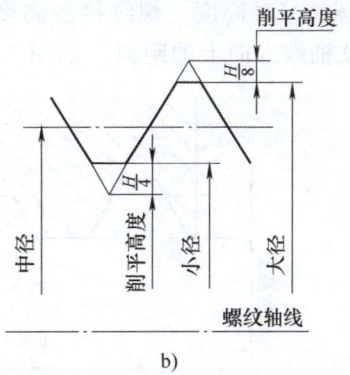

图 7-10 普通螺纹基本牙型

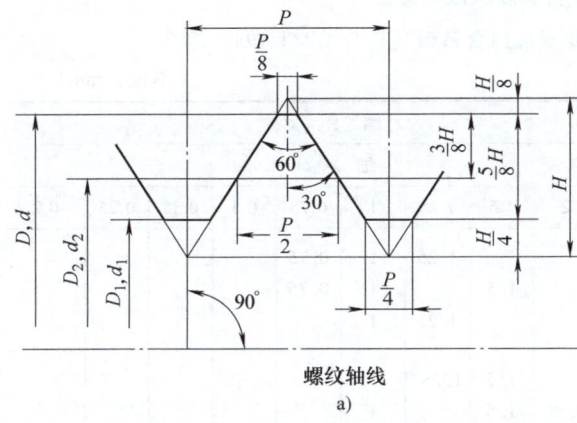
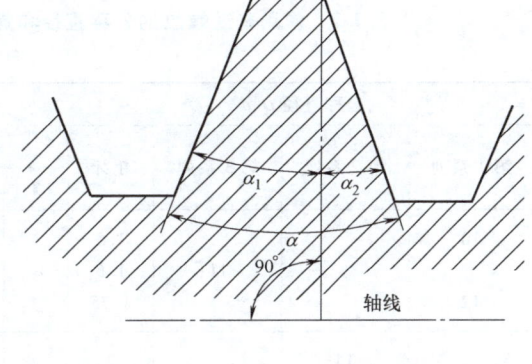

图 7-11 普通螺纹的主要几何参数

是螺纹的最小直径。常用尺寸见表 7-8。

(3) 中径 d_2 (D_2) 中径为一个假想圆柱的直径,该圆柱的母线通过牙型上沟槽和凸起宽度相等的地方。常用尺寸见表 7-8。

(4) 单一中径 d_{2a} (D_{2a}) 单一中径为一个假想圆柱的直径,该圆柱的母线通过牙型上沟槽宽度等于基本螺距一半的地方。当螺距无误差时,螺纹的中径就是螺纹的单一中径;当螺距有误差时,二者不相等。单一中径用三针法测量,通常被近似看作螺纹实际中径尺寸(d_{2a} 或 D_{2a})。

(5) 牙型角 (α) 和牙侧角 (α_1 和 α_2) 在螺纹牙型上,两相邻牙侧间的夹角称为牙型角,对于米制普通螺纹,牙型角 $\alpha = 60°$。牙型角的一半称为牙型半角。

牙侧角是指在螺纹牙型上,牙侧与螺纹轴线垂线间的夹角。左、右牙侧角分别用 α_1 和 α_2 表示。

(6) 螺距 P 和导程 P_h 螺纹相邻两牙在中径线上对应两点间的轴向距离称为螺距。螺距应按 GB/T 193—2003 规定的系列选取,常用的见表 7-7。导程是指同一条螺旋线上相邻两牙在中径线上对应两点间的轴向距离。螺距和导程的关系是:

$$P_h = nP \quad (n \text{ 是螺纹的线数})$$

(7) 螺纹旋合长度 螺纹旋合长度是指两个相互配合的螺纹,沿螺纹轴线方向相互旋合部分的长度,如图 7-12 所示。

（8）螺纹接触高度　螺纹接触高度是指两个相互配合的螺纹牙型上，牙侧重合部分在垂直于螺纹轴线方向上的距离，如图 7-12 所示。

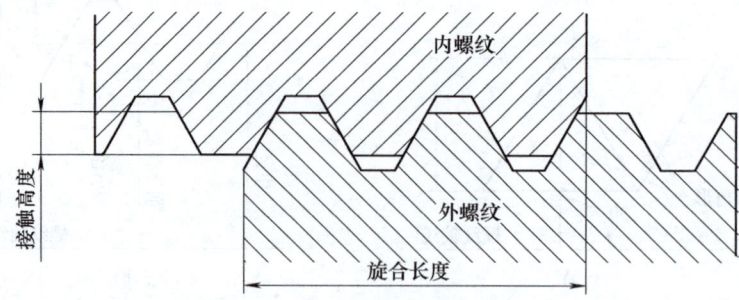

图 7-12　螺纹的旋合长度和接触高度

表 7-7　常用普通螺纹的公称直径和螺距标准组合系列（摘自 GB/T 193—2003）

（单位：mm）

公称直径 D、d			螺距 P								
第 1 系列	第 2 系列	第 3 系列	粗牙	细牙							
				3	2	1.5	1.25	1	0.75	0.5	0.35	0.25	0.2
10			1.5				1.25	1	0.75				
		11	1.5					1	0.75				
12			1.75				1.25	1					
	14		2			1.5	1.25[a]	1					
		15				1.5		1					
16			2			1.5		1					
		17				1.5		1					
	18		2.5		2	1.5		1					
20			2.5		2	1.5		1					
	22		2.5		2	1.5		1					
24			3		2	1.5		1					
		25			2	1.5							
		26				1.5							
	27		3		2	1.5		1					
		28			2	1.5		1					
30			3.5	(3)	2	1.5		1					
	32				2	1.5							
		33	3.5	(3)	2	1.5							
		35[b]				1.5							
36			4	3	2	1.5							
		38				1.5							
	39		4	3	2	1.5							

注：1. a 仅用于发动机火花塞；b 仅用于轴承锁紧螺母。
　　2. 直径优先选用第一系列，其次选择第二系数，最后选择第三系列。
　　3. 带括号的螺距尽量不用。

表 7-8 常用普通螺纹的基本尺寸（摘自 GB/T 196—2003） （单位：mm）

公称直径（大径）D、d	螺距 P	中径 D_2、d_2	小径 D_1、d_1	公称直径（大径）D、d	螺距 P	中径 D_2、d_2	小径 D_1、d_1
10	1.5	9.026	8.376	20	2.5	18.376	17.294
	1.25	9.188	8.647		2	18.701	17.835
	1	9.350	8.917		1.5	19.026	18.376
	0.75	9.513	9.188		1	19.350	18.917
12	1.75	10.863	10.106	24	3	22.051	20.752
	1.5	11.026	10.376		2	22.701	21.835
	1.25	11.188	10.647		1.5	23.026	22.376
	1	11.350	10.917		1	23.350	22.917
16	2	14.701	13.835	30	3.5	27.727	26.211
	1.5	15.026	14.376		3	28.051	26.752
	1	15.350	14.917		2	28.701	27.835
					1.5	29.026	28.376
					1	29.350	28.917

7.2.2 螺纹几何参数误差对互换性的影响

螺纹联接的互换性要求是指相同规格的内、外螺纹在装配过程中的可旋合性及使用过程中联接的可靠性。影响螺纹互换性的几何参数有五个：大径、中径、小径、螺距和牙侧角。标准规定螺纹的大径及小径处均留有一定的间隙，一般不会影响其配合性质，而内、外螺纹联接是依靠它们旋合以后牙侧面接触的均匀性来实现的。因此，影响螺纹互换性的主要几何参数是螺距、牙侧角和中径。

1. 螺距误差的影响

螺距误差包括单个螺距误差和累积误差。前者是指单个螺距的实际值与理论值之差，与旋合长度无关，用 ΔP 表示；后者是指在指定的螺纹长度内，包含若干个螺距的任意两牙，在中径线上对应的两点之间的实际轴向距离与其理论值之差，与旋合长度有关，用 ΔP_Σ 表示，它是主要影响因素。

为便于分析，假设内螺纹具有理想牙型、外螺纹的中径和牙侧角均无误差，仅外螺纹存在螺距累积误差，如图 7-13 所示，在几个螺牙长度上，螺距累积误差为 ΔP_Σ，这时在牙侧处将产生干涉而无法旋合。为了使有螺距累积误差的外螺纹旋入具有理想牙型的内螺纹，应

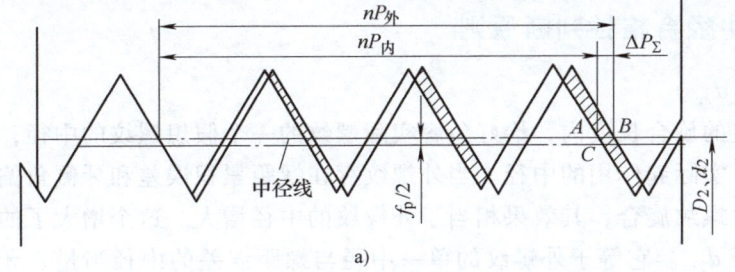
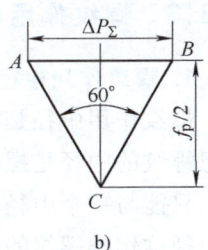

图 7-13 螺距误差的影响

把外螺纹的中径 d_2 减小一个数值 f_p。同理，当内螺纹有螺距累积误差时，为了保证可旋合性，应把内螺纹的中径增大一个数值 F_p。这个 f_p（F_p）值是补偿螺距误差的影响而折算到中径上的数值，称为螺距误差的中径当量或补偿值。

由 $\triangle ABC$ 可知：$f_p(F_p) = |\Delta P_\Sigma| \cot \dfrac{\alpha}{2}$。当 $\alpha = 60°$ 时，可求出 $f_p(F_p) = 1.732|\Delta P_\Sigma|$。

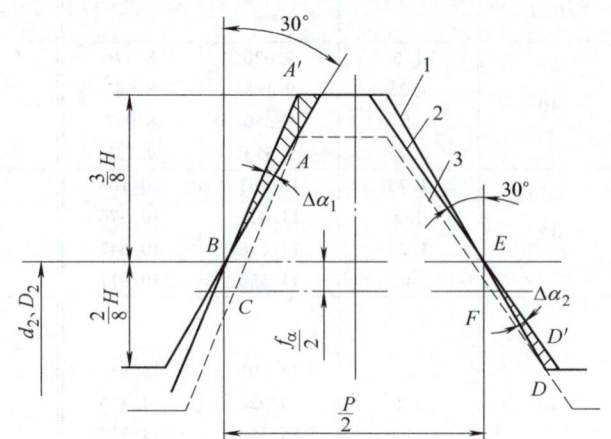

图 7-14　牙侧角偏差对旋合性的影响

2. 牙侧角偏差的影响

牙侧角偏差包括螺纹牙侧的形状误差和牙侧相对于螺纹轴线垂线的位置误差。它对螺纹的旋合性和联接的可靠性均有影响。

为便于分析，假设内螺纹 1 具有理想牙型，外螺纹 2 仅有牙侧角偏差，如图 7-14 所示，外螺纹左牙侧角偏差 $\Delta\alpha_1 < 0$，右牙侧角偏差 $\Delta\alpha_2 > 0$，则会在内、外螺纹牙侧处产生干涉而不能旋合。为了消除干涉区，保证旋合性，须将外螺纹螺牙沿垂直于螺纹轴线的方向向螺纹轴线移动 $f_\alpha/2$ 至虚线 3 处，即将外螺纹中径减少一个数值 f_α。同理，当内螺纹有牙侧角偏差时，为了保证旋合性，应把内螺纹中径加大一个数值 F_α。这个 $f_\alpha(F_\alpha)$ 就是为了补偿牙侧角偏差的影响而折算到中径上的数值，称为牙侧角偏差的中径当量或补偿值。

依据三角形的正弦定理可推导出：

$$f_\alpha(F_\alpha) = 0.073P(K_1|\Delta\alpha_1| + K_2|\Delta\alpha_2|)$$

对于外螺纹，当 $\Delta\alpha_1$、$\Delta\alpha_2$ 为正时，在中径与小径之间的牙侧产生干涉，K_1 和 K_2 取 2；当 $\Delta\alpha_1$、$\Delta\alpha_2$ 为负时，在中径与大径之间的牙侧产生干涉，K_1 和 K_2 取 3。对于内螺纹，情况正好相反，当 $\Delta\alpha_1$、$\Delta\alpha_2$ 为正时，在中径与大径之间的牙侧产生干涉，K_1 和 K_2 取 3；当 $\Delta\alpha_1$、$\Delta\alpha_2$ 为负时，在中径与小径之间的牙侧产生干涉，K_1 和 K_2 取 2。

3. 中径误差的影响

由于螺纹在牙侧面接触，所以中径的大小直接影响牙侧相对轴线的径向位置。若外螺纹的中径大于内螺纹的中径，影响旋合性；反之，如果外螺纹的中径过小，则配合太松，牙侧接触不好，影响联接的可靠性。为此，加工螺纹时应当对螺纹中径误差加以控制。

7.2.3　螺纹作用中径和中径合格性判断原则

1. 螺纹作用中径（D_{2m}、d_{2m}）

螺纹作用中径是指在规定的旋合长度内，恰好包容实际螺纹的一个假想螺纹的中径，此假想螺纹的中径是螺纹旋合时实际起作用的中径。当外螺纹存在螺距累积误差和牙侧角偏差时，只能与一个中径较大的内螺纹旋合，其效果相当于外螺纹的中径增大。这个增大了的假想中径称作外螺纹的作用中径 d_{2m}。它等于外螺纹的单一中径与螺距误差的中径当量、牙侧角偏差的中径当量之和，即

$$d_{2m} = d_{2a} + (f_p + f_\alpha)$$

同理，当内螺纹存在螺距累积误差和牙侧角偏差时，只能与一个中径较小的外螺纹旋合，其效果相当于内螺纹的中径减小。这个减小了的假想中径称作内螺纹的作用中径 D_{2m}。它等于内螺纹的单一中径与螺距误差的中径当量、牙侧角偏差的中径当量之差，即

$$D_{2m} = D_{2a} - (F_p + F_\alpha)$$

2. 螺纹中径合格性的判断原则

由于螺距和牙侧角的误差影响均可折算为中径当量值，因此，只要规定中径公差就可控制中径本身的尺寸误差、螺距累积误差、牙侧角偏差的共同影响。可见中径公差是一项综合公差。

判断螺纹中径是否合格可依据泰勒原则：螺纹的作用中径不能超出最大实体牙型中径，任意位置的实际中径（单一中径）不能超出最小实体牙型中径。

对于外螺纹：作用中径不大于中径最大极限尺寸，任意位置的实际中径不小于中径最小极限尺寸。即

$$d_{2m} \leqslant d_{2\max} \quad d_{2a} \geqslant d_{2\min}$$

对于内螺纹：作用中径不小于中径最小极限尺寸，任意位置的实际中径不大于中径最大极限尺寸。即

$$D_{2m} \geqslant D_{2\min} \quad D_{2a} \leqslant D_{2\max}$$

7.2.4　普通螺纹的公差与配合

国家标准 GB/T 197—2018 将螺纹公差带的两个基本要素——公差带大小（公差等级）和公差带相对于基本牙型的位置（基本偏差）进行标准化规定，组成各种螺纹公差带。

1. 普通螺纹的公差带

（1）公差等级　螺纹公差带的大小由公差值确定，并按公差值的大小分为若干等级，见表 7-9。

表 7-9　普通螺纹公差等级（摘自 GB/T 197—2003）

螺纹直径	公差等级	螺纹直径	公差等级
外螺纹中径 d_2	3，4，5，6，7，8，9	内螺纹中径 D_2	4，5，6，7，8
外螺纹大径 d	4，6，8	内螺纹小径 D_1	4，5，6，7，8

其中，3 级精度最高，6 级为基本级，9 级精度最低。常用普通螺纹的公差值见表 7-10 和表 7-11。因为内螺纹加工较困难，所以在同一公差等级中，内螺纹中径公差比外螺纹中径公差大 32% 左右。

表 7-10　常用普通螺纹的中径公差（摘自 GB/T 197—2018）　　　　（单位：μm）

公称直径 D、d/mm		螺距 P/mm	内螺纹中径公差 T_{D_2}					外螺纹中径公差 T_{d_2}						
			公差等级					公差等级						
>	≤		4	5	6	7	8	3	4	5	6	7	8	9
5.6	11.2	0.75	85	106	132	170	—	50	63	80	100	125	—	—
		1	95	118	150	190	236	56	71	90	112	140	180	224
		1.25	100	125	160	200	250	60	75	95	118	150	190	236
		1.5	112	140	180	224	280	67	85	106	132	170	212	265

（续）

公称直径 D、d/mm		螺距 P/mm	内螺纹中径公差 T_{D_2}					外螺纹中径公差 T_{d_2}					
			公差等级					公差等级					
>	≤		4	5	6	7	8	3	4	5	6	7	8	9
11.2	22.4	1	100	125	160	200	250	60	75	95	118	150	190	236
		1.25	112	140	180	224	280	67	85	106	132	170	212	265
		1.5	118	150	190	236	300	71	90	112	140	180	224	280
		1.75	125	160	200	250	315	75	95	118	150	190	236	300
		2	132	170	212	265	335	80	100	125	160	200	250	315
		2.5	140	180	224	280	355	85	106	132	170	212	265	335
22.4	45	1	106	132	170	212	—	63	80	100	125	160	200	250
		1.5	125	160	200	250	315	75	95	118	150	190	236	300
		2	140	180	224	280	355	85	106	132	170	212	265	335
		3	170	212	265	335	425	100	125	160	200	250	315	400
		3.5	180	224	280	355	450	106	132	170	212	265	335	425
		4	190	236	300	375	415	112	140	180	224	280	355	450
		4.5	200	250	315	400	500	118	150	190	236	300	375	475

国标对内螺纹大径和外螺纹小径均未规定具体公差值，而只规定内、外螺纹牙底实际轮廓上的任何点均不得超过按基本偏差所确定的最大实体牙型，以保证旋合时不发生干涉。

（2）基本偏差 基本偏差是指公差带两极限偏差中靠近零线的那个偏差，确定公差带相对于基本牙型的位置。国标对内螺纹规定了两种基本偏差，代号为 G、H；对外螺纹规定了八种基本偏差，代号为 a、b、c、d、e、f、g、h，如图 7-15 所示。基本偏差值见表 7-11。

表 7-11 常用普通螺纹的基本偏差和顶径公差（摘自 GB/T 197—2018）（单位：μm）

螺距 P/mm	内螺纹的基本偏差 EI		外螺纹的基本偏差 es								内螺纹小径公差 T_{D_1}				外螺纹大径公差 T_d		
											公差等级				公差等级		
	G	H	a	b	c	d	e	f	g	h	4	5	6	7	8	4	6	8
1	+26	0	−290	−200	−130	−85	−60	−40	−26	0	150	190	236	300	375	112	180	280
1.25	+28		−295	−205	−135	−90	−63	−42	−28		170	212	265	335	425	132	212	335
1.5	+32		−300	−212	−140	−95	−67	−45	−32		190	236	300	375	475	150	236	375
1.75	+34		−310	−220	−145	−100	−71	−48	−34		212	265	335	425	530	170	265	425
2	+38		−315	−225	−150	−105	−71	−52	−38		236	300	375	475	600	180	280	450
2.5	+42		−325	−235	160	−110	−80	−58	−42		280	355	450	560	710	212	335	530
3	+48		−335	−245	−170	−115	−85	−63	−48		315	400	500	630	800	236	375	600
3.5	+53		−345	−255	−180	−125	−90	−70	−53		355	450	560	710	900	265	425	670
4	+60		−355	−265	−190	−130	−95	−75	−60		375	475	600	750	950	300	475	750

2. 螺纹的旋合长度确定与精度等级选用

螺纹的配合精度不仅与公差等级有关，而且与旋合长度有关。

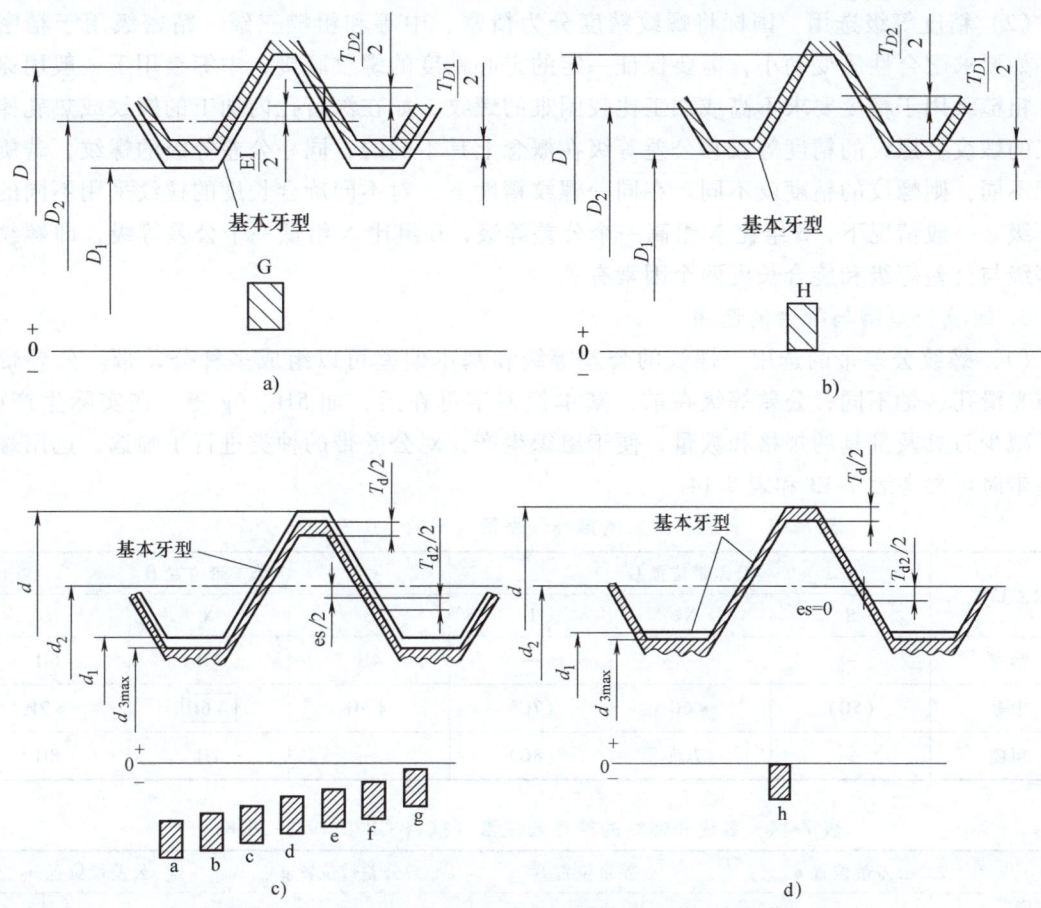

图 7-15 内、外螺纹的公差带位置
a）内螺纹公差带位置 G　b）内螺纹公差带位置 H
c）外螺纹公差带位置 a、b、c、d、e、f、g　d）外螺纹公差带位置 h

（1）旋合长度确定　GB/T 197—2018 按螺纹的公称直径和螺距将其对应的旋合长度分为短组（S）、中等组（N）和长组（L）三组，常用螺纹的旋合长度见表 7-12。一般优先选用中等组，只有当结构或强度上有需要时，才选用短组和长组。

表 7-12　常用螺纹的旋合长度（摘自 GB/T 197—2003）　（单位：mm）

公称直径 D、d		螺距 P	旋合长度		
>	≤		S	N		L
			≤	>	≤	>
5.6	11.2	0.75	2.4	2.4	7.1	7.1
		1	3	3	9	9
		1.25	4	4	12	12
		1.5	5	5	15	15
11.2	22.4	1	3.8	3.8	11	11
		1.25	4.5	4.5	13	13
		1.5	5.6	5.6	16	16
		1.75	6	6	18	18
		2	8	8	24	24
		2.5	10	10	30	30

(2) 精度等级选用　国标将螺纹精度分为精密、中等和粗糙三级。精密级用于精密螺纹，如要求配合性质变动小，需要保证一定的定心精度的螺纹联接；中等级用于一般用途螺纹；粗糙级用于精度要求不高或加工比较困难的螺纹，如在深盲孔内加工的螺纹或热轧棒上加工的螺纹。螺纹的精度等级和公差等级在概念上是不同的，同一公差等级的螺纹，若旋合长度不同，则螺纹的精度就不同。在同一螺纹精度下，对不同旋合长度的螺纹采用不同的公差等级。一般情况下，S组比N组高一个公差等级，L组比N组低一个公差等级，即螺纹精度等级与公差等级和旋合长度两个因素有关。

3. 螺纹公差带与配合的选用

(1) 螺纹公差带的选用　螺纹的公差等级和基本偏差可以组成多种公差带。公差带代号与光滑孔、轴不同，公差等级在前，基本偏差字母在后，如5H、6g等。在实际生产中，为了减少刀具及量具的规格和数量，便于组织生产，对公差带的种类进行了筛选，选用螺纹公差带时可参考表7-13和表7-14。

表7-13　普通内螺纹的推荐公差带（摘自GB/T 197—2018）

公差精度	公差带位置 G			公差带位置 H		
	S	N	L	S	N	L
精密	—	—	—	4H	5H	6H
中等	(5G)	*6G	(7G)	*5H	*6H*	*7H
粗糙	—	(7G)	(8G)	—	7H	8H

表7-14　普通外螺纹的推荐公差带（摘自GB/T 197—2018）

公差精度	公差带位置 e			公差带位置 f			公差带位置 g			公差带位置 h		
	S	N	L	S	N	L	S	N	L	S	N	L
精密	—	—	—	—	—	—	—	(4g)	(5g4g)	(3h4h)	*4h	(5h4h)
中等	—	*6e	(7e6e)	—	*6f	—	(5g6g)	*6g*	(7g6g)	(5h6h)	6h	(7h6h)
粗糙	—	(8e)	(9e8e)	—	—	—	—	8g	(9g8g)	—	—	—

注：1. 大量生产的精制紧固件螺纹，推荐采用带方框的粗字体公差带。
　　2. 带"*"的公差带应优先选用，其次是不带"*"的公差带，括号内的公差带尽量不用。

(2) 配合的选用　内、外螺纹的公差带可以任意组成各种配合。国家标准推荐完工后的螺纹配合最好是H/g、H/h或G/h。为了保证螺纹旋合后的同轴度及足够的接触高度，可选用H/h配合。为了装拆方便，一般选用H/g或G/h配合。对于需要涂镀保护层的螺纹，根据镀层的厚度选用配合。当镀层厚度为10μm时可采用g；当镀层厚度为20μm时可采用f；当镀层厚度为30μm时可采用e；当内、外螺纹均涂镀时，可采用G/e或G/f的配合。

4. 螺纹在图样上的标注

螺纹的完整标注，由螺纹特征代号（M）、尺寸代号（公称直径×螺距）、公带带代号（中径和顶径公差带代号）及其他有必要做进一步说明的个别信息组成。各部分之间用"-"隔开。当螺纹是粗牙螺纹时，粗牙螺距可省略标注（可由表7-7查得螺距数值）。右旋螺纹不标注旋向代号，而左旋螺纹应在旋合长度代号之后标注"LH"代号。当中径、顶径公差带代号不同时，应分别注出，前者为中径，后者为顶径。若中径、顶径公差带相同，则应只标注一个公差带代号。旋合长度代号的中等旋合长度组代号N不需要注出，短组和长组应在公差带代号后分别标注S和L。不必标出旋合长度具体数值。

标注内、外螺纹配合时，内螺纹公差带代号在前，外螺纹公差代带号在后，中间用斜线分开。

（1）零件图上的标记　M20×2-5H-LH 表示：公称直径为 20mm，螺距为 2mm，中径和顶径公差带代号为 5H 的中等旋合长度的左旋普通细牙内螺纹。

（2）装配图上的标注　M20×2-6H/5g6g 表示：公称直径为 20mm，螺距为 2mm，细牙，右旋，中等旋合长度，中径和顶径公差带代号为 6H 的内螺纹与中径和顶径公差带代号分别为 5g、6g 的外螺纹旋合。

（3）简化标注　M20 表示：公称直径为 20mm，螺距为 2.5mm，单线，中径和顶径公差带代号都为 6H，中等旋合长度的粗牙右旋内螺纹；或者中径和顶径公差带代号都为 6g（其他项同前）的外螺纹；或者是 6H/6g（其他项同前）的螺旋副，视具体情况而定。

5. 应用举例

例 7-2　测量 M24-6H 的内螺纹，测量结果为 $D_{2a} = 22.200$mm，$\Delta P_\Sigma = 25\mu m$，$\Delta \alpha_1 = -60'$，$\Delta \alpha_2 = +70'$。试求该螺纹的作用中径，判断该螺纹中径的合格性。

解

（1）确定中径极限尺寸　查表 7-8，M24-6H 的螺距 $P = 3$mm，中径 $D_2 = 22.051$mm。查表 7-10，中径公差 $T_{D_2} = 265\mu m$。查表 7-11，中径下极限偏差 $EI = 0\mu m$。

中径的极限尺寸：$D_{2\max} = 22.316$mm，$D_{2\min} = 22.051$mm。

（2）计算作用中径

$$F_p = 1.732|\Delta P_\Sigma| = 1.732 \times 25\mu m = 0.0433mm$$

$$F_\alpha = 0.073P(K_1|\Delta \alpha_1| + K_2|\Delta \alpha_2|) = 0.073 \times 3 \times (2 \times 60 + 3 \times 70)\mu m = 0.072mm$$

$$D_{2m} = D_{2a} - (F_p + F_\alpha) = [22.200 - (0.0433 + 0.072)]mm = 22.085mm$$

（3）判断螺纹中径的合格性　依据中径合格性判断原则（泰勒原则）：因为 $D_{2a} = 22.200$mm、$D_{2\max} = 22.316$mm、$D_{2m} = 22.085$mm、$D_{2\min} = 22.051$mm，所以 $D_{2a} < D_{2\max}$、$D_{2m} > D_{2\min}$。

故该被测内螺纹中径合格。

7.2.5　普通螺纹的测量

普通螺纹的测量方法分为综合测量和单项测量两种。

1. 综合测量

综合测量是指一次同时检验螺纹的多个参数。这种方法不能测出螺纹参数的具体数值，但检验效率高，适用于成批生产的中等精度的螺纹。实际生产中广泛采用按照泰勒原则设计的螺纹量规和光滑极限量规进行螺纹合格性综合检验。

螺纹量规分为螺纹塞规（用于检验内螺纹）和螺纹环规（用于检验外螺纹），均由通规（通端）和止规（止端）组成。通规用于检验内、外螺纹的作用中径和小径的合格性，应有完整的牙型，其螺纹长度要与被测螺纹旋合长度相当（至少等于被测工件旋合长度的 80%）。止规用于检验内、外螺纹的单一中径的合格性，为了避免牙侧角偏差和螺距误差对检验结果的影响，止规的牙型常做成截短牙型，且螺纹长度只有 2~3.5 牙。

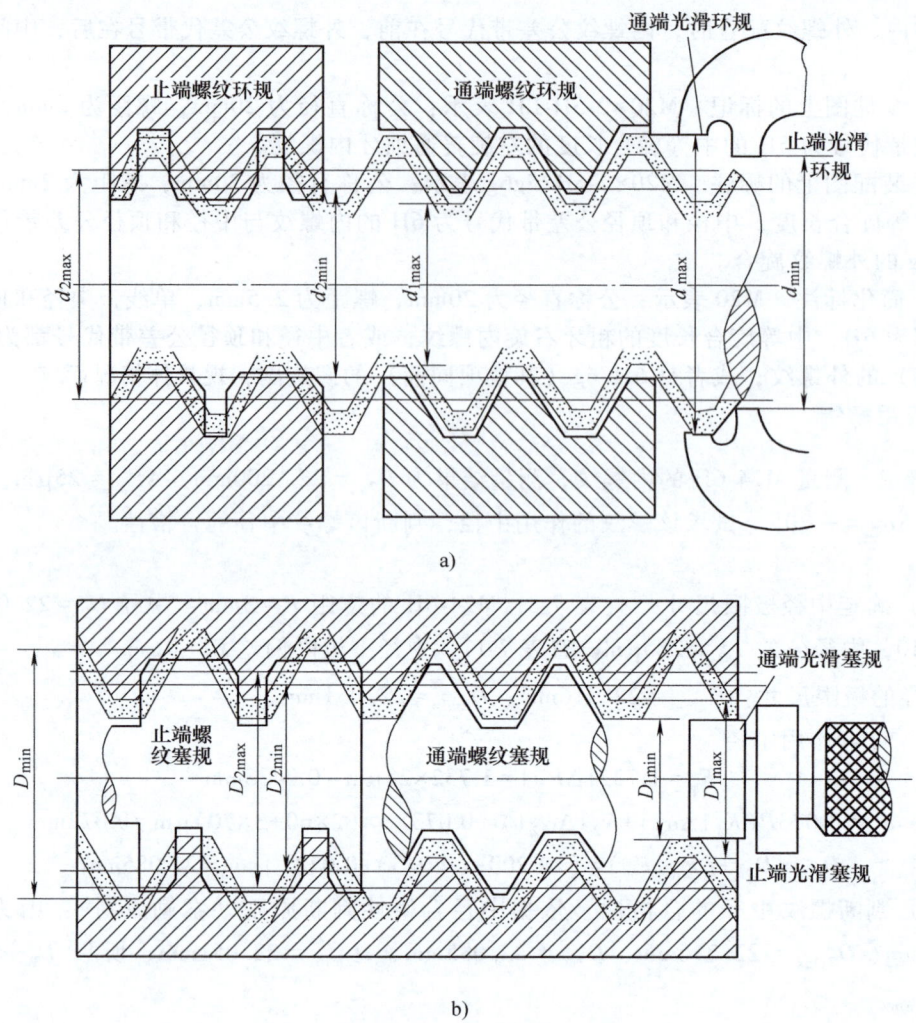

图 7-16 用螺纹量规检验内、外螺纹
a) 外螺纹量规　b) 内螺纹量规

光滑极限量规用于检验内、外螺纹顶径尺寸的合格性。

螺纹量规检验外螺纹和内螺纹的情况如图 7-16 所示。

2. 单项测量

单项测量一般是分别测量螺纹的各个参数，常用于螺纹量规、螺纹刀具及精密螺纹的检测。常用方法有：

（1）用螺纹千分尺测量外螺纹中径　螺纹千分尺是测量低精度外螺纹中径的常用工具。它的结构和一般外径千分尺相似，不同之处是测量头成对配套使用，可以根据不同螺纹牙型和螺距选用不同的测量头，每对测量头只能测量一定螺距范围内的螺纹中径，如图 7-17 所示。

（2）用三针量法测量外螺纹单一中径　三针法是一种间接测量方法，测量精度高，主要用于测量精密螺纹（如丝杠、螺纹塞规）的单一中径。测量时，将三根直径相等的量针分别放在被测螺纹两边的牙槽中，用光学计或比较仪测出针距 M 值，如图 7-18 所示。根据

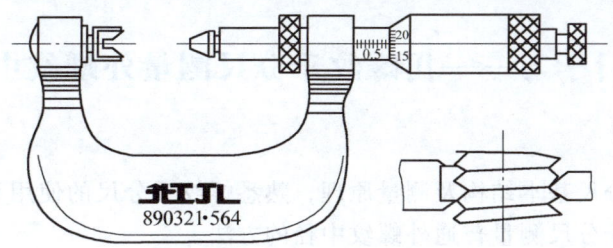

图 7-17 螺纹千分尺

被测螺纹已知的螺距 P、牙型半角 $\alpha/2$ 和量针直径 d_0，可按下式计算出被测螺纹单一中径：

$$d_{2a} = M - d_0\left(1 + \frac{1}{\sin\frac{\alpha}{2}}\right) + \frac{P}{2}\cot\frac{\alpha}{2}$$

对于米制普通螺纹，$\alpha=60°$，则

$$d_{2a} = M - 3d_0 + 0.866P$$

为了消除牙侧角偏差对测量结果的影响，应使量针在中径线上与牙侧接触，则必须选择最佳量针直径，如图 7-19 所示。则量针的最佳直径 $d_{0最佳}$：

$$d_{0最佳} = \frac{P}{2\cos\dfrac{\alpha}{2}}$$

（3）用工具显微镜测量螺纹各参数　工具显微镜测量属于影像法测量，用工具显微镜将被测螺纹的牙型轮廓放大成像，按影像测量其螺距、牙侧角和中径等几何参数。各种精密螺纹，如螺纹量规、丝杠、螺杆、滚刀等，都可在工具显微镜上进行测量。此方法也可用于生产中的工艺分析。

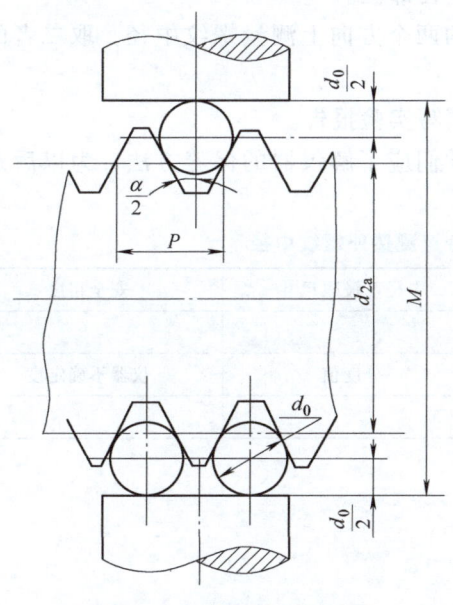

图 7-18　三针量法测量外螺纹单一中径

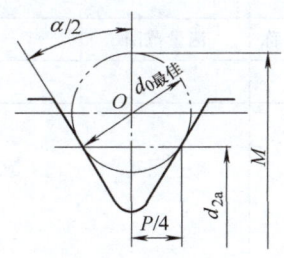

图 7-19　最佳量针

项目学习——用螺纹千分尺测量外螺纹中径

1. 项目任务
1) 了解螺纹千分尺基本结构及测量原理,熟悉螺纹千分尺的使用和调整方法。
2) 掌握用螺纹千分尺测量普通外螺纹中径的方法。

2. 项目计划
1) 了解普通螺纹测量常用方法的原理及应用场合。
2) 熟悉螺纹千分尺测量普通外螺纹中径的方法和步骤。
3) 填写实验报告单,解答项目思考题。
4) 项目评价。
5) 分析测量结果,结合有关资料进行总结。

3. 项目准备
被测普通外螺纹零件、螺纹千分尺、挂图、技术标准等,PowerPoint 教学课件。

4. 项目实施
(1) 螺纹测量的常用方法　螺纹测量的常用方法有单项测量、综合测量。
(2) 螺纹测量的评定方法　根据不同的普通螺纹精度要求,依据国标规定的中径公差进行评定。
(3) 螺纹千分尺简介(见第 7.2.5 节)
(4) 实验步骤
1) 根据被测普通螺纹零件的螺距选取一对测量头。
2) 清洁螺纹千分尺与被测螺纹零件,校正螺纹千分尺零位。
3) 在两测量头之间放入被测螺纹零件,找正中径部位。
4) 选取两个截面,分别在同一截面相互垂直的两个方向上测量螺纹中径,取二者的平均值作为螺纹的实际中径。
5) 查出中径公差,判断螺纹中径的合格性,填写实验报告。
6) 整理现场。通过对仪器的使用后处理,同学们应了解仪器的保养方法,为以后走上工作岗位打下基础。

项目学习实验报告　用螺纹千分尺测量外螺纹中径

被测零件	名称	螺纹标记	中径上极限尺寸	中径下极限尺寸	安全裕度
计量器具	名称	测量范围	标尺范围	分度值	仪器不确定度
测量示意图					

测量截面	I—I	II—II
方向一		
方向一的垂直方向		
合格性判断		
审阅		成绩

5. 项目思考题

1）用螺纹千分尺测量外螺纹中径时，如何选择测量头？

2）用螺纹千分尺测量外螺纹中径时，哪些因素会影响测量精度？

6. 项目评价

按第 3 章项目学习（一）的评价指标对此项目进行评价和总结。

小结：

1）通过理论知识的学习，掌握有关螺纹公差与测量的基本知识。

2）以普通外螺纹零件为例进行螺纹中径的测量，达到熟悉测量仪器以及掌握基本测量方法的目的。

思考与练习

7-1　平键联接中，平键与键槽的配合采用的是哪种基准制？为什么？

7-2　平键联接的配合种类有哪些？各适用于什么场合？

7-3　矩形花键联接有哪几种定心方式？国标为什么采用小径定心？

7-4　矩形花键联接的配合种类有哪些？各适用于什么场合？

7-5　螺纹中径公差的含义是什么？为什么称中径公差为综合公差？

7-6　查表写出 M24×2-6g-S 螺栓的大径、中径的极限偏差，并计算它们的极限尺寸。

7-7　试说明下列螺纹标记中各代号的含义。

（1）M24-7H　　（2）M36×2-5g6g-S　　（3）M30×2-6H/5g6g-L

7-8　某机床变速箱中，有一个 6 级精度齿轮的内花键与外花键联接，花键规格为 6×26×30×6，内花键长 30mm，外花键长 75mm，齿轮内花键经常需要相对于外花键做轴向移动，定心精度要求较高。试确定：

1）齿轮内花键和外花键的公差带代号，计算小径、大径、键（槽）宽的极限尺寸。

2）分别写出花键联接在装配图上和零件图上的标记。

3）绘制公差带图，并将各参数的公称尺寸和极限偏差标注在图上。

自我测验题

一、判断题（正确的打√，错误的打×）

1. 平键联接中，键与轴上键槽的配合采用基孔制。（ ）
2. 矩形花键定心方式，国家标准只规定大径定心一种方式。（ ）
3. 螺纹中径是影响螺纹互换性的主要参数。（ ）
4. 普通螺纹的配合精度与公差等级和旋合长度有关。（ ）
5. 国标对普通螺纹除规定中径公差外，还规定了螺距公差和牙侧角公差。（ ）
6. 当螺距无误差时，螺纹的单一中径等于实际中径。（ ）
7. 作用中径反映了实际螺纹的中径误差、螺距累积误差和牙侧角偏差的综合影响。（ ）

二、选择题（将下列题目中所有正确的论述选择出来）

1. 平键联接的键宽公差带为 h8，在采用一般联接，用于载荷不大的一般机械传动的固定联接时，其轴槽宽与毂槽宽的公差带分别为（ ）。
   A. 轴槽 H9，毂槽 D10   B. 轴槽 N9，毂槽 JS9
   C. 轴槽 P9，毂槽 P9   D. 轴槽 H7，毂槽 E9
2. 花键的分度误差一般用（ ）公差来控制。
   A. 平行度   B. 位置度   C. 对称度   D. 同轴度
3. 可以用普通螺纹中径公差限制（ ）。
   A. 螺距误差   B. 大径误差   C. 中径误差   D. 小径误差
4. 国家标准对内、外螺纹规定了（ ）。
   A. 中径公差   B. 顶径公差   C. 底径公差   D. 螺距公差

三、填空题

1. 单键分为＿＿＿、＿＿＿、＿＿＿和楔键等几种，其中以＿＿＿应用最广。
2. 花键按键齿形状的不同可分为＿＿＿、＿＿＿等。其中应用最广的是＿＿＿。
3. 花键联接与平键联接相比，其主要优点是＿＿＿＿＿＿＿＿＿＿＿＿＿＿＿＿。
4. 影响螺纹互换性功能要求的主要加工误差有＿＿＿、＿＿＿、＿＿＿。
5. 合格的螺纹中径应遵守的泰勒原则是＿＿＿＿＿＿＿＿＿＿＿＿。
6. 普通螺纹精度标准仅对螺纹的＿＿＿规定了公差，而螺距误差、牙侧角偏差则由＿＿＿控制。
7. 对内螺纹，标准规定了＿＿＿两种基本偏差。对外螺纹，标准规定了＿＿＿四种基本偏差。
8. M10×1-5g6g-S 的含义：M10 表示＿＿＿，1 表示＿＿＿，5g 表示＿＿＿，6g 表示＿＿＿，S 表示＿＿＿。
9. 国家标准按螺纹的不同旋合长度给出＿＿＿＿＿＿三级精度。
10. 普通螺纹的公差带是以＿＿＿＿＿＿为零线，公差带大小由＿＿＿决定，公差带的位置由＿＿＿决定。

四、综合题

1. 某减速器传递一般转矩，其中某一齿轮与轴之间通过平键联接来传递转矩。已知轴径 $d=30$mm，键宽 $b=8$mm，试确定键槽的尺寸与配合，查出其极限偏差值，并作出公差带图。

2. 有一螺栓 M20×2-5h，加工后测量结果：单一中径为 18.681mm。螺距累积误差的中径当量 $f_P=0.018$mm，牙侧角偏差的中径当量 $f_\alpha=0.022$mm，已知中径尺寸为 18.701mm，试判断该螺栓的合格性。

第 8 章

渐开线圆柱齿轮传动的公差与检测

【学习任务】
1. 掌握齿轮传动的使用要求，掌握影响齿轮传动使用要求的各项偏差指标的代号、定义、作用及检测方法和评定。
2. 熟悉渐开线圆柱齿轮的精度标准、精度等级选择及确定方法和齿轮主要加工误差产生原因的分析方法。
3. 了解齿轮副的精度指标，会查用齿坯尺寸公差、几何公差及表面粗糙度。

齿轮传动广泛应用在各种机器和仪器的传动装置中。齿轮的制造精度在一定程度上影响着机器和仪器的工作性能、承载能力和使用寿命。目前，科学技术的迅猛发展，对机器和仪器的传递功率和工作精度都提出了更高的要求，从而对齿轮的传递精度也提出了更高的要求。因此，研究齿轮传动偏差指标、精度标准及检测方法，对提高齿轮加工质量具有重要的意义。

8.1 概述

8.1.1 齿轮传动的使用要求

1. 传递运动的准确性

要求齿轮在一转范围内，转角误差的最大值应限制在一定范围内。齿轮副传动比的变化应尽量小，以保证传递运动的准确性。

理论上，齿轮传动应按设计规定的传动比来传递运动，即主动轮转过一定角度时，从动轮应按传动关系转过一个相应的角度。但由于齿轮的加工误差和齿轮副安装误差，从动齿轮的实际转角不等于理论转角，产生了转角误差，导致实际传动比与理论传动比产生差异。

2. 传递运动的平稳性

要求齿轮在一齿距角范围内的转角误差的最大值限制在一定范围内，使齿轮传动的瞬时传动比的变化尽量小。因为瞬时传动比的变化会使传动过程产生冲击、振动和噪声，不仅影响齿轮传动的平稳性，还折损齿轮寿命、增加能量消耗和污染工作环境。

3. 载荷分布的均匀性

要求齿轮啮合时工作齿面沿齿宽和全齿长上接触良好，接触面积尽可能大，使轮齿承载均匀。工作齿面载荷分布不均匀将导致齿面接触应力集中，造成局部磨损，缩短齿轮的使用寿命。

4. 侧隙的合理性

要求齿轮啮合时非工作齿面间应留有一定的间隙，用以储油润滑或补偿因温度变化和弹性变形引起的尺寸变化，以及齿轮的制造和安装中所产生的误差，防止传动中出现卡死或烧伤现象。但对于经常需要正、反转的传动齿轮副，侧隙不宜过大，过大会引起换向冲击，产生空程。

齿轮的用途和工作条件不同，对齿轮上述四项使用要求的侧重点也会有所不同。

精密机床的分度齿轮、测量仪器的读数齿轮和控制系统中的齿轮，这类齿轮传动功率小、模数小、转速低，主要要求齿轮传动的准确性，一般要求齿轮在一转中的转角误差控制在 $1'\sim2'$ 范围内，甚至十几秒。若齿轮需要正、反转，还应尽量减小传动侧隙，以减小反转时的空程误差。

对于一般机器的动力齿轮，如汽车、拖拉机和机床的变速齿轮，主要要求齿轮传动的平稳性和载荷分布的均匀性，以减小振动和噪声。

对于低速、重载的传动齿轮，如轧钢机、起重机械和矿山机械中的低速、重载齿轮，主要要求载荷分布的均匀性，以保证足够的承载能力，而对传递运动的准确性和平稳性要求不高。

对于高速、重载的齿轮，如汽轮机减速器上的齿轮，对传递运动的准确性、平稳性和承载的均匀性均有较高的要求，同时还应具有较大的间隙，用以储油润滑和补偿受力产生的变形。

8.1.2 齿轮的主要加工误差

齿轮加工误差主要来源于齿轮加工工艺系统的机床、刀具、夹具和齿坯本身的误差及其安装、调整的误差等。现以滚齿为例来分析齿轮的加工误差。

1. 几何偏心导致齿轮径向误差

在机床上加工齿坯时，齿坯定位孔与机床心轴之间有间隙，使齿坯孔基准轴线 $O_1—O_1$ 与机床工作台回转轴线 $O—O$ 不重合，产生安装偏心（偏心距为 e），如图 8-1 所示。由于该项偏心的存在，加工完的齿轮，一边齿高较大，另一边齿高较小。齿轮装在轴上工作时仍绕基准轴线 $O_1—O_1$ 回转，这样会使齿轮轮齿分布不均匀，齿厚忽厚忽薄，引起侧隙和转角的变化，造成齿廓的径向误差，从而影响传动的准确性。

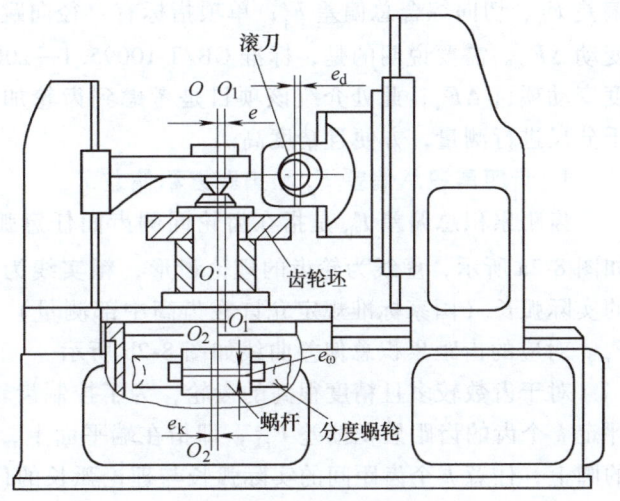

图 8-1　滚齿加工齿轮

2. 运动偏心导致齿轮切向误差

如图8-1所示，机床分度蜗轮轴线$O_2—O_2$与工作台回转轴线$O—O$不重合，产生偏心（偏心距为e_k）。加工齿轮时，此项偏心使分度蜗轮与蜗杆的啮合半径发生变化，导致工作台连同固定在其上的齿坯以一转为周期时快时慢地旋转，这种由分度蜗轮角速度变化所引起的偏心称为运动偏心。具有运动偏心的齿轮，齿坯相对于滚刀无径向位移，但有沿分度圆切线方向的位移，使齿轮的公法线和齿距发生变化，引起齿轮切向误差。

几何偏心和运动偏心引起的误差造成的齿距分布不均匀以齿坯一转为周期，一转中出现一次，属于长周期误差。对于一个齿轮而言，二者常常同时存在，可能叠加，也可能抵消。齿轮传递运动的准确性可用这两项偏心的综合结果进行综合评定。

此外，还有滚刀的制造与安装误差，机床传动链中各个传动元件的制造、安装及其磨损等误差，各项误差在齿轮一转中定期地多次重复出现，属短周期误差，都会影响齿轮的加工精度。

8.2 单个齿轮的评定指标及其检测

GB/T 10095.1—2008《圆柱齿轮　精度制　第1部分：轮齿同侧齿面偏差的定义和允许值》和GB/T 10095.2—2008《圆柱齿轮　精度制　第2部分：径向综合偏差与径向跳动的定义和允许值》等国家标准，对齿轮、齿轮副的误差及齿轮副的侧隙规定了一系列的评定指标。其中，有的项目指标是对单个齿轮规定的，现介绍如下。

8.2.1 影响传递运动准确性的误差项目及检测

在齿轮传动中，影响传递运动准确性的误差项目有五项。其中综合指标有：齿距累积总偏差F_p、切向综合总偏差F_i'；单项指标有：径向跳动F_r、径向综合总偏差F_i''、公法线长度变动ΔF_w。需要说明的是，标准GB/T 10095.1—2008和GB/T 10095.2—2008中无公法线长度变动项目ΔF_w，此处介绍该项目是考虑到齿轮加工时，可不卸下齿轮而直接使用公法线千分尺进行测量，方便且精度高。

1. 齿距累积总偏差F_p和齿距累积偏差F_{pk}

齿距累积总偏差F_p是指在齿轮同侧齿面任意弧段（$k=1\sim z$）内的最大齿距累积偏差，如图8-2a所示，虚线为轮齿的理论齿形，粗实线为轮齿的实际齿形，轮齿3与轮齿7之间的实际弧长（国家标准规定允许在齿高中部测量）L_0与理论弧长L差值最大，此差值即为F_p。对应的齿距累积总偏差曲线如图8-2b所示。

对于齿数较多且精度很高的齿轮，为了控制齿轮的局部累积误差和提高测量效率，可以评定k个齿的齿距累积偏差F_{pk}，即指在端平面上，在接近齿高中部的一个与齿轮轴线同心的圆上，任意k个齿距间的实际弧长与理论弧长的代数差，理论上等于这k个齿距的各单个齿距偏差的代数和。F_{pk}值一般限定在不大于1/8的弧段内，因此k在2至$z/8$的弧段内取值（z为齿数），通常取k为$z/8$。

F_p的测量常用相对法，可采用齿距比较仪或万能测齿仪。图8-3所示为用齿距比较仪测齿距偏差的原理图。齿距比较仪的测量爪2为固定测量爪，活动测量爪3与指示表7相连，测量时将齿距比较仪与被测齿轮5平放在检验平板上，将两个定位杆4和8的前端顶在

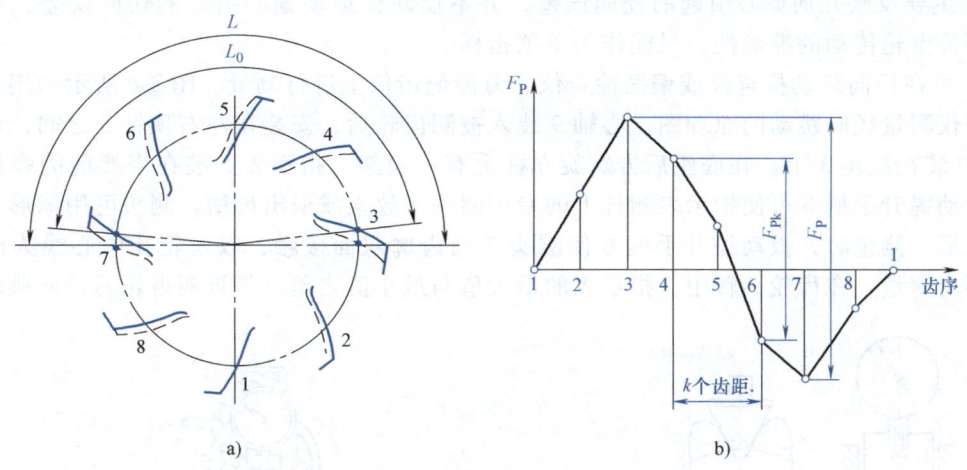

图 8-2 齿距累积总偏差 F_p 和齿距累积偏差 F_{pk}

齿轮顶圆上，调整测量爪 2 和 3 使其大致在分度圆附近接触，以任一齿距作为基准齿距并将指示表调零，然后沿整个齿圈依次测出其他实际齿距与基准齿距的差值（称为相对齿距偏差），经数据处理后求出 F_p（同时可求得 F_{pk}）。

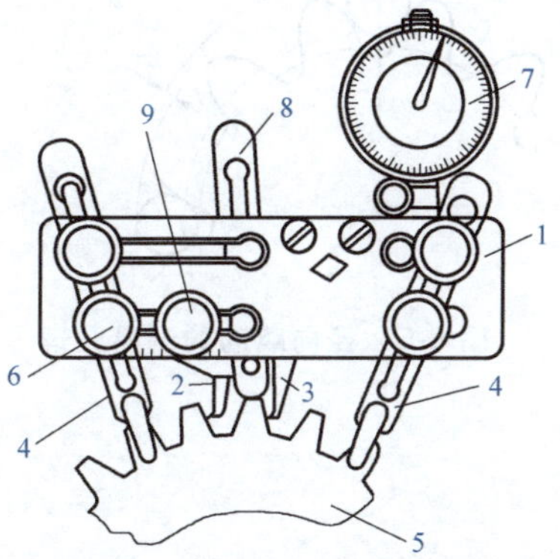

F_p 是由齿轮几何偏心和运动偏心综合引起的齿距不均匀所造成的，它直接反映齿轮的转角误差，能较全面地反映齿轮传递运动的准确性。

2. 切向综合总偏差 F_i'

切向综合总偏差 F_i' 是指被测齿轮与测量齿轮单面啮合检验时，被测齿轮一转内，齿轮分度圆上实际圆周位移与理论圆周位移的最大差值，切向综合总偏差曲线如图 8-4 所示。

图 8-3 齿距比较仪测齿距偏差
1—基体 2—固定测量爪 3—活动测量爪 4、8—定位杆 5—被测齿轮
6、9—锁紧螺钉 7—指示表

F_i' 反映齿轮一转的转角误差，说明其转速忽快忽慢地做周期性变化，综合地反映了几何偏心和运动偏心及各短周期误差引起的径向误差和切向误差，是评定齿轮传递运动准确性较完善的指标。

F_i' 的测量常采用单面啮合综合测量仪（简称单啮仪），其测量状态与齿轮的工作状态相似，测量结果较真实、全面地反映齿轮的各种误差综合作用情况，价格较昂贵，但因其高效、自动化性能好，现逐渐被广泛使用。

3. 径向跳动 F_r

径向跳动 F_r 是指测头（球形、圆柱形、砧形）相继置于每个齿槽内时，从它到齿轮轴线的最大和最小径向距离之差，径向跳动的测量原理如图 8-5 所示。

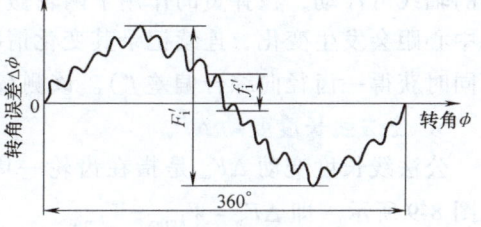

图 8-4 切向综合总偏差

F_r 主要反映几何偏心引起的径向误差,并不反映由运动偏心引起的切向误差,故不能全面评价齿轮传动的准确性,只能作为单项指标。

F_r 可在径向跳动检查仪或偏摆检查仪、万能侧齿仪上进行测量。图 8-6 所示为用径向跳动检查仪测量径向跳动的原理图。心轴 9 装入被测齿轮后,安装在左右顶针 3 之间,两顶尖支架 10 装在底座 1 上。在底座后方螺旋立柱上有一表架,指示表 5 装在表架前的弹性夹头中。扳动提升手柄 6 可使指示表测杆上的专用测头 7 放入或退出齿槽。测头可用球形、圆柱形及砧形。测量时,扳动提升手柄 6 使测头 7 与齿廓双面接触,以齿轮孔中心线为测量基准,逐齿测量,在齿轮一转中,指示表的最大值与最小值之差就是被测齿轮的径向跳动 F_r。

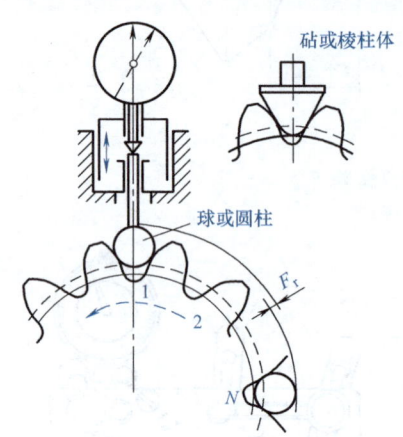

图 8-5 径向跳动的测量原理

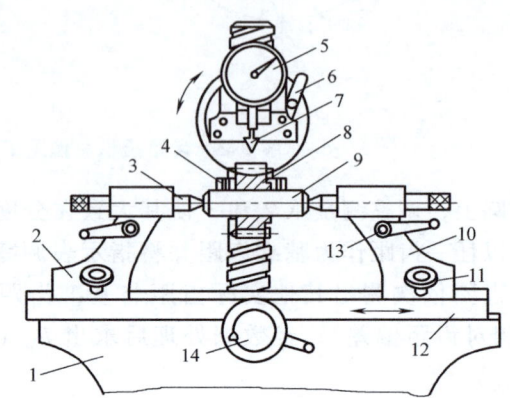

图 8-6 径向跳动检查仪测量径向跳动
1—底座　2、10—顶尖支架　3—顶尖　4—升降螺母
5—指示表　6—提升手柄　7—测头　8—被测齿轮　9—心轴
11—顶尖支架锁紧螺钉　12—滑台　13—锁紧螺钉　14—滑台移动手轮

4. 径向综合总偏差 F_i''

径向综合总偏差 F_i'' 是指在径向(双面)综合检验时,被测齿轮的左右齿面同时与测量齿轮接触,并转过一整圈时出现的中心距最大值和最小值之差,如图 8-7 所示。

F_i'' 主要反映几何偏心引起的径向误差,不能反映切向误差,属于影响传递运动准确性主要指标中径向性质的单项指标。

F_i'' 可用双面啮合检查仪测量,如图 8-8 所示。理想精确的测量齿轮的轴线固定,被测齿轮的轴线可浮动,在弹簧的作用下两轮做双面啮合;若被测齿轮有几何偏心,在一转中,双啮中心距会发生变化,连续记录其变化情况,可得如图 8-7 所示的曲线,即可获得 F_i'' 值(也可同时获得一齿径向综合偏差 f_i'')。该测量仪器操作简便高效,适于大批量生产。

5. 公法线长度变动 ΔF_w

公法线长度变动 ΔF_w 是指在齿轮一周范围内,实际公法线长度最大值与最小值之差,如图 8-9 所示。即 $\Delta F_w = W_{k\max} - W_{k\min}$。

公法线即基圆上的切线,公法线长度 W_k 是指跨 K 个轮齿的异侧齿廓间的两平行切线之间的距离。ΔF_w 可用公法线千分尺来测量,如图 8-10 所示。

ΔF_w 是由机床分度蜗轮偏心导致齿坯转速不均匀,进而引起齿面左右切削不均匀所造成的齿轮切向长周期误差,反映运动偏心误差。

第8章 渐开线圆柱齿轮传动的公差与检测

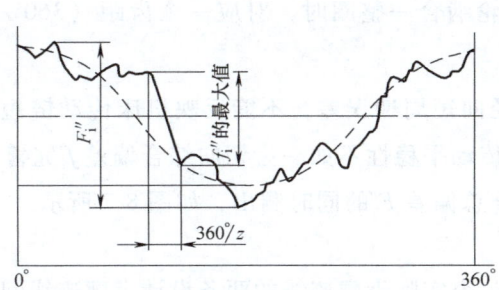

图 8-7 径向综合偏差

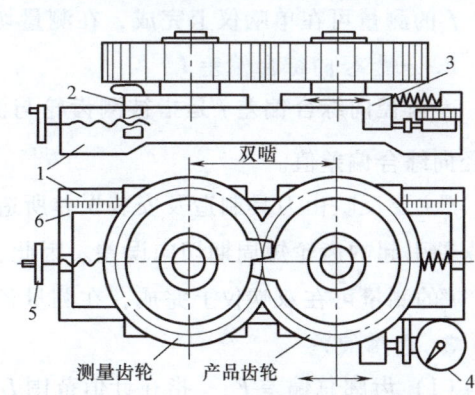

图 8-8 双面啮合检查仪测量径向综合总偏差
1—基体 2—固定滑座 3—可动滑座
4—指示表 5—手轮 6—标尺

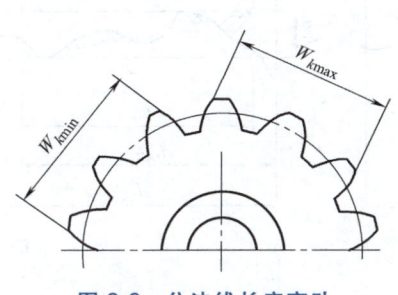

图 8-9 公法线长度变动

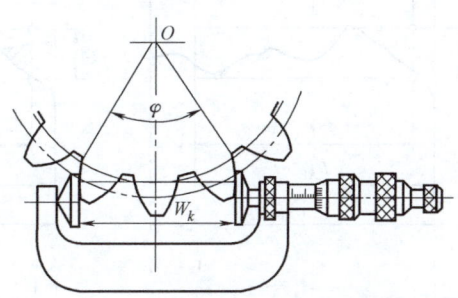

图 8-10 公法线千分尺测量公法线长度变动

根据以上分析,评定传递运动的准确性需检验齿轮径向和切向两方面的误差。在上述指标中,能同时反映径向误差和切向误差的参数是综合指标,例如 F_p（F_{pk}）、F_i'；仅反映径向误差或切向误差两者之一的参数是单项指标,例如 F_r、F_i''、ΔF_w。使用时,可选用一个综合指标或两个单项指标的组合（径向误差指标与切向误差指标各选一个）来评定传递运动的准确性。

8.2.2 影响传递运动平稳性的误差项目及检测

影响传递运动平稳性的误差主要是一齿转角误差,以齿轮转过一齿距角为周期,在一转中定期地多次重复出现,通常称为短周期误差或高频误差。它主要包括转齿误差（即一对齿从齿顶到齿根啮合转动过程中的误差）和换齿误差（即上一对齿过渡到下一对齿换齿过程中的误差）,这些误差使齿轮一齿距角内瞬时传动比发生变化,影响传递运动的平稳性。主要指标有四项,其中综合指标有一齿切向综合偏差 f_i' 和一齿径向综合偏差 f_i''；单项指标有齿廓总偏差 F_α、单个齿距偏差 f_{pt}。

1. 一齿切向综合偏差 f_i'

一齿切向综合偏差 f_i' 是指被测齿轮与测量齿轮单面啮合时,在被测齿轮一个齿距内的切向综合偏差值,以分度圆弧长计值。

f_i' 主要反映由滚刀和机床分度蜗杆的制造及安装误差所造成的齿轮短周期误差,综合反映转齿误差和换齿误差对传动平稳性的影响,是评定传动平稳性较好的综合指标。

f_i' 的测量可在单啮仪上完成,在测量切向综合总偏差 F_i' 的同时测出,如图 8-4 所示。

2. 一齿径向综合偏差 f_i''

一齿径向综合偏差 f_i'' 是指被测齿轮与测量齿轮啮合一整圈时,对应一个齿距（$360°/z$）的径向综合偏差值。

f_i'' 主要反映由刀具制造及安装误差所造成的径向短周期误差,不能反映机床传动链短周期误差引起的齿轮短周期切向误差。因此,评定传动平稳性不如一齿切向综合偏差 f_i' 完善。

f_i'' 的测量可在双啮仪上完成,在测量径向综合总偏差 F_i'' 的同时测出,如图 8-7 所示。

3. 齿廓偏差

（1）齿廓总偏差 F_α　指在计值范围 L_α 内,包容实际齿廓迹线的两条设计齿廓迹线间的距离,如图 8-11a 所示,即实际齿廓相对于设计齿廓的偏离量。设计齿廓是指符合设计规定

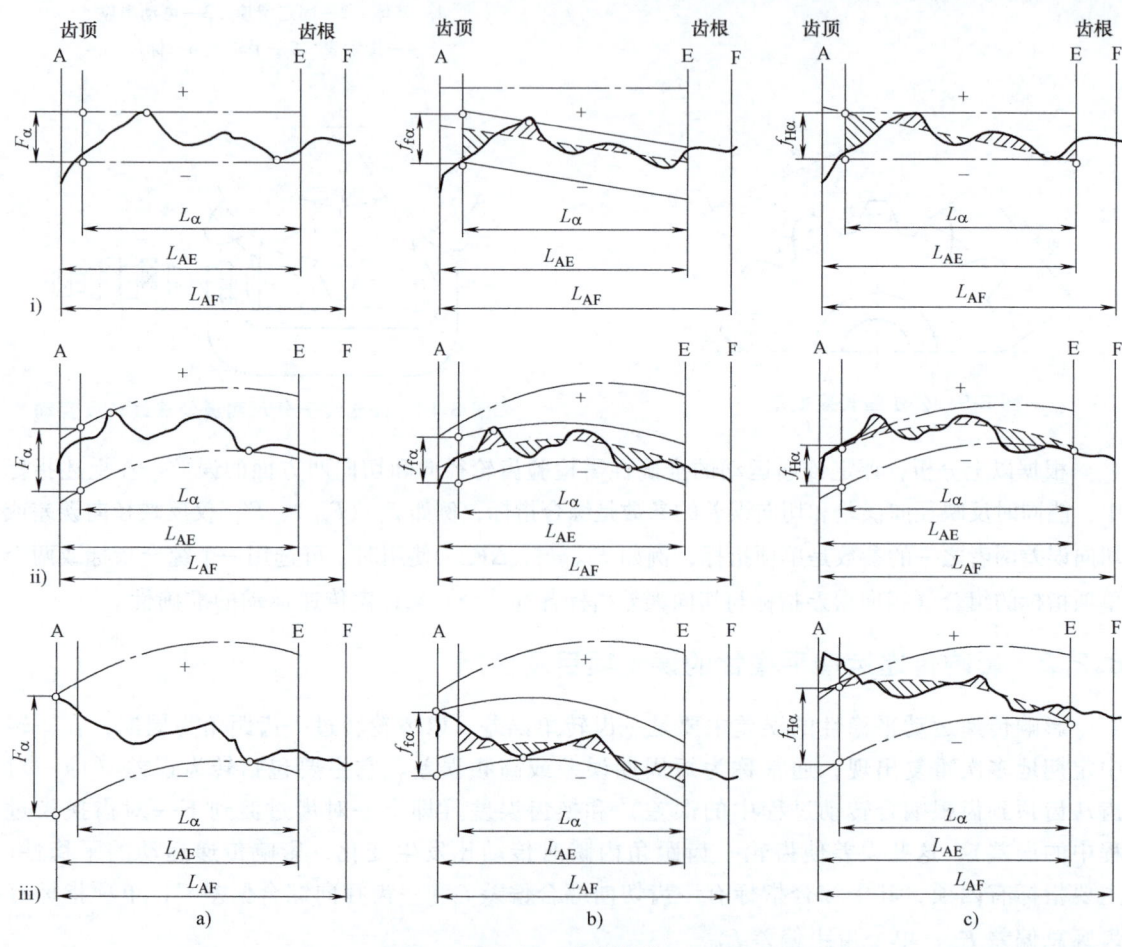

图 8-11　齿廓偏差

a）齿廓总偏差　b）齿廓形状偏差　c）齿廓倾斜偏差
点画线—设计齿廓　粗实线—实际齿廓　虚线—平均齿廓
ⅰ）设计齿廓:未修形的渐开线　实际齿廓:在减薄区内具有偏向体内的负偏差
ⅱ）设计齿廓:修形的渐开线（举例）　实际齿廓:在减薄区内具有偏向体内的负偏差
ⅲ）设计齿廓:修形的渐开线（举例）　实际齿廓:在减薄区内具有偏向体外的正偏差
A—齿顶倒角或齿顶圆角的起始点　E—有效齿廓的起始点　F—可用齿廓的起始点
L_{AE}—有效长度　L_{AF}—可用长度　L_α—齿廓计值范围

的齿廓，当无其他限定时指端面齿廓。但在齿廓曲线图中，未经修形的渐开线齿廓迹线一般为直线。

（2）齿廓形状偏差 $f_{f\alpha}$　指在计值范围 L_α 内，包容实际齿廓迹线的，与平均齿廓迹线完全相同的两条迹线间的距离，且两条曲线与平均齿廓迹线的距离为常数，如图 8-11b 所示。

（3）齿廓倾斜偏差 $f_{H\alpha}$　指在计算范围 L_α 内，两端与平均齿廓迹线相交的两条设计齿廓迹线间的距离。如图 8-11c 所示。

齿轮若存在齿廓总偏差 F_α，则不能保证瞬时传动比恒定，易产生振动和噪声，影响齿轮传动的平稳性。

F_α 通常用渐开线检查仪进行测量。图 8-12 所示为单圆盘渐开线检查仪工作原理图。被测齿轮与一直径等于该齿轮基圆直径的基圆盘同轴安装，当用手轮移动滑板时，直尺与由弹簧力紧压其上的基圆盘互做纯滚动，位于直尺边缘上的测量头与被测齿廓接触点相对于基圆盘的运动轨迹是理想渐开线。若被测齿廓不是理想渐开线，则测量头摆杆经杠杆在指示表上将显示出 F_α。

齿廓偏差的存在，使两齿面啮合时产生的传动比瞬时变动。如图 8-13 所示，两理想齿廓应在啮合线上的 a 点接触，由于 A_2 轮齿存在齿廓偏差，实际啮合点为啮合线外的 a' 点，偏离了啮合线。这种情况在一对齿轮啮合过程中多次发生时，其结果是使齿轮一转内的传动比发生高频率、小幅度的周期性变化，从而引起振动和噪声，影响传动平稳性。

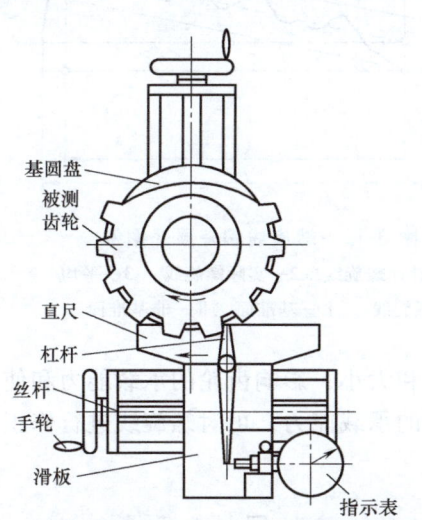

图 8-12　单圆盘渐开线检查仪测量齿廓总偏差

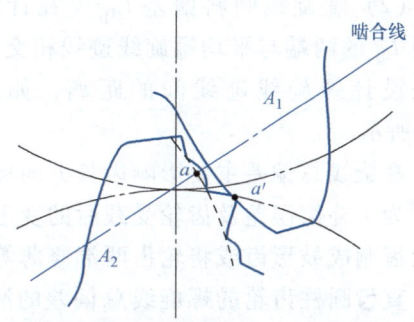

图 8-13　齿廓偏差对传动平稳性的影响

4. 单个齿距偏差 f_{pt}

单个齿距偏差 f_{pt} 是指在齿轮端平面上，在接近齿高中部的一个与齿轮轴线同心的圆上，实际齿距与理论齿距的代数差，如图 8-14 所示。

滚齿加工时，f_{pt} 主要是由分度蜗杆跳动及轴向窜动造成的，在某种程度上反映基圆齿距偏差或齿廓形状偏差对齿轮传动平稳性的综合影响。

f_{pt} 也可用齿距比较仪进行测量，在测量齿距累

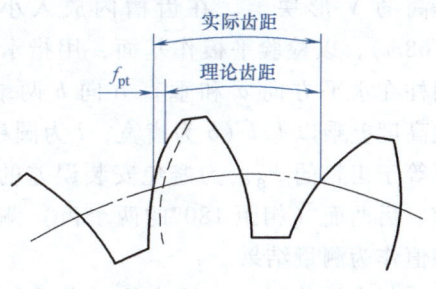

图 8-14　单个齿距偏差

计总偏差 F_p 的同时得到。

综上所述，评定齿轮传动平稳性的指标中，能同时反映转齿误差和换齿误差的参数是综合指标，例如 f_i'、f_i''；仅反映转齿误差或换齿误差两者之一的参数是单项指标，例如 F_α（转齿误差指标）、f_{pt}（换齿误差指标）。使用时，可选用一个综合指标或两个单项指标的组合（转齿误差指标与换齿误差指标各选一个）来评定传递运动的平稳性。

8.2.3 影响载荷分布均匀性的误差项目及检测

由于齿轮的制造与安装误差，一对啮合工作的齿轮在齿长与齿高两个方向上并不沿全齿宽接触，影响了载荷分布的均匀性。齿长方向误差的评定指标主要是螺旋线总偏差 F_β，齿高方向误差的评定指标主要是齿廓形状偏差。齿廓形状偏差在考虑传递运动平稳性时已加以限制，一般传递运动平稳性与载荷分布均匀性选取相同的精度等级。因此，就齿轮本身而言，控制载荷分布均匀性只要控制螺旋线总偏差 F_β 即可。

对于非修形齿轮来说，螺旋线总偏差 F_β 是指在计值范围 L_β 内，包容实际螺旋线迹线的两条设计螺旋迹线间的距离，如图 8-15 所示（b 为齿宽或两端倒角之间的距离）。螺旋线总偏差包括螺旋线形状偏差和螺旋线倾斜偏差。

（1）螺旋线形状偏差 $f_{f\beta}$　在计值范围 L_β 内，包容实际螺旋线迹线的，与平均螺旋线迹线完全相同的两条曲线间的距离，且两条曲线与平均螺旋线迹线的距离为常数，如图 8-15 所示。

（2）螺旋线倾斜偏差 $f_{H\beta}$　在计值范围 L_β 的两端与平均螺旋线迹线相交的两条设计螺旋线迹线间的距离，如图 8-15 所示。

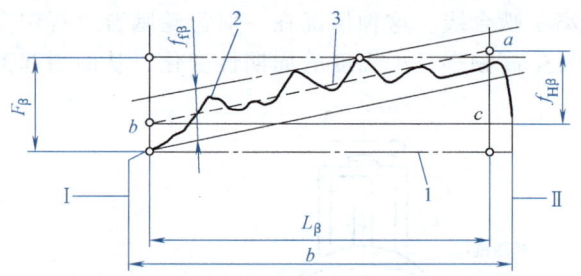

图 8-15　螺旋线偏差展开图例
1—设计螺旋线　2—实际螺旋线　3—平均螺旋线　Ⅰ—基准面　Ⅱ—非基准面

螺旋线总偏差主要影响齿长方向接触痕迹的位置和大小，影响齿轮的承载能力和使用寿命。为了补偿误差及齿轮受载后的变形量，提高齿轮的承载能力，可对螺旋线进行修正，如将轮齿制成鼓形齿或将轮齿两端修薄等。

直齿圆柱齿轮的螺旋线总偏差的测量较简单，图 8-16 所示为用小圆柱测量螺旋线总偏差的原理图。被测齿轮装在心轴上，心轴装在两顶尖座或等高的 V 形块上，在齿槽内放入小圆柱（$d \approx 1.68m$），以检验平板作基面，用指示表分别测小圆柱在水平方向 a 和垂直方向 b 两端的高度差。此高度差乘以 b/l（b 为齿宽，l 为圆柱长），即近似等于齿轮的 F_β。为避免安装误差的影响，应在前、后两面（相距 180°的两个齿）测量，取其平均值作为测量结果。

斜齿轮的螺旋线总偏差可在导程仪或螺旋角

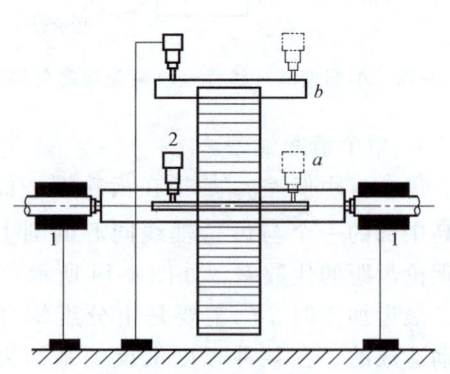

图 8-16　小圆柱测量螺旋线总偏差
1—顶尖座　2—指示表

检查仪上测量。

8.2.4 影响侧隙合理性的误差项目及检测

单个齿轮加工中，影响侧隙合理性的误差项目有齿厚偏差 E_{sn} 和公法线长度偏差 E_{bn} 两项，检验时可选其中一个参数进行评定。

1. 齿厚偏差 E_{sn}（齿厚极限偏差：齿厚上偏差 E_{sns}，齿厚下偏差 E_{sni}，公差 T_{sn}）

齿厚偏差 E_{sn} 是指在分度圆柱面上，齿厚实际值与公称值之差，如图 8-17a 所示。对于斜齿轮，齿厚为法向齿厚。

为了得到设计所需的齿轮副最小极限侧隙，通常通过减薄齿厚（即规定合理的齿厚公差）来获得侧隙，故齿厚偏差是评价侧隙的一项直观的指标。

按标准规定，齿厚是以分度圆弧长（弧齿厚）计值，但在分度圆柱面上齿厚不便于直接测量，故实际测量时用分度圆弦齿厚代替。齿厚偏差通常用齿厚游标卡尺来测量，如图 8-17b 所示。测量前先将垂直游标卡尺的游标调至被测齿轮的分度圆公称弦齿高 $\bar{h}$ 的位置，使卡尺的两个量脚与齿面在分度圆处接触，然后用齿厚游标卡尺测出分度圆弦齿厚的实际值 s'，$s'-\bar{s}$（公称弦齿厚）即为齿厚偏差 E_{sn}。

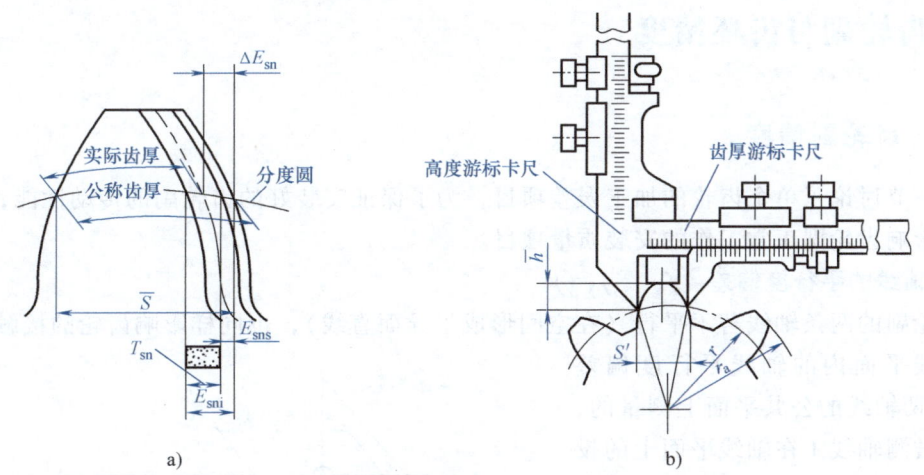

图 8-17 齿厚偏差与齿厚测量

对于非变位齿轮，分度圆公称弦齿高 $\bar{h}$ 和公称弦齿厚 $\bar{s}$ 分别为

$$\bar{h} = m \left[1 + \frac{z}{2} \left(1 - \cos\frac{90°}{z} \right) \right] \tag{8-1}$$

$$\bar{s} = mz \sin\frac{90°}{z} \tag{8-2}$$

由于齿厚测量以齿顶圆为基准，测量结果受顶圆精度影响较大，故此法仅适用于精度较低、模数较大的齿轮。齿轮齿厚减薄会使公法线长度变短，因此可改用测量公法线长度偏差的办法来代替齿厚的测量。

2. 公法线长度偏差 E_{bn}（公法线长度极限偏差：上偏差 E_{bns}，下偏差 E_{bni}，公差 T_{bn}）

公法线长度偏差 E_{bn} 是指在齿轮一周内，公法线长度的平均值与公称值之差。

公法线长度的公称值 W 可查表也可按下式计算：

$$W = m\cos\alpha[\pi(k-0.5) + z\text{inv}\alpha] + 2xm\sin\alpha \tag{8-3}$$

对标准齿轮 $\quad W = m[1.476(2k-1) + 0.014z] \tag{8-4}$

式中　　x——径向变位系数；

$\text{inv}\alpha$——α 角的渐开线函数，$\text{inv}20° = 0.014904$；

k——测量时的跨齿数（测量直齿轮时 k 可按公式 $k = \dfrac{z}{9} + 0.5$ 计算取最近的整数）；

m——模数；

z——齿数。

公法线长度偏差 E_{bn} 不同于公法线长度变动 ΔF_w。E_{bn} 是反映齿厚减薄量的另一种方式，而 ΔF_w 则反映齿轮的运动偏心，属影响传递运动准确性的误差。

E_{bn} 可采用公法线千分尺测量，如图 8-10 所示。与齿厚测量相比，公法线长度测量不受顶圆精度的影响，测量精度高，方法简单，而且可同时测得公法线长度变动 ΔF_w，应用广泛。但为了排除切向偏差对公法线长度测量结果的影响，在齿轮一周内至少应测量均匀分布的六段公法线长度，取其平均值 $\overline{W_k}$ 计算公法线长度偏差 E_{bn}。

8.3　齿轮副与齿坯精度

8.3.1　齿轮副精度

上一节讨论了单个齿轮的加工误差项目，为了保证安装好的齿轮副的传动性能，还应控制以下影响齿轮副正常工作的安装质量项目。

1. 轴线的平行度偏差（$f_{\Sigma\delta}$、$f_{\Sigma\beta}$）

齿轮副的两条轴线若不平行（在空间形成了异面直线），也同样影响齿轮的接触精度。

轴线平面内的轴线平行度偏差 $f_{\Sigma\delta}$ 是在两轴线的公共平面上测量的，是实际被测轴线 1 在轴线平面上的投影相对于基准轴线 2 的平行度偏差；垂直平面上的轴线平行度偏差 $f_{\Sigma\beta}$ 是在与轴线公共平面相垂直的"交错轴平面上"测量的，是实际被测轴线 1 在轴线平面的垂直平面投影相对于基准轴线 2 的平行度偏差，如图 8-18 所示。二者主要影响装配后齿轮副啮合齿面接触的均匀性。

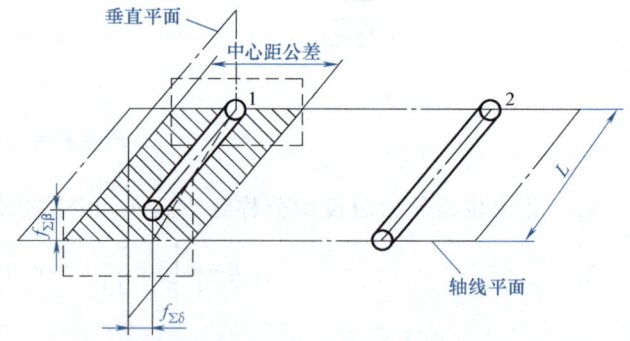

图 8-18　轴线平行度偏差

1—被测轴线　2—基准轴线

2. 齿轮副的中心距偏差 f_a

齿轮副的中心距偏差 f_a 是指在齿宽中间平面内，实际中心距与公称中心距之差。

齿轮副的中心距偏差的大小不仅会影响侧隙，还会影响齿轮的重合度，因此需加以控制。

3. 接触斑点

装配好的齿轮副，在轻微制动下，运转后的齿面上分布的接触斑点如图 8-19 所示。它影响齿面的接触精度和轮齿载荷分布的均匀性。

被测齿轮与测量齿轮的接触斑点还可用于装配后齿轮螺旋线和齿廓精度的评估。国家标准 GB/Z 18620.4—2008 给出了齿轮装配后（空载）检验时所预计的齿轮精度等级和接触斑点分布及其之间的关系，图 8-19 所示为对应接触斑点分布示意图。表 8-1 列出了各级精度齿轮沿齿宽方向接触斑点分布和沿齿高方向接触斑点分布的百分比，只表示符合表列精度的齿轮副可获得的最好接触斑点，不要理解为证明齿轮精度等级的可替代方法，表 8-1 不适用于齿廓和螺旋线经过修形的齿轮齿面；同一精度等级中，b_{c1}、h_{c1} 针对高精度，而 b_{c2}、h_{c2} 针对低精度。同时需要说明：实际的接触斑点不一定与图 8-19 所示斑点一致，在啮合机架上所获得的齿轮检查结果应当是相似的。

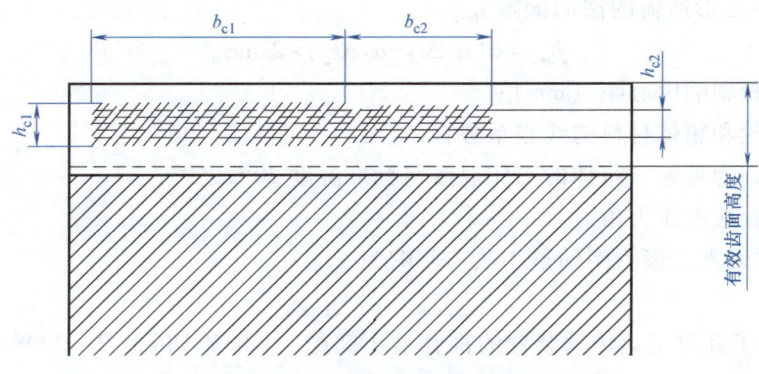

图 8-19 接触斑点分布的示意图

接触斑点的检测有静态法和动态法。静态法不加载荷，通过薄薄的软涂层的转移来完成；而动态法通过可控制递增适当的载荷按规定的运转速度来完成，实质上是通过硬涂层的磨损完成的。一般对齿轮接触斑点的检查应按表 8-1 中的数据在机器装配后或出厂前进行。

表 8-1 直齿轮装配后的接触斑点

精度等级按 GB/T 10095	b_{c1} 占齿宽的百分比	h_{c1} 占有效齿面高度的百分比	b_{c2} 占齿宽的百分比	h_{c2} 占有效齿面高度的百分比
4 级及更高	50%	70%	40%	50%
5 和 6	45%	50%	35%	30%
7 和 8	35%	50%	35%	30%
9～12	25%	50%	25%	30%

8.3.2 齿轮副侧隙

单个齿轮没有侧隙，只有齿厚。相互啮合的轮齿的侧隙是由一对齿轮运行时的中心距以及每个齿轮的实际齿厚所控制的，是两个相啮合齿轮在非工作齿面间形成的间隙。为保证齿轮润滑，补偿齿轮的制造误差、安装误差以及热变形等因素造成的误差，齿轮副必须有合理的侧隙。齿轮副侧隙分为圆周侧隙 j_{wt} 与法向侧隙 j_{bn}。测量圆周侧隙与法向侧隙是等效的，j_{bn} 可用塞尺或铅丝法测量，j_{wt} 可用指示表测量。为了避免齿轮反转时的过大冲击和空程误差，必须在非工作面留有侧隙。下面介绍保证齿轮副正常工作需要的最小法向侧隙 $J_{bn\,min}$ 与齿厚极限偏差的确定。

1. 最小法向侧隙的确定

（1）保证正常润滑条件所需的法向侧隙 j_{bn1}　其数值取决于齿轮副的润滑方式和齿轮工作时的圆周速度，可参考表 8-2 选取。

表 8-2　保证正常润滑条件所需的法向侧隙 j_{bn1}（推荐值）

润滑方式	圆周速度 v(m/s)			
	≤10	10~25	25~60	>60
喷油润滑	$0.01m_n$	$0.02m_n$	$0.03m_n$	$(0.03~0.05)m_n$
油池润滑	$(0.005~0.1)m_n$			

注：m_n 为法向模数（mm）。

（2）补偿热变形所需的法向侧隙 j_{bn2}

$$j_{bn2} = a(\alpha_1 \Delta t_1 - \alpha_2 \Delta t_2) \times 2\sin\alpha_n \tag{8-5}$$

式中　a——齿轮副的中心距（mm）；

α_1、α_2——齿轮和箱体材料的线胀系数；

Δt_1、Δt_2——分别为齿轮、箱体的工作温度与标准温度 20℃ 之差；

α_n——齿轮法向压力角。

考虑以上两因素，齿轮副的最小法向侧隙为

$$j_{bnmin} = j_{bn1} + j_{bn2} \tag{8-6}$$

表 8-3 列出了针对工业传动装置的推荐最小间隙（GB/Z 18620.2—2008），适用于黑色金属制造的齿轮和箱体，工作时节圆线速度小于 15m/s 的传动装置。表 8-3 中的数值可由公式 $j_{bnmin} = \dfrac{2}{3}(0.06 + 0.0005a_i + 0.03m_n)$ 计算获得。

表 8-3　中、大模数齿轮最小侧隙 j_{bnmin} 的推荐数据（摘自 GB/Z 18620.2—2008）

（单位：mm）

m_n	最小中心距 a_i					
	50	100	200	400	800	1600
1.5	0.09	0.11	—	—	—	—
2	0.10	0.12	0.15	—	—	—
3	0.12	0.14	0.17	0.24	—	—
5	—	0.18	0.21	0.28	—	—
8	—	0.24	0.27	0.34	0.47	—
12	—	—	0.35	0.42	0.55	—
18	—	—	—	0.54	0.67	0.94

2. 齿侧间隙的获得和检验项目

（1）用齿厚极限偏差控制侧隙

1）齿厚上偏差 E_{sns} 的确定。为了获得最小侧隙 j_{bnmin}，齿厚应保证有最小减薄量，可类比选取 E_{sns} 值，也可参考下述方法计算选取。

当主动轮与从动轮齿厚都为最大值,即偏差为上偏差时,可获得最小侧隙 j_{bnmin}。通常取两齿轮的齿厚上偏差相等,此时可有:

$$j_{bnmin} = 2|E_{sns}|\cos\alpha_n \tag{8-7}$$

因此

$$E_{sns} = j_{bnmin}/(2\cos\alpha_n) \tag{8-8}$$

按式(8-8)求得的 E_{sns} 应取负值。

2) 齿厚公差和齿厚下偏差 E_{sni} 的确定。当对最大侧隙 j_{bnmax} 有要求时,齿厚下偏差 E_{sni} 也需要加以控制,此时需计算齿厚公差 T_{sn}。齿厚公差的选择要适当,公差过小势必增加齿轮制造成本;公差过大会使侧隙加大,使齿轮反转时空行程过大。因此,齿厚公差 T_{sn} 可按下式计算:

$$T_{sn} = 2\tan\alpha_n\sqrt{F_r^2 + b_r^2} \tag{8-9}$$

式中 b_r——切齿径向进刀公差,可按表8-4选取。

表8-4 切齿径向进刀公差 b_r 值

切齿工艺	磨齿		滚齿、插齿		铣齿	
齿轮的精度等级	4	5	6	7	8	9
b_r 值	1.26IT7	IT8	1.26IT8	IT9	1.26IT9	IT10

注:查 IT 值的主参数为分度圆直径。

所以齿厚下偏差 E_{sni} 为

$$E_{sni} = E_{sns} - T_{sn} \tag{8-10}$$

(2) 用公法线长度极限偏差控制侧隙

齿厚偏差的变化必然引起公法线长度的变化。测量公法线长度同样可以控制齿侧间隙。公法线长度的上偏差和下偏差与齿厚偏差有如下关系:

$$\left. \begin{array}{l} E_{bns} = E_{sns}\cos\alpha_n - 0.72F_r\sin\alpha_n \\ E_{bni} = E_{sni}\cos\alpha_n + 0.72F_r\sin\alpha_n \end{array} \right\} \tag{8-11}$$

机械制造实践中,大模数齿轮常通过测量齿厚极限偏差来控制齿轮副的侧隙,中、小模数和高精度齿轮则通过测量公法线长度极限偏差来控制齿轮副的侧隙。

8.3.3 齿坯精度

齿坯是齿轮加工前的工件,它的尺寸误差、几何误差和表面质量对齿轮的加工、检测和装配精度都有很大影响,必须加以控制。

齿坯精度包括齿轮内孔、齿顶圆、齿轮轴的定位基准面和安装基准面的精度以及各工作表面的表面粗糙度要求。齿轮内孔与轴颈常作为加工、测量和安装基准,按齿轮精度对它们的尺寸和位置也提出了一定的精度要求。齿坯尺寸精度的确定可参照表8-5,其他部分公差及表面粗糙度参考表8-6、表8-7、表8-8。

表8-5 齿坯尺寸公差

齿轮精度等级①	5	6	7	8	9	10	11	12
孔	IT5	IT6		IT7		IT8		IT9
轴	IT5		IT6		IT7		IT8	
齿顶圆直径公差②	\multicolumn{8}{c}{$\pm 0.05m_n$}							

① 当三个公差组的精度等级不同时,按最高的精度等级确定齿坯尺寸公差。
② 当齿顶圆不作为测量齿厚的基准时,其尺寸公差按 IT11 给定,但不大于 $0.1m_n$。

表 8-6 齿坯基准面径向和轴向跳动公差　　　　　　　　　　（单位：μm）

分度圆直径 d/mm	齿轮精度等级		
	5、6	7、8	9、10
~125	11	18	28
125~400	14	22	36
400~800	20	32	50

表 8-7 齿面表面粗糙度推荐极限值（摘自 GB/Z 18620.4—2008）　（单位：μm）

齿轮精度等级	算术平均偏差 Ra		微观不平度十点高度 Rz	
	$m \leq 6$	$6 < m \leq 25$	$m \leq 6$	$6 < m \leq 25$
3	—	0.16	—	1.0
4	—	0.32	—	2.0
5	0.5	0.63	3.2	4.0
6	0.8	1.00	5.0	6.3
7	1.25	1.6	8.0	10
8	2.0	2.5	12.5	16
9	3.2	4.0	20	25
10	5.0	6.3	32	40

表 8-8 齿轮各基准面的表面粗糙度 Ra 的推荐值　　　　　　（单位：μm）

齿轮精度等级	5	6	7	8	9
齿面加工方法	磨	磨、珩	剃、珩	精滚、精插	滚、插	滚、铣
齿轮基准孔	0.32~0.63	1.25	1.25~2.5		5
齿轮轴基准轴颈	0.32	0.63	1.25		2.5
齿轮基准端面	1.25~2.5		2.5~5		3.2~5
齿轮顶圆	1.25~2.5		3.2~5		

8.4　渐开线圆柱齿轮精度等级及其应用

我国现行的渐开线圆柱齿轮标准有 GB/T 10095.1~2—2008 和 GB/Z 18620.1~4—2008。其中，前两个是基本标准，后四个标准是对前两个标准的解释与扩展。

8.4.1　精度等级及其在图样上的标注

国标对渐开线圆柱齿轮除 F_i'' 和 f_i''（F_i'' 和 f_i'' 规定了 4~12 共 9 个精度等级）以外的评定项目规定了 0，1，2，3，…，12 共 13 个精度等级，其中，0 级精度最高，12 级精度最低。在齿轮的 13 个精度等级中，0~2 级是目前的加工方法和检测条件难以达到的，属于未来发展级。其他精度等级可以粗略地分为：3~5 级为高精度级；6~8 级为中等精度级，使用最广；9~12 级为低精度级。

GB/T 10095.1~2—2008 对齿轮精度等级标注没有具体的示例和说明，国标制定工作组对齿轮精度等级的标注有如下建议：

当齿轮各使用要求的检验项目为同一精度等级时，可标注精度等级和标准号。例如，各项目精度要求同为 8 级时，可标注为 8GB/T 10095.1—2008 或 8 GB/T 10095.2—2008。

当齿轮各使用要求检验项目的精度等级不同时，应按序将各项精度要求依次标出。例如，齿廓总偏差 F_α 为 6 级精度，齿距累积总偏差 F_p 与螺旋线总偏差 F_β 均为 7 级精度，可标注为 6 (F_α)、7 (F_p、F_β) GB/T 10095.1—2008。

齿轮各评定指标的精度等级及相应的公差（或极限偏差）值可查表 8-9~表 8-16。

表 8-9 齿距累积总偏差 F_p（摘自 GB/T 10095.1—2008） （单位：μm）

分度圆直径 d/mm	模数 m/mm	精度等级											
		0	1	2	3	4	5	6	7	8	9	10	11	12
50<d≤125	0.5≤m≤2	3.3	4.6	6.5	9.0	13.0	18.0	26.0	37.0	52.0	74.0	104.0	147.0	208.0
	2<m≤3.5	3.3	4.7	6.5	9.5	13.0	19.0	27.0	38.0	53.0	76.0	107.0	151.0	214.0
	3.5<m≤6	3.4	4.9	7.0	9.5	14.0	19.0	28.0	39.0	55.0	78.0	110.0	156.0	220.0
125<d≤280	0.5≤m≤2	4.3	6.0	8.5	12.0	17.0	24.0	35.0	49.0	69.0	98.0	138.0	195.0	276.0
	2<m≤3.5	4.4	6.0	9.0	12.0	18.0	25.0	35.0	50.0	70.0	100.0	141.0	199.0	282.0
	3.5<m≤6	4.5	6.5	9.0	13.0	18.0	25.0	36.0	51.0	72.0	102.0	144.0	204.0	288.0
280<d≤560	0.5≤m≤2	5.5	8.0	11.0	16.0	23.0	32.0	46.0	64.0	91.0	129.0	182.0	257.0	364.0
	2<m≤3.5	6.0	8.0	12.0	16.0	23.0	33.0	46.0	65.0	92.0	131.0	185.0	261.0	370.0
	3.5<m≤6	6.0	8.5	12.0	17.0	24.0	33.0	47.0	66.0	94.0	133.0	188.0	266.0	376.0

表 8-10 单个齿距偏差 ±f_{pt}（摘自 GB/T 10095.1—2008） （单位：μm）

分度圆直径 d/mm	模数 m/mm	精度等级											
		0	1	2	3	4	5	6	7	8	9	10	11	12
50<d≤125	0.5≤m≤2	0.9	1.3	1.9	2.7	3.8	5.5	7.5	11.0	15.0	21.0	30.0	43.0	61.0
	2<m≤3.5	1.0	1.5	2.1	2.9	4.1	6.0	8.5	12.0	17.0	23.0	33.0	47.0	66.0
	3.5<m≤6	1.1	1.6	2.3	3.2	4.6	6.5	9.0	13.0	18.0	26.0	36.0	52.0	73.0
125<d≤280	0.5≤m≤2	1.1	1.5	2.1	3.0	4.2	6.0	8.5	12.0	17.0	24.0	34.0	48.0	67.0
	2<m≤3.5	1.1	1.6	2.3	3.2	4.6	6.5	9.0	13.0	18.0	26.0	36.0	51.0	73.0
	3.5<m≤6	1.2	1.8	2.5	3.5	5.0	7.0	10.0	14.0	20.0	28.0	40.0	56.0	79.0
280<d≤560	0.5≤m≤2	1.2	1.7	2.4	3.3	4.7	6.5	9.5	13.0	19.0	27.0	38.0	54.0	76.0
	2<m≤3.5	1.3	1.8	2.5	3.6	5.0	7.0	10.0	14.0	20.0	29.0	41.0	57.0	81.0
	3.5<m≤6	1.4	1.9	2.7	3.9	5.5	8.0	11.0	16.0	22.0	31.0	44.0	62.0	88.0

表 8-11 齿廓总偏差 F_α（摘自 GB/T 10095.1—2008） （单位：μm）

分度圆直径 d/mm	模数 m/mm	精度等级											
		0	1	2	3	4	5	6	7	8	9	10	11	12
50<d≤125	0.5≤m≤2	1.0	1.5	2.1	2.9	4.1	6.0	8.5	12.0	17.0	23.0	33.0	47.0	66.0
	2<m≤3.5	1.4	2.0	2.8	3.9	5.5	8.0	11.0	16.0	22.0	31.0	44.0	63.0	89.0
	3.5<m≤6	1.7	2.4	3.4	4.8	6.5	9.5	13.0	19.0	27.0	38.0	54.0	76.0	108.0

（续）

分度圆直径 d/mm	模数 m/mm	精度等级											
		0	1	2	3	4	5	6	7	8	9	10	11	12
125<d≤280	0.5≤m≤2	1.2	1.7	2.4	3.5	4.9	7.0	10.0	14.0	20.0	28.0	39.0	55.0	78.0
	2<m≤3.5	1.6	2.2	3.2	4.5	6.5	9.0	13.0	18.0	25.0	36.0	50.0	71.0	101.0
	3.5<m≤6	1.9	2.6	3.7	5.5	7.5	11.0	15.0	21.0	30.0	42.0	60.0	84.0	119.0
280<d≤560	0.5≤m≤2	1.5	2.1	2.9	4.1	6.0	8.5	12.0	17.0	23.0	33.0	47.0	66.0	94.0
	2<m≤3.5	1.8	2.6	3.6	5.0	7.5	10.0	15.0	21.0	29.0	41.0	58.0	82.0	116.0
	3.5<m≤6	2.1	3.0	4.2	6.0	8.5	12.0	17.0	24.0	34.0	48.0	67.0	95.0	135.0

表 8-12 螺旋线总偏差 F_β（摘自 GB/T 10095.1—2008）　　　　（单位：μm）

分度圆直径 d/mm	齿宽 b/mm	精度等级											
		0	1	2	3	4	5	6	7	8	9	10	11	12
50<d≤125	10<b≤20	1.3	1.9	2.6	3.7	5.5	7.5	11.0	15.0	21.0	30.0	42.0	60.0	84.0
	20<b≤40	1.5	2.1	3.0	4.2	6.0	8.5	12.0	17.0	24.0	34.0	48.0	68.0	95.0
	40<b≤80	1.7	2.5	3.5	4.9	7.0	10.0	14.0	20.0	28.0	39.0	56.0	79.0	111.0
125<d≤280	10<b≤20	1.4	2.0	2.8	4.0	5.5	8.0	11.0	16.0	22.0	32.0	45.0	63.0	90.0
	20<b≤40	1.6	2.2	3.2	4.5	6.5	9.0	13.0	18.0	25.0	36.0	50.0	71.0	101.0
	40<b≤80	1.8	2.6	3.6	5.0	7.5	10.0	15.0	21.0	29.0	41.0	58.0	82.0	117.0
280<d≤560	10≤b≤20	1.5	2.1	3.0	4.3	6.0	8.5	12.0	17.0	24.0	34.0	48.0	68.0	97.0
	20<b≤40	1.7	2.4	3.4	4.8	6.5	9.5	13.0	19.0	27.0	38.0	54.0	76.0	108.0
	40<b≤80	1.9	2.7	3.9	5.5	7.5	11.0	15.0	22.0	31.0	44.0	62.0	87.0	124.0

表 8-13 f_i'/K 的比值（摘自 GB/T 10095.1—2008）　　　　（单位：μm）

分度圆直径 d/mm	模数 m/mm	精度等级											
		0	1	2	3	4	5	6	7	8	9	10	11	12
50<d≤125	0.5≤m≤2	2.7	3.9	5.5	8.0	11.0	16.0	22.0	31.0	44.0	62.0	88.0	124.0	176.0
	2<m≤3.5	3.2	4.5	6.5	9.0	13.0	18.0	25.0	36.0	51.0	72.0	102.0	144.0	204.0
	3.5<m≤6	3.6	5.0	7.0	10.0	14.0	20.0	29.0	40.0	57.0	81.0	115.0	162.0	229.0
125<d≤280	0.5≤m≤2	3.0	4.3	6.0	8.5	12.0	17.0	24.0	34.0	49.0	69.0	97.0	137.0	194.0
	2<m≤3.5	3.5	4.9	7.0	10.0	14.0	20.0	28.0	39.0	56.0	79.0	111.0	157.0	222.0
	3.5<m≤6	3.9	5.5	7.5	11.0	15.0	22.0	31.0	44.0	62.0	88.0	124.0	175.0	247.0
280<d≤560	0.5≤m≤2	3.4	4.8	7.0	9.5	14.0	19.0	27.0	39.0	54.0	77.0	109.0	154.0	218.0
	2<m≤3.5	3.8	5.5	7.5	11.0	15.0	22.0	31.0	44.0	62.0	87.0	123.0	174.0	246.0
	3.5<m≤6	4.2	6.0	8.5	12.0	17.0	24.0	34.0	48.0	68.0	96.0	136.0	192.0	271.0

注：f_i'/K 的数值乘以系数 K 得到 f_i'，当总重合度 $\varepsilon_\gamma<4$ 时，$K=0.2\left(\dfrac{\varepsilon_\gamma+4}{\varepsilon_\gamma}\right)$；$\varepsilon_\gamma\geq 4$ 时，$K=0.4$。

表 8-14　径向跳动公差 F_r（摘自 GB/T 10095.2—2008）　　　（单位：μm）

分度圆直径 d/mm	法向模数 m_n/mm	精度等级											
		0	1	2	3	4	5	6	7	8	9	10	11	12
50<d≤125	0.5≤m_n≤2	2.5	3.5	5.0	7.5	10	15	21	29	42	59	83	118	167
	2<m_n≤3.5	2.5	4.0	5.5	7.5	11	15	21	30	43	61	86	121	171
	3.5<m_n≤6	3.0	4.0	5.5	8.0	11	16	22	31	44	62	88	125	176
125<d≤280	0.5≤m_n≤2	3.5	5.0	7.0	10	14	20	28	39	55	78	110	156	221
	2<m_n≤3.5	3.5	5.0	7.0	10	14	20	28	40	56	80	113	159	225
	3.5<m_n≤6	3.5	5.0	7.0	10	14	20	29	41	58	82	115	163	231
280<d≤560	0.5≤m_n≤2	4.5	6.5	9.0	13	18	26	36	51	73	103	146	206	291
	2<m_n≤3.5	4.5	6.5	9.0	13	18	26	37	52	74	105	148	209	296
	3.5<m_n≤6	4.5	6.5	9.5	13	19	27	38	53	75	106	150	213	301

表 8-15　径向综合总偏差 F_i''（摘自 GB/T 10095.2—2008）　　　（单位：μm）

分度圆直径 d/mm	法向模数 m_n/mm	精度等级								
		4	5	6	7	8	9	10	11	12
50<d≤125	1.5<m_n≤2.5	15	22	31	43	61	86	122	173	244
	2.5<m_n≤4.0	18	25	36	51	72	102	144	204	288
	4.0<m_n≤6.0	22	31	44	62	88	124	176	248	351
125<d≤280	1.5<m_n≤2.5	19	26	37	53	75	106	149	211	299
	2.5<m_n≤4.0	21	30	43	61	86	121	172	243	343
	4.0<m_n≤6.0	25	36	51	72	102	144	203	287	406
280<d≤560	1.5<m_n≤2.5	23	33	46	65	92	131	185	262	370
	2.5<m_n≤4.0	26	37	52	73	104	146	207	293	414
	4.0<m_n≤6.0	30	42	60	84	119	169	239	337	477

表 8-16　一齿径向综合偏差 f_i''（摘自 GB/T 10095.2—2008）　　　（单位：μm）

分度圆直径 d/mm	法向模数 m_n/mm	精度等级								
		4	5	6	7	8	9	10	11	12
50<d≤125	1.5<m_n≤2.5	4.5	6.5	9.5	13	19	26	37	53	75
	2.5<m_n≤4.0	7.0	10	14	20	29	41	58	82	116
	4.0<m_n≤6.0	11	15	22	31	44	62	87	123	174
125<d≤280	1.5<m_n≤2.5	4.5	6.5	9.5	13	19	27	38	53	75
	2.5<m_n≤4.0	7.5	10	15	21	29	41	58	82	116
	4.0<m_n≤6.0	11	15	22	31	44	62	87	124	175
280<d≤560	1.5<m_n≤2.5	5.0	6.5	9.5	13	19	27	38	54	76
	2.5<m_n≤4.0	7.5	10	15	21	29	41	59	83	117
	4.0<m_n≤6.0	11	15	22	31	44	62	88	124	175

8.4.2 精度等级的选择

齿轮精度等级选择的主要依据是齿轮传动的用途、使用要求、工作条件以及其他技术要求。具体地说，要综合考虑传递运动的精度、齿轮圆周速度的大小、传递功率的高低、润滑条件、持续工作时间的长短、使用寿命等因素，同时还要考虑加工工艺和经济性。在满足使用要求的前提下，应尽量选择较低精度的公差等级。精度等级的选择方法主要有计算法和类比法，生产实践中多采用类比法。

1. 计算法

根据机构最终要求达到的精度目标，应用传动尺寸链的方法计算和分配各级齿轮副的传动精度，确定齿轮的精度等级。由于影响齿轮传动精度的因素多而复杂，用计算法算出的结果仍需要试验和修正，所以计算法主要用于精密齿轮传动精度的确定。

2. 类比法

类比法是根据生产实践中总结出来的同类产品的经验资料，经过对比选择精度等级。

表 8-17 列出了部分机械传动中采用的齿轮精度等级范围，表 8-18 列出了齿轮精度等级与圆周速度的关系，供选用时参考。

表 8-17 部分机械传动中采用的齿轮精度等级范围

应用范围	精度等级	应用范围	精度等级
测量齿轮	2~5	载货汽车	6~9
涡轮机减速器	3~5	通用减速器	6~8
精密切削机床	3~7	拖拉机	6~10
一般切削机床	4~8	轧钢机	5~10
航空发动机	4~7	起重机	6~9
轻型汽车	5~8	矿用绞车	6~10
内燃机车或电气机车	5~8	农业机械	7~11

表 8-18 齿轮精度等级与圆周速度的关系

齿的形式	硬度/HBW	齿轮的精度等级					
		5	6	7	8	9	10
		齿轮圆周速度/(m/s)					
直齿	≤350	>15	≤18	≤12	≤6	≤4	≤1
	>350		≤15	≤10	≤5	≤3	≤1
斜齿	≤350	>30	≤36	≤25	≤12	≤8	≤2
	>350		≤30	≤20	≤9	≤6	≤1.5

8.4.3 齿轮检验项目的确定

在齿轮生产过程中，不必对所有评定指标进行检验，在生产中，不可能也没有必要对所有评定指标项目全部进行检验，GB/Z 18620.1—2008 规定可以检验单个齿距、齿距累积、齿廓、螺旋线、切向和径向综合偏差、径向跳动、表面粗糙度等要素，同时筛减对特定齿轮功能没有显著影响的项目，但是必须由供需双方协商确定。

标准 ISO/TR 10063 按齿轮的工作性能推荐了检验组和公差族，建议供需双方依据齿轮的功能要求、生产企业情况及检测手段，在推荐的检验组（表 8-19）中选取一个检验组来评定齿轮的精度等级。

表 8-19 齿轮检验组推荐

检验组	检验项目	使用等级	测量仪器
1	F_p、F_α、F_r、F_β、E_{sn}	3~9	齿距仪、齿形仪、齿向仪、齿厚游标卡尺
2	F_p、F_{pk}、F_α、F_r、F_β、E_{sn}	3~9	齿距仪、齿形仪、导程仪、公法线千分尺
3	F_p、f_{pt}、F_α、F_r、F_β、E_{sn}	3~9	齿距仪、齿形仪、齿向仪、公法线千分尺
4	F_i''、f_i''、E_{sn}	6~9	双面啮合测量仪、齿厚游标卡尺、齿向仪
5	F_r、f_{pt}、E_{sn}	10~12	摆差测定仪、齿距仪、齿厚游标卡尺
6	F_i''、f_i''、F_β、E_{sn}	3~6	单啮仪、齿向仪、公法线千分尺

8.4.4 齿轮精度设计示例

例 8-1 某通用减速器齿轮中一直齿圆柱齿轮，模数 $m=3$mm，标准压力角 $\alpha=20°$，齿数 $z=32$，齿宽 $b=20$mm，孔径 $D=\phi40$mm，两轴承跨距为 85mm，中心距 $a=288$mm，传递最大功率为 5kW，转速 $n=1280$r/min，采用喷油润滑，齿轮材料为钢，线胀系数 $\alpha_1=11.5\times10^{-6}$/℃；箱体材料为铸铁，线胀系数 $\alpha_2=10.5\times10^{-6}$/℃。减速器工作时，齿轮温度增至 60℃，箱体温度增至 40℃。生产条件为小批量生产。试设计齿轮精度，并画出齿轮零件图。

解 （1）确定齿轮精度等级 从给定条件可知该齿轮通用减速器齿轮，而且该齿轮既传递运动又传递动力，可按圆周速度来确定精度等级。其分度圆的圆周速度为：

$$v=\frac{\pi dn}{1000\times60}=\frac{3.14\times3\times32\times1280}{1000\times60}\text{m/s}=6.43\text{m/s}$$

参照表 8-17 和表 8-18 可选出该齿轮精度等级为 7 级，考虑到通用减速器对运动传递的准确性要求不高，影响齿轮传递运动准确性的项目精度等级可低一级，故确定齿轮传递运动准确性、传动平稳性、载荷分布均匀性的项目精度等级分别为 8 级、7 级、7 级。

（2）用计算法确定有关侧隙指标

1）最小法向侧隙 j_{bnmin} 的确定。根据减速器采用喷油润滑的条件，查表 8-2 得

$$j_{bn1}=0.01m_n=0.01\times3\text{mm}=0.03\text{mm}$$

由题意知： $\Delta t_1=(60-20)℃=40℃$

$\Delta t_2=(40-20)℃=20℃$

由式（8-5）得：

$$j_{bn2}=a(\alpha_1\Delta t_1-\alpha_2\Delta t_2)\times2\sin\alpha_n$$
$$=288\text{mm}\times(11.5\times10^{-6}\times40-10.5\times10^{-6}\times20)\times2\sin20°$$
$$=0.049\text{mm}$$

由式（8-6）得：

$$j_{bnmin} = j_{bn1} + j_{bn2} = (0.03 + 0.049)\text{mm} = 0.079\text{mm}$$

2）确定齿厚上偏差。由式（8-8）得：

$$E_{sns} = j_{bnmin}/(2\cos\alpha_n) = 0.079\text{mm}/(2\cos 20°) = 0.042\text{mm}$$

取负值，则 $E_{sns} = -0.042\text{mm}$

3）计算齿厚公差。分度圆直径为

$$d = mz = 3\text{mm} \times 32 = 96\text{mm}$$

由表 8-4 查得 $F_r = 0.043\text{mm}$，由表 8-14 和表 2-1 查得 $b_r = \text{IT9} = 0.087\text{mm}$。

由式（8-9）得：

$$T_{sn} = 2\tan\alpha_n\sqrt{F_r^2 + b_r^2} = 2\times\tan 20°\times\sqrt{0.043^2 + 0.087^2}\text{mm} = 0.071\text{mm}$$

4）计算齿厚下偏差。

$$E_{sni} = E_{sns} - T_{sn} = (-0.042 - 0.071)\text{mm} = -0.113\text{mm}$$

(3) 确定公法线长度及其限偏差

跨齿数为

$$k = \frac{z}{9} + 0.5 = \frac{32}{9} + 0.5 \approx 4$$

由式（8-4）得公法线长度公称值为

$$W = m[1.476(2k-1) + 0.014z] = 3\text{mm}\times[1.476\times(2\times 4 - 1) + 0.014\times 32] = 32.34\text{mm}$$

由式（8-11）得公法线长度的极限偏差为

$$E_{bns} = E_{sns}\cos\alpha_n - 0.72F_r\sin\alpha_n = (-0.042\times\cos 20° - 0.72\times 0.043\times\sin 20°)\text{mm} = -0.0501\text{mm}$$

$$E_{bni} = E_{sni}\cos\alpha_n + 0.72F_r\sin\alpha_n = (-0.113\times\cos 20° + 0.72\times 0.043\times\sin 20°)\text{mm} = -0.0956\text{mm}$$

所以公法线的要求为 $32.34^{-0.0501}_{-0.0956}\text{mm}$。

(4) 确定检验项目及其公差 该齿轮属于小批生产，中等精度，无特殊要求，没有对局部范围提出更严格的噪声、振动要求，因此可选用表 8-19 中的第一检验组项目 F_p、F_r、F_α、F_β、E_{sn}。由表 8-9、表 8-14、表 8-11、表 8-12 依次查得 $F_p = 0.053\text{mm}$，$F_r = 0.043\text{mm}$，$F_\alpha = 0.016\text{mm}$，$F_\beta = 0.015\text{mm}$，$E_{sn}$ 的上、下偏差已得出：$E_{sns} = -0.042\text{mm}$，$E_{sni} = -0.113\text{mm}$。

(5) 确定齿坯精度

1）内孔尺寸公差：由表 8-5 查得齿坯尺寸公差为 IT7。按基孔制，其尺寸公差带为 $\phi 40\text{H7}(^{+0.025}_{0})$，尺寸公差与形状公差采用包容要求。

2）齿顶圆直径公差：齿顶圆不作为测量齿厚的基准，尺寸公差按 IT11 给定。齿顶圆直径

$d_a = m(z+2) = 3\text{mm}\times(32+2) = 102\text{mm}$，所以齿顶圆尺寸公差带为 $\phi 102\text{h11}(^{0}_{-0.22})$。

3）轴向圆跳动公差和径向圆跳动公差：查表 8-6 得轴向圆跳动公差和径向圆跳动公差均为 0.018mm。

4）齿坯表面粗糙度：查表 8-7 和表 8-8 确定齿面表面粗糙度 Ra 为 $1.25\mu\text{m}$，齿坯基准内孔的表面粗糙度 Ra 为 $1.25\sim 2.5\mu\text{m}$，基准端面的表面粗糙度 Ra 为 $2.5\sim 5\mu\text{m}$。

齿轮零件图如图 8-20 所示。

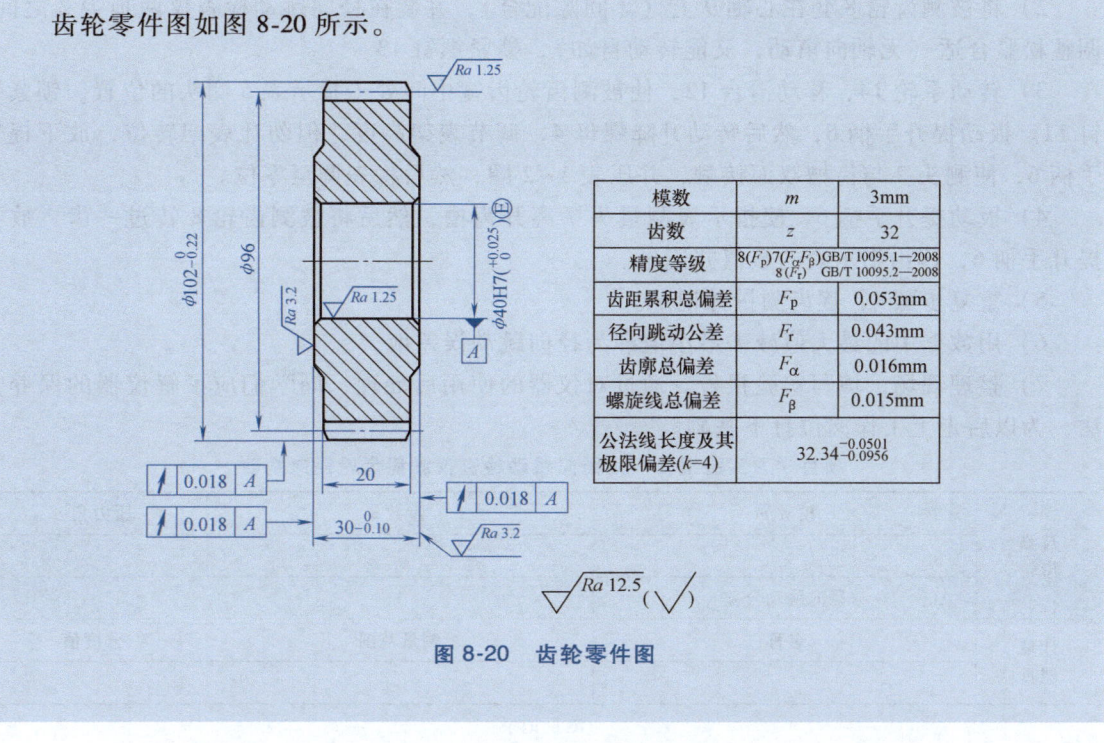

图 8-20 齿轮零件图

项目学习——用径向跳动检查仪测量齿轮径向跳动

1. 项目任务

1）加深对径向跳动概念的理解。
2）了解径向跳动检查仪的结构、工作原理，熟悉其使用方法。
3）掌握采用相对法测量齿轮径向跳动偏差的数据处理方法。

2. 项目计划

1）了解径向跳动常用检测方法的原理及应用场合。
2）熟悉径向跳动检查仪测量被测齿轮径向跳动的步骤。
3）填写实验报告单，解答项目思考题。
4）项目评价。
5）分析测量结果，结合有关资料进行总结。

3. 项目准备

被测齿轮及配套心轴（零间隙配合）、径向跳动检查仪、图样、技术标准、无水乙醇、棉纱布等；PowerPoint 教学课件。

4. 项目实施

（1）径向跳动的常用测量方法　常用测量方法为相对测量法。
（2）径向跳动合格性评定　径向跳动误差应小于其公差值。
（3）径向跳动检查仪简介（见第 8.2.1 节）
（4）实验步骤（图 8-6）

1）根据被测齿轮的模数选取合适的测头 7，并将测头 7 装在指示表测杆的下端。

2）将被测齿轮 8 套在心轴 9 上（零间隙配合），并装在径向跳动检查仪两顶尖 3 之间，调整松紧合适（无轴向窜动，又能转动自如），锁紧螺钉 13。

3）转动手轮 14，移动滑台 12，使被测齿轮齿宽中间处于指示表 5 测头的位置，锁紧螺钉 11。扳动提升手柄 6，然后转动升降螺母 4，调节表架高度，但勿让表架转位，放下提升手柄 6，使测头 7 与齿槽双面接触，并压表 1~2 圈，然后将表调至零位。

4）扳动提升手柄 6，使指示表测量头 7 离开齿槽，然后将被测齿轮 8 转过一齿，放下提升手柄 6，读出指示表的数值并记录。

5）重复步骤 4，逐齿测量并记录。

6）用数据中的最大值减去最小值即为径向跳动误差值。

7）整理现场，填写实验报告。通过对仪器的使用后处理，同学们应了解仪器的保养方法，为以后走上工作岗位打下基础。

项目学习实验报告　用径向跳动检查仪测量齿轮径向跳动

被测齿轮	模数 m		齿数 z		压力角 α	
	径向跳动公差					
计量器具	名称		测量范围		分度值	

测量记录

齿序	读数	齿序	读数	齿序	读数
1		11		21	
2		12		22	
3		13		23	
4		14		24	
5		15		25	
6		16		26	
7		17		27	
8		18		28	
9		19		29	
10		20		30	

测量结果

径向跳动误差			
合格性判断			
审阅		成绩	

5. 项目思考题

1）径向跳动 F_r 反映齿轮的哪些加工误差？

2）为什么不同模数的齿轮，测量时要选用不同直径的测头？

3）齿轮径向跳动产生的主要原因是什么？它对齿轮传动有什么影响？

6. 项目评价

按第 3 章项目学习（一）的评价指标对此项目进行评价和总结。

小结：

1）通过理论知识的学习，掌握与齿轮检测项目相关的基本知识。

2）对齿轮实物进行相关误差测量，进而达到熟悉测量仪器以及掌握基本测量方法的目的。

思考与练习

8-1 齿轮传动的使用要求有哪些？

8-2 影响齿轮传递运动准确性的主要误差有哪些？其特性如何？

8-3 评定齿轮传递运动准确性和评定齿轮传动平稳性的指标都有哪些？

8-4 为什么要规定齿轮齿侧间隙？

8-5 国家标准 GB/T 10095.1—2008 对单个渐开线圆柱齿轮的精度是如何规定的？

8-6 某直齿圆柱齿轮图样上标注了 7 GB/T 10095.1—2008，模数 $m = 3$mm，标准压力角 $\alpha = 20°$，齿数 $z = 32$，齿宽 $b = 30$mm，该齿轮加工后经测量的结果为：$F_p = 0.040$mm，$F_\alpha = 0.010$mm，$F_\beta = 0.015$mm，$f_{pt} = 0.008$mm。试判断该齿轮的精度指标的合格性。

8-7 在某普通机床的主轴箱中有一对直齿圆柱齿轮副，采用油池润滑。已知：$z_1 = 20$，$z_2 = 48$，$m = 2.75$mm，$B_1 = 24$mm，$B_2 = 20$mm，标准压力角 $\alpha = 20°$，$n_1 = 1750$r/min；齿轮材料是 45 号钢，其线胀系数 $\alpha_1 = 11.5 \times 10^{-6}$/℃，箱体为铸铁材料，其线胀系数 $\alpha_2 = 10.5 \times 10^{-6}$/℃；齿轮工作温度 $t_1 = 60$℃，箱体温度 $t_2 = 40$℃；内孔直径为 30mm。试设计小齿轮的精度，并将设计所确定的各项技术要求标注在小齿轮零件图上。

自我测验题

一、填空题

1. 在齿轮的加工误差中，影响齿轮副侧隙的误差主要是_____。

2. 相同使用要求的检验项目的各项公差与极限偏差应保持____（相同/不同）的精度等级。

3. 轧钢机、矿山机械及起重机械用齿轮，其特点是传递功率大、速度低，对齿轮传动的主要要求是_____。

4. 公法线长度偏差 E_{bn} 是控制齿轮副_____的指标。

5. 齿轮精度指标 F_r 的名称是_____，是评定齿轮_____的单项指标。

6. 精度等级的选择方法主要有_____和_____。

二、选择题（将下列题目中所有正确的论述选择出来）

1. 影响齿轮传递运动准确性的误差项目有_____。
 A. 齿距累积总偏差　　　　　　　B. 一齿切向综合偏差
 C. 切向综合总偏差　　　　　　　D. 公法线长度偏差

2. 影响齿轮载荷分布均匀性的误差项目有_____。

A. 切向综合总偏差　　　　　　B. 螺旋线总偏差
C. 单个齿距偏差　　　　　　　D. 一齿径向综合偏差

3. 影响齿轮传递运动平稳性的误差项目有_____。
A. 一齿切向综合偏差　　　　　B. 径向跳动偏差
C. 单个齿距偏差　　　　　　　D. 齿距累积总偏差

4. 影响齿轮副侧隙的误差项目有_____。
A. 齿厚偏差　　　　　　　　　B. 单个齿距偏差
C. 径向跳动偏差　　　　　　　D. 公法线长度偏差

5. 齿轮误差项目中属综合性项目的有_____。
A. 一齿切向综合偏差　　　　　B. 齿廓总偏差
C. 径向跳动偏差　　　　　　　D. 齿距累积总偏差

6. 下列说法正确的有_____。
A. 用于精密机床的分度机构、测量仪器上的读数分度齿轮，一般要求传递运动准确
B. 用于传递动力的齿轮，一般要求载荷分布均匀
C. 用于高速传动的齿轮，对传动平稳性、准确性及载荷分布均匀性都有严格要求
D. 低速动力齿轮，对运动的准确性要求高

三、判断题（正确的打√，错误的打×）

1. 齿轮传递运动的平稳性是要求齿轮一转内最大转角误差限制在一定的范围内。（　　）
2. 齿轮传动的振动和噪声是由于齿轮传递运动的不准确性引起的。（　　）
3. 螺旋线总偏差主要反映齿宽方向的接触质量，它是齿轮传动载荷分布均匀性的主要控制指标之一。（　　）
4. 精密仪器中的齿轮对传递运动的准确性要求很高，而对传递运动的平稳性要求不高。（　　）
5. 齿轮副的接触斑点是评定齿轮副载荷分布均匀性的综合指标。（　　）
6. 单个齿距偏差是评定齿轮传递运动平稳性的综合指标。（　　）
7. 齿轮精度的评定项目都是针对齿廓的，所以对齿坯仅做一般精度要求即可。（　　）
8. 在齿轮的加工误差中，影响齿轮副侧隙的误差主要是齿厚偏差和公法线长度偏差。（　　）

四、综合题

1. 有精度等级为 7GB/T 10095.1—2008 的直齿圆柱齿轮，其模数 $m=2\text{mm}$，齿数 $z=30$，标准压力角 $\alpha=20°$，齿宽 $b=20\text{mm}$。现测得其误差项目 $F_r=20\mu\text{m}$，$F_\alpha=10\mu\text{m}$，$F_p=35\mu\text{m}$，$F_\beta=16\mu\text{m}$，$f_{pt}=13\mu\text{m}$。试判断该齿轮精度指标的合格性。

2. 已知某直齿圆柱齿轮，模数 $m=3\text{mm}$，标准压力角 $\alpha=20°$，齿数 $z=30$，变位系数 $x=0$，$E_{bns}=-0.120\text{mm}$，$E_{bni}=-0.198\text{mm}$，在该齿轮均布方位测得 6 条实际公法线长度分别为：32.130mm，32.124mm，32.095mm，32.133mm，32.106mm，32.120mm。试写出该齿轮 E_{bn} 的合格条件，并判断它们合格与否。

自我测验题参考答案

第1章

一、判断题

1. × 2. × 3. ✓ 4. ×

二、选择题

1. C 2. C、D 3. B 4. A、B、C、D 5. A、B、C、D

三、填空题

1. 同一规格的零部件，在装配或更换时，不作任何选择，不需调整或修配，装配后满足预定的性能要求。

2. 零部件在装配或更换前，允许有附加选择；装配时，允许有附加的调整或辅助加工；装配后能满足使用要求。

3. 完全互换 增加

4. 为了在既定范围内获得最佳秩序，促进共同效益，对现实问题或潜在问题确立共同使用和重复使用的条款以及编制、发布和应用文件的活动。

5. 优先数

6. 尺寸误差 消除尺寸误差

第2章

一、填空题

1. 几何量误差 技术测量

2. 标准公差 基本偏差

3. $\phi80.023$ $\phi79.977$

4. +0.100 0 +0.050 −0.050

5. −0.010 −0.020

6. 间隙 过盈 过渡

7. 增大 增大

二、选择题

1. C 2. B 3. C 4. C 5. A 6. C 7. C 8. A、B、D 9. A、B 10. B、C 11. A 12. C

三、判断题

1. × 2. × 3. × 4. × 5. × 6. × 7. ✓ 8. ✓ 9. ✓ 10. ✓ 11. × 12. ✓ 13. ✓ 14. × 15. ✓ 16. ✓

四、综合题

1. $\phi20J7$

2. $X_{max} = D_{max} - d_{min} = ES - ei = 0.078mm$

$$X_{\min} = D_{\min} - d_{\max} = \text{EI} - \text{es} = 0$$

3. $\phi 25\text{H}7/\text{k}6$

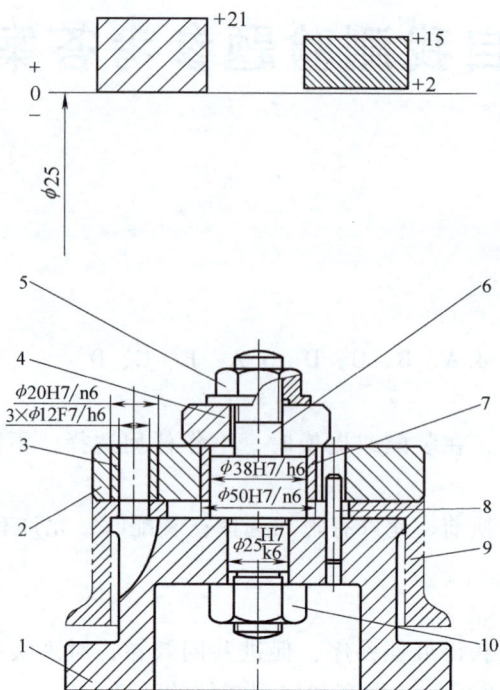

4.

第3章

一、判断题

1. × 2. ✓ 3. × 4. × 5. × 6. × 7. × 8. ✓ 9. × 10. ✓

二、选择题

1. A、D 2. B 3. B 4. A、B 5. C 6. B、C 7. B、C、D 8. A、B、C、D 9. A、B、C、D 10. C、D

三、填空题

1. 作为计量单位的标准量　量值

2. 测量　检验

3. 系统误差　随机误差　粗大误差

4. 被测对象　计量单位　测量方法　测量精度

5. 刻度标尺或刻度盘上每一刻线间距所代表的被测量的量值　0.001mm

6. 最低值到最高值的

7. 绝对误差　相对误差

8. 对称性　单峰性　有界性　抵偿性

9. 量块的一个测量面与另一量块测量面或与另一经精加工的类似量块测量面的表面相互黏合

10. 内缩方式

四、综合题

2. $f_1 = 0.008\%$　$f_2 = 0.00875\%$　第一种方法测量精度较高

3. ① 根据题目中数据计算测量值的算术平均值为：[（67.020 + 67.019 + 67.018 + 67.015）/4] mm = 67.018mm

② 计算其标准偏差为：（$0.002/\sqrt{4}$） mm = 0.001mm

③ 根据公式（3-22），测量结果为：（67.018±0.003） mm

第 4 章

一、判断题

1. √ 2. × 3. √ 4. × 5. × 6. × 7. × 8. √

二、选择题

1. A、C、D 2. A、B 3. B、D 4. A、D 5. B、C

三、填空题

1. 公差带形状相同　前者公差带轴线位置浮动而后者公差带轴线的位置是固定的
2. 距离等于公差值 t 的两平行平面之间　直径为公差值 t 的圆柱面内的
3. 独立原则
4. 0.030　ϕ60.076
5. ϕ40.045　ϕ40.050　ϕ40.038

四、综合题

1.

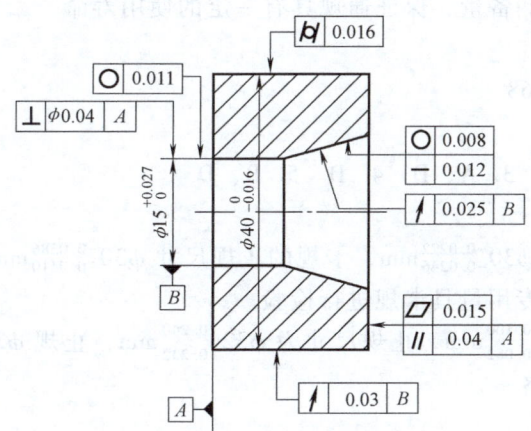

3. 超差。因为 Δ = 0.03mm，大于公差 0.05mm 的一半。

4. 不合格。理由：虽然 $d_{min} < d_a < d_{max}$，

但 d_{fe} = ϕ24.99mm + ϕ0.09mm = ϕ25.08mm > d_{MV} = ϕ25.02mm。

5.

分图号	采用的公差原则	理想边界名称及边界尺寸/mm	最大实体状态时的几何公差值/mm	最小实体状态时的几何公差值/mm
a)	独立原则		Φ0.015	Φ0.015
b)	包容要求	最大实体边界 ϕ15	0	0.027
c)	最大实体要求	最大实体实效边界 ϕ15.015	Φ0.015	Φ0.042
d)	独立原则		Φ0.01	Φ0.01
e)	包容要求	最大实体边界 ϕ29.991	0	Φ0.021
f)	最大实体要求	最大实体实效边界 ϕ29.981	ϕ0.01	ϕ0.031

第 5 章

一、选择题

1. B、C、D 2. A 3. A、B、C

二、填空题

1. 加工表面上微小的峰谷高低程度及其间距状况

2. 算术平均偏差 Ra 轮廓最大高度 Rz

3. 评定被评定轮廓的 X 轴方向上的长度，为了合理、客观地反映表面质量，通常评定长度包含几个连续取样长度，一般 $ln = 5lr$

4. 为了限制和减弱表面波度对表面粗糙度测量结果的影响

三、判断题

1. × 2. √ 3. × 4. √ 5. × 6. √

第 6 章

一、填空题

1. 被测孔或轴的最大实体尺寸 被测孔或轴的最小实体尺寸

2. 工作量规 验收量规 校对量规

3. 完整 不完整

4. 留出适当的磨损储备量，保证通规具有一定的使用寿命

5. 最大实体

6. $\phi 60.012$ $\phi 60.068$

二、选择题

1. A、B 2. B、C 3. A、D 4. D 5. B、D

三、综合题

1. 卡规的通规尺寸 $\phi 30_{-0.0246}^{-0.0222}$ mm，卡规的止规尺寸 $\phi 30_{-0.0410}^{-0.0386}$ mm；图略。

2. 不合格。可采用专用量具卡规进行检验。

3. 通规尺寸为 $\phi 32_{+0.082}^{+0.100}$ mm，止规尺寸为 $\phi 32_{+0.232}^{+0.240}$ mm，止规 $\phi 32.242$ mm 的尺寸超出公差范围，故该塞规不合格。

第 7 章

一、判断题

1. × 2. × 3. √ 4. √ 5. × 6. √ 7. √

二、选择题

1. B 2. B 3. A、C 4. A、B

三、填空题

1. 平键 半圆键 切向键 平键

2. 矩形花键 渐开线花键 矩形花键

3. ①定心精度高 ②导向性好 ③承载能力强 ④联接可靠

4. 螺距误差 牙侧角偏差 中径误差

5. 螺纹的作用中径不能超出最大实体牙型中径；任意位置的实际中径（单一中径）不能超出最小实体牙型中径

6. 中径 中径公差

7. G、H　a、b、c、d、e、f、g、h

8. 公称直径为10mm　螺距为1mm　中径公差带代号为5g　顶径公差带代号为6g　短旋合长度

9. 精密　中等　粗糙

10. 基本牙型的轮廓　公差值　公差带两极限偏差中靠近零线的那个偏差（基本偏差）

四、综合题

1. （1）轴槽宽为8N9，毂槽宽为8JS9

　　（2）轴槽宽　ES = 0　　EI = −0.036mm
　　　　毂槽宽　ES = +0.018mm　EI = −0.018mm

图略。

2. 作用中径 d_{2m} = 18.721mm，虽 $d_{2a} \geqslant d_{2min}$（18.576mm），但 $d_{2m} \geqslant d_{2max}$（18.701mm），所以不合格。

第8章

一、填空题

1. 齿厚偏差和公法线长度偏差

2. 相同

3. 载荷分布的均匀性

4. 侧隙合理性

5. 径向跳动公差　传递运动准确性

6. 计算法　类比法

二、选择题

1. A、C　2. B　3. A、C　4. A、D　5. A、D　6. A、B、C

三、判断题

1. ×　2. ×　3. √　4. √　5. √　6. ×　7. ×　8. √

四、综合题

1. 精度指标：F_r、F_α、F_p 合格，f_{pt}、F_β 不合格

2. $E_{sni} \leqslant E_{sn} \leqslant E_{sns}$，它们与公称尺寸的差都在 E_{sni} 和 E_{sns} 之间，所以都合格

参 考 文 献

[1] 黄云清. 公差配合与测量技术 [M]. 3版. 北京：机械工业出版社，2012.
[2] 徐茂功. 公差配合与技术测量 [M]. 4版. 北京：机械工业出版社，2012.
[3] 南秀荣，马素玲. 公差配合与测量技术 [M]. 北京：北京大学出版社，2007.
[4] 冯丽萍. 公差配合与测量技术 [M]. 北京：机械工业出版社，2008.
[5] 姚云英. 公差配合与测量技术 [M]. 2版. 北京：机械工业出版社，2011.
[6] 刘忠伟. 公差配合与测量技术实训 [M]. 北京：国防工业出版社，2007.
[7] 高晓康，陈于萍. 互换性与测量技术 [M]. 4版. 北京：高等教育出版社，2015.
[8] 方昆凡. 公差与配合实用手册 [M]. 2版. 北京：机械工业出版社，2012.
[9] 薛彦成. 公差配合与技术测量 [M]. 2版. 北京：机械工业出版社，2013.
[10] 朱超. 公差配合与技术测量 [M]. 北京：机械工业出版社，2008.
[11] 何频. 公差配合与技术测量习题及解答 [M]. 北京：化学工业出版社，2007.
[12] 杨好学. 互换性与技术测量 [M]. 西安：西安电子科技大学出版社，2013.
[13] 甘永立. 几何量公差与检测实验指导书 [M]. 4版. 上海：上海科学技术出版社，2004.
[14] 赵熙萍，周海. 机械精度设计与检测基础实验指导书 [M]. 哈尔滨：哈尔滨工业大学出版社，2003.
[15] 忻良昌. 公差配合与测量技术 [M]. 北京：机械工业出版社，1992.
[16] 李晓沛，张琳娜，赵凤霞. 简明公差标准应用手册 [M]. 上海：上海科学技术出版社，2005.